建筑论语

A THEORY OF ARCHITECTURE

[美] 尼科斯·A·萨林加罗斯 著

吴秀洁 译

中国建筑工业出版社

著作权合同登记图字：01-2009-2712 号

图书在版编目（CIP）数据

建筑论语/（美）萨林加罗斯著；吴秀洁译.
北京：中国建筑工业出版社，2009
ISBN 978-7-112-11548-8

Ⅰ.建… Ⅱ.①萨…②吴… Ⅲ.建筑学—文集 Ⅳ.TU-02

中国版本图书馆 CIP 数据核字（2009）第 209948 号

责任编辑：白玉美 率 琦
责任设计：郑秋菊
责任校对：陈 波 陈晶晶

建筑论语
［美］尼科斯·A·萨林加罗斯 著
吴秀洁 译

*

中国建筑工业出版社出版、发行（北京西郊百万庄）
各地新华书店、建筑书店经销
北京千辰公司制版
北京云浩印刷有限责任公司印刷

*

开本：787×1092 毫米 1/16 印张：17 字数：410 千字
2010 年 1 月第一版 2010 年 1 月第一次印刷
定价：**49.00** 元
ISBN 978-7-112-11548-8
（18818）

经过了十几年的酝酿筹备，这本建筑学教科书终于面世了。无论一年级的学生、还是正在撰写建筑理论论文的博士生，从高级设计工作室的建筑工作人员，到经验丰富的从业建筑师，对于每个与建筑领域有关的人来说，这本书都是非常实用的。编写这本书的过程可谓精工细作，建筑学初学者们也不妨一读。书中所包含的信息是对各种设计技巧的集成和荟萃。它可以告诉读者如何独立于任何特定的风格，并根据人类的需求和情感进行设计。本书提供给读者的是一套统一的真正的建筑学知识，能够让人对这一学科获得全新而清晰的认识。书中针对人们对建筑的本能认识进行了大量的阐释，并第一次把这些知识用简明易懂的形式表达出来。尼科斯·A·萨林加罗斯博士（Nikos A. Salingaros）已经出版了《城市结构原理》(Principles of Urban Structure)(2005）一书，这本书已经得到了广泛认可和应用，并被誉为对城市进程的基本综合与理解。他参与过的那些建筑环境的组织工作一般的从业建筑师都极少经历过。这本新书后面的章节将探讨一些非常敏感的话题：什么原因导致建筑师们制造出他们所建成的形态；为什么建筑师总是使用非常局限的视觉词汇等等。是由于个人的创造性，还是由于他们自身也不曾意识到的原因？到目前还没有一本书像本书这样触及建筑学的本质。另一位惟一可以把热情（和争论）激发到这种程度的是克里斯托弗·亚历山大（Christopher Alexander)，他恰好也是萨林加罗斯博士的朋友和建筑学导师。

序　言

威尔士王子殿下

克拉伦斯宫

一段时间以来，我一直对数学教授尼科斯·萨林加罗斯先生的作品非常着迷。不论你对于现代建筑环境的状态持什么看法，也不论你对当代先锋派建筑师的反应如何，他的建筑学科学观点新颖而富有争论，给了我留下许多值得思考的东西。

也许这使人感到不太舒服——萨林加罗斯教授使我们重新思考科学和建筑学之间的关系。对他来说，科学的意义并不只是为了编织更多令人眼花缭乱但却毫无意义的技术网络，而是要在构思和建筑的过程中以人为本，去改善人类的生存条件。在这种情况下，他力图去平衡建筑领域中近年来变得非常极端而大胆的雕塑观念，而且，如果我可以这样说的话，它已经发展到极其严重的地步。

关于这些问题的争论很重要，为了创造一个更好的建筑环境，我们应该对它表示欢迎。在某些方面，追溯最早期现代主义的人文理想是件有趣的事情，也为丰富我们的“集体智慧”增添了一些新的手段。

当今越来越多利益相关的人通过寻找共同点来改善建筑环境，我的观点是我们必须考虑那些具有争议和探讨新思维的新声音。当然没有任何声音比我们这本书的作者更耐人寻味和发人深省，也许他是一位具有历史重要意义的新思想家吧？

Charles

前　言

肯尼思·G·马斯登（二世）（Kenneth G. Masden Ⅱ）

每当当代建筑学教学偏离了它的理论基础时，它的根基似乎也在随着各种新猜想一起被震撼着。世界各地的建筑理论学家都希望能够参与到这次重新分层中来，他们似乎都迫切地想要推广他们的理论，去超越那些居于主导地位的建筑精英们的特定思想。让我们跳出建筑作为一种获得更多有效性途径的困局来看，他们的猜想从数学定理、法国哲学家的假设、对混沌理论的松散解释暗示和建筑设计领域中的分形逻辑，到近来量子力学和场论的强制转换理论，几乎无处不在，并作为一种手段来延伸他们的言论。每一种新的理论都从另一个新的角度对建筑学进行了定义。

建筑学与我们这个世界的物理逻辑之间的联系是毋庸置疑的。这种认识就其本身而言，既是一种前进但同时也是一种后退。当建筑物被设计并被建成在它的物质性范围内时，这是一种后退；而把过去曾经作为尝试和错误的思想重新用现代科学进行全面界定时，这又是一种进步。这种现代理论的困境在于对思想和信息的翻译和传递。除了交叉学科间的对话，这些理论多半只能是对当今悬而未决的建筑理论领域略窥一二。在这种喧嚣声中，我们已经越来越难分辨出哪些是正确的理论而哪些不是，或甚至什么是有用的信息。

如果我们想要充分了解建筑中蕴含的高等数学和其他科学，似乎只有通过跳出自己的领域，向真正的科学家们寻求真正的科学知识，才是符合逻辑的做法。很凑巧的是，四年前我与萨林加罗斯博士在研究思路上相互交叉，他是一位具有专业素养的数学物理学家，在研究过程中，他发现了存在于整个物质世界和人造建筑物以及城市实体中的物理结构与过程之间的直接关系。

刚刚接替我在位于圣安东尼奥的得克萨斯大学建筑学院职务的莱昂·克里尔（Léon Krier）先生曾经问我，是否可以见一下他的朋友尼科斯。我们的第一次见面很平淡，却很有意思，到现在我们已经在一起共事五年了。在这段时间里，他使我能对建筑环境产生了另一种思考方式，那就是，建筑环境更适合扎根于真实世界的物质性，这与近代建筑学并无不同，确实有点让人意外。

面对这种建筑学说，我们看到的是让世界在各个水平上都能更加舒适的一系列原则，这些不同水平包括国内的、大众的、城市的、区域的以及全球的。想像一下萨林加罗斯博士对我们周围的世界所作出的设想，但是，你必须要作好准备放下你已经信奉的建筑理论。你必须要作好准备跳出观念的局限，并与在你自身之外的知识体系相联通，这个知识体系对于我们的建筑方式以及我们对待自己与建筑环境关系等方面已经产生了深远的影响。

应用最近发展起来的分形数学、信息理论和复杂性理论，萨林加罗斯博士揭示了高等物理如何在人类结构的设计和建造方面进行明确的应用。本书中，他像以往一样，不遗余力地努力重建人与建筑环境、生命与物质之间的关系。建筑学，已经有太长时间，被当作所有文明用来表达自己不屈不挠的“形式的意志”的一连串审美解决方案。萨林加罗斯博士所提出的建筑学与这个塑造了我们所生活的物质世界并带来生机的力量系统之间有一种亲密而不可分离的关系。不论是建筑物还是整个城市矩阵，建筑在任何尺度上，不应该以它表现出的样子来进行界定，而应该以它和人类每天的生存之间如何关联来界定。在一个地方的形成过程里，这种理念必须承担更大的作用，今天的建筑师必须尽快意识到这一点——如果我们还要继续保持任何一点人文精神的话。

萨林加罗斯博士以心理冲动与环境之间的联系为出发点，向我们展示了自然模式和人造模式是如何作为主要的意义传递工具，来服务于我们周围世界的。他还介绍了这些思想和信息如何在分形框架中嵌套在一起的理论，并提出人类心理的分形学说，从而有助于解释我们如何实现从周围环境到意识之间的意义转换。通过他所描述的思想、形象、文字和生物形式间的共生关系，萨林加罗斯博士进一步阐释：人类文化中所包含着的创建对象相当于信息，它们是让我们成为我们自己所不可或缺的部分，而且从实质上将我们的生物机体延伸到了我们的环境之中。威尔士王子查尔斯将这种建筑学称为“一种更为人性化的建筑学”，萨林加罗斯博士在论述的过程中，对所有物理实体和生物体所共有的固有结构秩序的介绍也体现了这一说法。

用于生成建筑并带有强烈的人文品质的自然法则在本书中处处可见，并且通过世界各地的建筑物表现出来，例如：古典主义、拜占庭、哥特、文艺复兴、巴洛克、伊斯兰、近东和远东等风格的建筑物。让理论自由呼吸，让不受意识形态约束的文字自由发挥，在本文写作的时候，本书已经被翻译成波斯语，也就不足为怪了。非西方的学生可以用它来寻找另一种思考建筑学的方式，它属于一种更为真实意义上的存在，而不在主流西方建筑意识形态之列。

在这个全球化的时代，文化实体往往屈从于可感知进程的范式，一种由当代西方模型提出的关于变化的假设性范式。而发展中国家为了保持在世界上的地位，会觉得他们的新建筑资源——也就是他们本地的材料和做法，都是触手可及的。通过本文，他们会明白决定物质世界反映自身方式的根本原则是什么，他们也可以很快意识到这与他们当地传统中丰富的乡土建筑之间存在着某种不可思议的相似性。

要充分理解萨林加罗斯博士的思想，我们还要感谢长期以来和他一起工作的同事克里斯托弗·亚历山大先生。萨林加罗斯博士曾对亚历山大先生最近出版的《秩序的本性》四册书进行了编辑。就是通过这种关系，萨林加罗斯博士能够透过理论物理和生物学领域来探究并延伸他的理论和原则。

在亚历山大先生的激情和学识的驱动下，尼科斯有时候很难遏制他的热情。他的热情在他看来是这部作品中还未实现的潜在可能，这让他很快瞄准了建筑体质，他认为建筑师和建筑学术机构对沉闷乏味的建筑环境和设计专业学生的不良教育状况负有责任。我们不难理解，在此过程中他的这种态度会引起一些争议，尽管有时他的一些批评尖锐刺耳，但是我们不可以低估或仓促地摒弃他所提出的理论和原则的完整性。最后，那些希望能够更加清晰地了解物质世界如何运作的从业建筑师和学生，在这个新的维度中将发现本书确实对他们很有帮助。到目前为止，我的学生们对萨林加罗斯博士的作品非常感兴趣，并在他们的设计中出现了更大的可能性，同时发现真实世界的真实建筑具有更多的欣赏价值。

目　录

章针对有组织细部（小尺度或装饰）对于整体建筑形态一致性的必要意义提供了科学依据。

第 4 章　装饰的感官价值

对于任何想要与人类关联的建筑物和城市构造来说，装饰都是一种非常有价值的要素。无论是抑制装饰还是过度装饰的做法都会产生奇怪陌生的形态，从而给人的生理和心理上带来不舒适的感觉。20 世纪早期的建筑师对建筑风格进行了重大改变，尽管现在得到了普遍的接纳，但他们并没有真正全面理解人类眼睛/大脑系统的工作机制。

第 5 章　建筑生命和复杂性与热动力学的类比

通过与热动力学进行类比，我们可以根据克里斯托弗·亚历山大的建筑思想来设计一种简单的数学模型，对建筑物的某些固有品质进行估算。这个模型可以对一栋建筑物的情感影响力进行预测。我们规定建筑形态的细部、曲率以及色彩为建筑温度 T；用建筑和谐度 H 来测量视觉结构的视觉一致性和内部对称的程度。对于一栋建筑物具有多少“生命”值的感觉用 $L = TH$ 这个量来测算，设计的可感知复杂性由 $C = T(10 - H)$ 的值来测算，其中 $10 - H$ 相当于建筑学熵（无序）。有了这个模型，在设计新结构时的可感知建筑生命显著增加，而不是复制现有建筑物。

第 6 章　建筑学、模式和数学

这一章认为建筑模式对每个人的智力发展具有重要意义。20 世纪的建筑对装饰和模式的态度如何减少和剥夺了我们对于数学和建筑环境的体验？本章通过建筑模式对这一问题进行了分析和探讨。

第 7 章　分形心理意义的体现——路面

（与特里·M·米奇顿和余庆生合著）

本章以人类心理如何与环境之间建立连接为出发点，对于作为传达意义工具的路面设计的作用进行了研究。并对思想和信息是如何储存在一个分形体系内的这一理论进行了详尽的阐述。根据这里提出的人类心理分形理论，可以解释我们将环境意义转换到意识这一过程中的某些方面的内容。在大脑的进化过程里，与环境之间的相互作用是一个非常重要的主题。

第 8 章　模块化和设计选择的数量

（与德沃拉·M·特哈达合著）

这一章对建筑文献中通常意义上所理解的“模块化”的其中一个方面进行了分析。有一些观点是赞成模块化的，但是我们反对空洞的模块化，并用数学方法来印证我们的观点。空洞的模块不仅消除了内部信息，而且由于它们的重复也消除了所覆盖的整体区域的信息。模块化只是对次结构的组织具有积极的意义。如果我们有大量的结构信息，那么应用模块化设计可以将这些信息组织起来，从而防止随机性和感官超载。在那种情况下，模块并不是空洞的模块，而是一种包含了相当数量的次结构的丰富而复杂的模块。 P147

第 9 章　几何原教旨主义

（与迈克尔·W·梅哈菲合著）

“几何原教旨主义”的目的是要将立方体、棱锥体、矩形板等简单几何体植入建筑环境。这是 20 世纪建筑和规划的一个特征。而 20 世纪以前和传统文化建筑中更为复杂而且具有连接性的几何构型则被取代。在一定程度上，几何原教旨主义者应该对世界上其他地方的人们对工业化西方国家的不满负有责任，因为它用非人性化的结构取代了传统建筑和城市。于是一种关于几何形状的哲学产生了反对全球化的力量，从而造成了巨大的社会经济影响。现代主义运动宣称要缔造一个以纯粹抽象信仰的原教旨主义为基础的激进的乌托邦式社会。陶醉在当时还原主义机器几何学中的勒·柯布西耶（Le Corbusier），是 20 世纪极具影响力的建筑师和城市规划专家，他将这种思想落实在世界范围内的建筑物和城市之中。这种对于基本抽象的误用造成大量的错误认识，也不能够创造出令人满意的人类环境，而这正是建筑学和建筑艺术的核心目的所在。几何原教旨主义与其他 20 世纪的集权主义抽象问题并行，这一点将在本章中进行探讨。 P160

第 10 章　建筑学中的达尔文过程和模因：现代主义模因理论

（与特里·M ·米奇顿合著）

建筑设计过程与自然科学中生物的生成过程是平行的。本章研究了达尔文选择的思想是怎样应用于建筑学的。设计过程在建筑师心理中随机生成的选择中进行筛选。经过多个阶段的选择过程所生成的设计能够反映出所采用的选择标准。传统建筑的目标是要让设计与人类的物理与生理需求相适应。然而同时，任何特定的建筑风格（适应的或不适应的）包含了一组从这种风格中复制的视觉模因，而且只要人们喜欢，这种复制就会一直延续下去。达尔文选择也同样解释了为什么非适应性极简主义形态能够这样成功地进行增殖。原因在于它们和病毒这样的简单生物体一样，复制速度要比较复杂的生物形态快很多。因此简单视觉模因可以寄生于建筑环境的有序复杂性之中。 P184

第 11 章　建筑学的两种语言

建筑设计和城市规划被两种不同的互补语言指引着，即模式语言和形态语言。模式语言包括人类与建筑环境之间的相互作用——模式语言中蕴含了数千年来发展起来的能够适应当地习俗、社会以及气候等因素的实用解决方案。另一方面，形态语言中包含了将事物结合在一起的几何法则。形态语言既是视觉的也是构造的，从传统上来说，它来

绪　论

在一个比较短的时期内，当代建筑学抓住了世界上数百万人的想像力。精装昂贵的大厚本书籍和杂志展示着世界上著名建筑师的照片及其建筑物，对于能够负担得起的人们来说，这些刊物装点着他们居室的桌子和图书馆。发展中国家投入上百万美元建造光鲜的新建筑物，而这些美元本可以更为合理地用在其他地方。发展中国家用极其有限的预算争相聘请最时尚的明星建筑师给他们建造些什么。这些建筑物因此频繁地出现在媒体的镜头中。这显然是“在”与时俱进，给年轻人带来一种吸引力，让他们做出令人兴奋且有挑战性的职业选择。

学生要成为一名建筑师都要学些什么呢？是否需要掌握一个像生物学基础或医学基础那样的知识系统呢？几年时间的训练和学徒生涯确实具有非常实际的意义。但是我们到哪儿去找这样一本带着“建筑学原理”（类似的说“物理学原理”）标签，包罗了所有建筑学知识的上千页的大部头呢？令人惊讶的是，厚厚的建筑学书里不是印着当代明星建筑师和他们的建筑作品的照片，就是列举了一堆建筑学历史常识，讲的不过是那些过世的建筑师和他们的作品而已。当今的建筑似乎失去了根基——至少它没有将建筑学传统和分析思考应用于今天的设计之中。学生学到的也都是些过去的建筑范例，对当今建筑环境没有什么借鉴和适用性。

这本书介绍了一些我在探索建筑设计基础的过程中所发现的一些思想。这项研究让我开始对科学和数学在建筑中的应用进行思考。最后证实这一尝试确实取得了相当丰硕的新成果。虽然大多数建筑学家对历史建筑中对古代数学的应用比较了解，比如各种比例。但是实际上，支配总体建筑形态的并不是这一类型的数学，而是较近期发展起来的分形数学、信息理论以及复杂性等理论（本书将对这些概念进行解释）。我将尽可能地用一种对从业建筑师和学生们都能有所帮助的方式来介绍这些成果，使他们能够更为清晰地了解物理世界的作用过程，并能掌握如何将这些成果与建筑学进行连接的方法。

本书的每一章都包含一篇我曾经出版过的建筑学论文。我的想法是，把这些研究论文集中起来，可以作为建筑设计的教科书，也可以作为工作室教程的补充材料，单独的章节自出版后在世界上的许多院校中都曾发挥过类似的作用。它们所传达的主要思想是：建筑学能够而且应该建立在科学研究和实证的原则基础之上。我提出的很多新的成果，就目前来看，在建筑设计的基础原理方面还没有出现过类似的理论。我自己的建筑（思想）是在长期参与帮助克里斯托弗·亚历山大修改他的纪念图书《秩序的本性》的过程中逐渐形成的。所以，很自然地，我的作品深受他的影响，并对他的理论进行了补充。

一个准备开始学习建筑学的学生应该有一本讲解如何构思和构建适合于人类活动环境的书。毕竟所有人都希望建筑师们能够设计出那样的环境。然而设计知识现在还仅仅是掌握在从业建筑师和建筑学院的范围内。还没有一部作品能够明确地以质疑和查证等开放思想为基础，进而可以指导和帮助那些有远大抱负的年轻建筑师，引导他们如何恰当地处理形态的物理层面问题。而相反的是，尽管缺乏必要信息并存在种种局限，学生们却被催促着去发挥他们的想像力。可实际上他们看到的只是些极其贫乏的风格词汇。当他们回顾过去时（这些范例具有启发性），人们却会告诉他们要展望未来（由于是未知的，因此缺乏教育意义）。得到"承认/认可"的形象似乎只是符合了每个教师最欣赏的建筑师的口味，当然，这样评判建筑学院这种长期以来的教育方式是缺乏依据的。尽管在某些建筑公司采用学徒的方式，但是用这套系统对年轻人进行培训，并不能够使他们把实践知识系统作为设计的原则。

所有这些似乎都是时代的错误，甚至是危险的错误。原因在于未经检验的封闭知识系统最终会走向衰落和教条主义。神话被人们创造出来并被延续至今，科学方法具有开放性，它的目的恰恰相反，是要揭开神话的真相。让我们细想一下科学研究是如何进行的。往往先是有人宣布某对因果联系的调查结果，然后他的同事会想尽办法去否定它们。他们获得的就是一种仔细审查的方法和一种禁得住其他研究人员验证的能力。如果研究结果能够禁得起这种检验，那么它们就是成立的。当一个研究成果能够独立地被各种偏见或者提出它的机构所验证，它就可以进入到人类永久的知识体系中，至少是直到它被一种更为精确或更广泛的成果所取代为止。

建筑不再是通过任何形式的经验主义或实验验证来实现。这本书是我对改变这种让我相当不满的现状的一种尝试。建筑学以一种我们可以直接作出反应的方式综合了一系列多样化的学科。我并不是为了科学家们撰写这本书；而是为了让从业建筑师和建筑专业学生能够有一种他们自己可以理解和应用的语言。完成这项工作的过程非常吃力，甚至比我 12 年前开始这个项目时显得还要困难。这一代的建筑师对建筑空间、地表、结构一致性和材料等概念的认识是抽象的。因此，当代建筑师并不是非常乐意接受建筑学科的新知识。

为了达到我的目的，至少须做到以下几点：

（1）物质聚在一起是如何决定了一栋可以带给人愉悦感的建筑？我们要推导出其中的规律。

（2）能够用科学依据来解释为什么人们从某些建筑形式中可以获得乐趣和满

足，而不是通过其他的形式。

(3) 找出过去和现在追求共同目标的建筑师的基本共同点。

(4) 解释为什么建筑师们没有采用那些广为人知的技术来建造出令人愉悦的建筑物，而是建造让人产生焦虑感的建筑结构。

(5) 建议院校应该怎样培养建筑师，使他们能够建造出在情绪和心理上都能令人愉悦的建筑物。

进行以上任何一个方面的工作都是十分艰巨的。但我不得不同时进行。我提出的科学结论和当今建筑理念有所冲突，并对那些过去以及现在忽视这些结论的建筑师们进行了批判。现代主义的一个明确目标也是其成功的主要原因是——要通过创新来征服自然。然而要做到这一点，通常所做的都是与实际需要和自然的状态相反的事情。这就违背了人类感情和我们的最基本天性，因为它违背了自然。建筑师们要发明一种新的“知识”来为他们创造的形态进行辩护，因为很明显，这些形态与我们的情感甚至生理都是相互抵触的。

是什么因素驱动着当代建筑学的发展？这个驱动因素的目的为什么与建筑师所应该树立的目标完全不同？在任何严肃的分析中都需要对这两个问题进行解释，这一点极为重要。是谁决定了那个目标？一方面，我们的一些建筑师认为建筑形象必须要有新颖性，他们得到了一些非科学作品的拥护；而另一方面，我们有生物和自然结构的先例，传统建筑师们则支持这一方。虽然我无法如实举出从根本上与现在建筑实践完全相反的结论，但我不得不说，现代建筑实践确实被误导了。从学者角度来说，批判是不可避免的。其实我并不愿意站在打破成规的立场上，但将尽我所能用最有力的论据来捍卫我的观点。

人们倾向于相信经常在媒体上谈论“建筑理论”的权威人物（如著名评论家、“明星”建筑师和一流学府的建筑学者）。但我确信他们是错的。现在所说的“建筑学理论”——除极个别情况——都是无法验证的，因此并不适于指导设计。不仅建筑界没有这样的理论体系，而且人们也不知道可行的理论究竟应该是什么样子？作为监督部门的认证级别的专业组织和团体，似乎也忽略了这其中的矛盾。不过，一直追求真正的建筑学知识的那些年轻而敏感的从业者，他们对科学的“加盟”是持欢迎态度的。通过计算机的应用，建筑师们开始研究以前所没有设想过的形态和功能的复杂性问题。

勇敢的人，即使遇到强烈的反对，也会坚持同样的目标，并努力去实现它。从我的朋友和导师克里斯托弗·亚历山大，还有莱昂·克里尔、威尔士王子查尔斯和近期的弗里德里希·洪德特瓦瑟（Friedrich Hundertwasser），他们每一个人，都用自己独特的方式在探索我们这个时代中更为人性化的建筑。每一个人都敢于公开谈论当代建筑的非人性化效果，而且每个人都受到过媒体的抨击（偶然情况下，甚至会受到粗鲁的攻击和嘲弄）。对于建筑学，他们所要表达的思想一直被排斥在建筑院校之外。然而，得益于互联网——这一全球资讯源的迅速发展，我们还是可以就这种信息与年轻朋友和学生们进行沟通。这好像是一种复制的建筑学革命，或者，如建筑师们所说，是一种范式转换。

我们有能力也有办法去建造和历史建筑具有同样伟大成就的新环境。人们可以再次感受到建筑所能带给人们的裨益，而不再只是一件被制造出来的新颖的工具而已（通常功能失调的建筑，会令人产生忧郁和焦虑感）。只是当今的建筑师们还并不了解生成具有强烈人文品质的建筑物的自然法则，否则他们就可以把这些法则融入到他们的设计中去。建筑机构也同样存在阻力，这是意识形态方面的问题。然而这终会崩溃。一旦新一代的建筑师——拒绝旧式做事方法、而且敢于向根深蒂固的权利精英发起质疑——开始崭露头角，适应性法则就会逐渐被接受。我可以预言，一个全新的适合新千年，并具有无与伦比的美感的建筑学即将诞生。

致　　谢

我非常感谢克里斯托弗·亚历山大，得益于他的启发，我可以致力于对如何理解建筑环境的研究。《秩序的本性》一书出版之前的20年中，我们在一起工作，在此期间我学到了很多关于建筑学和城市化的知识。这些年来他一直积极地鼓励我。非常可贵的是，他能够在形象、时装、主观意见等因素影响下的建筑世界中坚持自己的理智和判断。我的文章在很多方面使用并拓展了他的思想。读者要想充分理解这里所提到的资料，必须要阅读他的巨著。

非常感谢阿尔弗莱德·P·斯隆（Alfred P. Sloan）基金会，从1997到2001年间慷慨赞助我进行建筑科学法则的研究。本书有四章的合著者分别是迈克尔·W·梅哈菲（Michael. W. Mehaffy）、特里·M·米奇顿（Terry M Mikiten）、德沃拉·M·特哈达（Débora M Tejada）和余庆声（Hing-Sing Yu），他们给了我极大的支持与配合。还有很多人就其他某个或多个章节给我提供了建议和评论，他们分别是：迈克尔·贝内迪克特（Michael Benedikt）、卡尔·博维尔（Carl Bovill）、阿方索·卡斯特罗（Alfonso Castro）、卡尔·戴维斯（Carl Davis）、奥利维耶·迪扬（Ollivier Dyens）、詹姆斯·M·加拉斯（James M Gallas）、德米特里·格克曼（Dmitry Gokhman）、罗伯特·E·广元（Robert E Hiromoto）、彼得·霍赫曼（Peter Hochmann）、孔伟国（Wai-Kwok Kwong）、大卫·米耶（David Miet）、特里·M·米奇顿、约翰·米勒（John Miller）、约翰·C·莱科（John C. Rayko）、林恩·A·施特恩（Lynn A. Steen）、格雷戈里·P·温（Gregory P. Wene）、克里斯托弗·塞曼爵士（Sir Christopher Zeeman）和玛丽·卢·塞曼（Mary Lou Zeeman）。我要感谢他们所有人。

书中的章节以之前的出版物为基础，我很感激多家刊物能够允许我使用他们的出版材料。开始写作这本书的时候，每一个主题都是作为独立论文进行发表的。直到最近我才把这些彼此联系的关于不同建筑学主题的论文整理成为一本综合性的书稿。

最后，肯尼思·G·马斯登（二世）给了我大量而直接的帮助，他用一种对建筑师和建筑系学生都比较实用的方式对每一章进行编辑，最后成为一部连贯的专著，这是一项非常艰巨的任务，此外，他仔细阅读了本书并提出了无数条修订建议，他还邀请我到他的高年级工作室的班级就本书给学生进行讲座，获得了学生们宝贵的反馈意见。我对有些段落进行了重写或进一步丰富了内容，对书中的符号和术语作了统一，并随时在文中进行注解。所以这部论著也比原始的章节更为连贯。根据他的建议，本书还加入了许多原稿当中没有出现过的新的数据。

尼科斯·A·萨林加罗斯

第1章　物理学家眼中的建筑法则

1. 引言

在我看来，建筑学是几何秩序的一种表达和应用。人们可能会认为，建筑学应该用数学和物理学来进行描述，事实上却并非如此。结构秩序是如何在建筑学中实现的，到目前来说还没有明确一致的定论。想想看，没有任何其他学科可以像建筑学这样，通过建筑环境来直接影响人类，然而令人惊讶的是，对创造结构秩序的真实机制问题，我们的认识还极为有限。我们的精力集中在对自然无生命结构和生物结构的认知上，而对于自身建筑物所反映出的系统模式，我们却缺乏足够的重视。

矗立在世界上的那些被公认为最美的历史建筑（本章第2节，见后），其中既包括过去宏伟的宗教寺庙建筑（Fletcher，1987），也包括各式各样的本土建筑所蕴含的文化财富（Rudofsky，1964；1977）。这两类建筑都是根据经验法则完成的，这一点可以从建筑结构本身推断出来。克里斯托夫·亚历山大在《模式语言》(*Pattern Language*）一书中对一般经验法则进行了分析和收集（Alexander et. al.，1977）。

结构秩序是物理学和生物学的基础，我希望类似的规律在建筑学中也可以成立。亚历山大以物质在宏观尺度上服从复杂排序的假设为基础，从生物学和物理学原理中推导并提炼出一套支配建筑学的几何规律（Alexander，2004）。具有结构秩序的物体需要在形态上以某种方式细分成相互关联的部分。虽然电磁力和重力都太弱以至于很难解释清这一观点，但是很明显，体积和表面以某种形式所进行的相互作用，是对基本粒子微观相互作用一种模仿。因此建筑学可以简化为与物理学规律近似的一套法则。

结构秩序同时也指可感知形态，因此它包括在过去几十年的讨论中一直被割裂开的两个建筑要素：构造结构和表面设计。我不想把表面质量和建筑结构混为一谈；但是我们的感知机能对视觉设计和构造都具有同样的敏感性。所以，结构秩序应该取决于建筑形态这两个方面的因素，只是它们的尺度有所不同罢了。本书将用大量篇幅在不同的尺度间，以及尺度和人类反馈之间建立联系。由于结构秩序取决于人类感知，因此不能严格地用抽象的形态标准来对它进行判断。下面是物理学家都很熟悉的一种观点——观察者是量子系统的一部分，并影响着某量子系统的行为。这种观点所探究的一个潜在主题是：建筑学存在于人类世界当中，不可以被孤立为一个单独的抽象领域。对于结构秩序的基本判断标准或许我们可以这样规定：如果我们以任何方式对物体作出反应，那么它就是结构秩序的一部分。

我们通过类比的方法，针对物质结构可以提出三条结构秩序法则（第3节）。以下是三种不同的检验方法：方法1，是否与各个时期最伟大的历史建筑直接相符，(Fletcher，1987)；方法2，是否与亚历山大从所有人类历史的创作中所提炼出的15条性质相符（Alexander，2004）；方法3，是否与物理和生物形态相符。这一成果成功地运用了科学分析的方法（即：物理学家的方法）来认识和解决至今仍然缺乏科学认知而又高度复杂的问题。

我们可以运用结构秩序的这三条法则对建筑风格进行分类，这是过去所没有采用过的分类方法（第4节）。大多数传统建筑物遵从于这三条法则，而当代建筑风格和现代主义建筑风格却似乎对这些法则不屑一顾。我所说的现代主义是指上个世纪20年代产生了"国际主义风格"和极简主义建筑风格的建筑学。这种分类方法使传统建筑学在20世纪建筑学中被单独划分为一部分，这一点并不奇怪，因为它们的建筑师本来就希望自己的建筑作品能够与众不同。我们对相应的结构秩序赋予一个很明确的概念非常有用。无论是遵循还是反对这三条法则，所有建筑物都是通过对这三条法则的系统应用而被创造出来的。

到现在为止，以上结论还不能说明哪种建筑学"更好"。不过，亚历山大与威尔士查尔斯王子都更钟情于那种往往可以在传统形态中找到的更富有人情味的建筑。他们相信，传统建筑不仅仅是种品味问题，从根本原因上来看（如人类的生理和心理方面），传统建筑才更适合人类。本章第5节将提出论据来论证这一观点。这些论据的基础是人们从建筑本身和结构秩序的普遍性中所获得的舒适感——这也正是建筑物在视觉、物理和构造等水平上维系在一起的原因。

2. 过去时代的美学规律和秩序法则

过去的每种独特文明或不同时期都会留给我们一套规则，通常都是较为含蓄的，能够帮助人们去实现最终的美学理想。每一套规则都和特定时期的装饰传统、本地材料的可获性以及气候条件，或者内在的宗教礼仪等因素有关，同时也决定着建筑物的美。但有一点很重要，虽然我们并没有生活在产生那些建筑的时代和文化之中，但是那些迥异的建筑或构造在今天的人们看来依然还是那么美。这说明存在一种普遍的规律在支配结构秩序。

在当代建筑中遵循传统建筑规律并不难。无论是要在日本造希腊神殿（作为银行建筑），还是要在美国修建中国寺庙（作为餐馆建筑），如果能够根据建筑的具体形态采用合适的规则，一样都可以收到很美的效果。这些规则告诉我们如何对早期文化或不同民族的“内容”进行复制。然而，传统建筑规律在新的环境或作用下不具有通用性或者普适性。和建筑师们一直所追求的一样，我们现在所需要的是一剂良方——能让我们摆脱僵硬刻板且不相关的传统限制，建造出美丽的建筑来。

如果把建筑学作为科学问题来处理，可以推导出它独立于具体文化和时代之外的真正规律。我提出了三条支配结构秩序的法则，其中包括一些特殊案例，如历史上在建造美丽建筑物的过程中逐步形成的大量成套建筑学法则。随后我将指出可识别的现代主义结构建筑法则与实现结构秩序所需要的建筑学法则其实恰恰相反。这一结果划清了人类建筑史上完全不同的两个建筑学派的界限。

不同类型的结构秩序会给使用者带来不同的体验。许多按照工业模式建造起来的当代建筑和早期建筑（尽管并不是全部的）让建筑物的使用者感到并不愉快。这种影响可能来自于视觉方面，但主要还是来自于建筑物本应具有的实用功能方面（入口和出口、经营、流通等）。如果能找到针对这个问题的解释，我们就能对症下药。其实公众对某些建筑风格的反感以前也曾被注意到（Blake，1974；Wolfe，1981），威尔士查尔斯王子就曾经对此进行过呼吁（Charles，1988；1989）。但是现代主义美学（在它的影响下，现代主义被其它风格取代）的影响在我们的社会里已经根深蒂固，面对所有这些批评，尽管使用者的反应和舒适度问题可能会揭示出它的缺陷，但它依然能够“我行我素”。

现代主义的拥护者认为他们的信仰与20世纪的技术进步是一致的。其实在很多人心里，即使不把战后工业发展全部归因于现代主义建筑的扩张，也是把它错误地与其联系在一起。因此他们很难去质疑这一点。在发展中国家，建造最具现代外观的建筑被认为是朝现代化发展的第一步，已经成为了一种自觉行为。不过，现在的人们也已经意识到，对尚未工业化的世界进行现代主义风格的建设，对其城市和环境都将带来极其严重的灾难性后果（Blake，1974）。

现代主义建筑类型的广泛扩散是一种社会历史现象，可以通过科学分析加以修正。从第9章到第11章，对现代主义杰出成就的解释和说明占据了本书最后三分之一的篇幅。任何建筑理论的核心部分对于这个课题的研究，都不可能只是通过建筑推理的方式来进行；因此，我们需要运用进化生物学的思想，并发展新的方法来解释历史事件。

3. 建筑学法则

以下要介绍的结构秩序法则受到亚历山大研究成果的启发并以之为基础，特别是他在《秩序的本性》(*The Nature of Order*)（Alexander，2004）第一册中提出的“15条性质”。这些性质已经超越了过去20年中我与亚历山大一起讨论和互动的范围。我试着制定了一套比亚历山大的“15 条性质”可能更容易记忆的法则。但并不等于这三条法则就可以替代“15 条性质”。我只是希望通过我的解读，能够从一个较为不同却互补的角度，使读者对于亚历山大的“15 条性质”的认识能够更加清晰。

表 1.1　结构秩序三法则

法则 1：最小尺度秩序由处在视觉张力平衡状态下成对的对比要素构成。

法则 2：每个要素之间的距离可以减少熵，并且能够彼此相关时会产生大尺度。

法则 3：小尺度和大尺度之间通过连接的中间尺度层级进行连接，尺度比例约为：$e \approx 2.7$。

法则 2 中“熵”这个词是一个表征随机和混乱的物理学术语。在建筑学中并不常见。在上面的法则 3 中，e 是一个普遍存在的数学常数，是自然对数的基础。我将在本章和随后的两章中讨论如何在设计中对这个数值进行应用。法则 3 中的尺度与要素的不同体量有关，层级指的是所有这些体量的排序。

几条支持这些法则的独立论点如下。前两条针对两种极端尺度：最小尺度和最大尺度；第三条法则针对的是所有不同尺度之间的连接问题。如果单说每条法则，都分别会产生不同的推论；而把这三条法则结合在一起，则最大限度地构成了一套完整的建筑可能性法则。通过对现实的直接反馈，也验证了这三条法则的正确性。

3.1　小尺度上的秩序法则

物质是由成对的对比基本分量构成的，我要借助这一点建立一种类比。从起源于虚拟电子位置对的量子电动力学真空，到约束中子和质子相反同位旋的而形成的原子核，到约束电子和原子核相反电荷的而产生的原子，物质的构成遵从于相同的基本模式。（所有这些例子是基于亚原子、原子和分子水平。）最小尺度包含并约束着具有对比特点的成对要素。这种约束是一种互补的结果。耦合作用使对比要素彼此紧密地作用在一起但并不互相重叠，因为它们能够相互制约（即互相抵消）；这种紧密的分离创造了一种动态张力。使同类型的相邻单元不会因此而互相约束。

把这个概念应用到建筑学中，我们得到了法则 1：**“最小尺度秩序由处在视觉张力平衡状态下的成对的对比要素构成”**。局部对比是建筑物中的最小尺度，建立了结构秩序的基础层级。这个尺度应该与观察者相关——如一个人走路、坐着或工作的区域，并在最小的可感知细部上存在对比和张力；不过，在远离人类活动的地方，“最小”尺度就显得大多了。

结构秩序是一种现象，服从于自身的规律。它在人类尺度上连接着建筑结构和视觉结构。结构秩序的基础建筑单元是可感知的最小的颜色差异和几何差异。而实际上，小尺度上的视觉差异不是定义物理结构的必要因素，而是定义结构秩序的必要因素。这一点已被 20 世纪以前的建筑学和大多数建筑物体所证明。经典希腊神庙具有非凡的对比细部。其实颜色也是如此，只是原始的着色方法已经随着时间的推移而渐渐失传了。不过要想看颜色对比的有效应用，就要去看伊朗、伊斯兰西班牙和摩洛哥 15 世纪精美卓绝的花砖墙建筑。

法则 1 有一些重要推论。

(1a) 基本要素必须互相耦合。最小的基础单元就像基本物理分量，它们的形状应该允许它们有结合成更为复杂形状的能力（见图 1.1）。

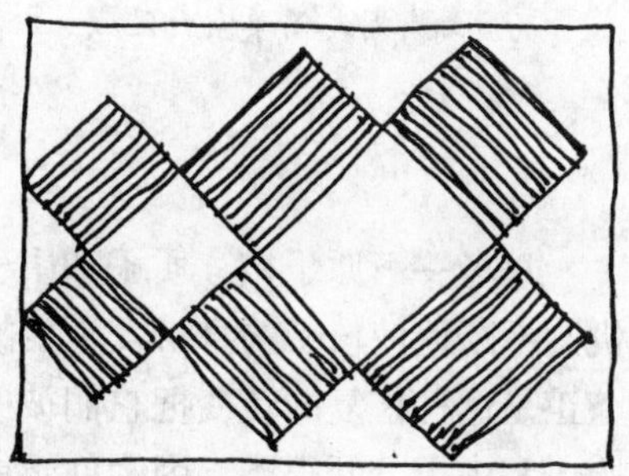

图 1.1
小尺度要素通过对比耦合

(1b) 基本单元通过短程力的作用被束缚在一起。短程力是一种当物体相互接近时产生一种很强的力，而当物体相距很远的时候则没有作用效果。用几何方法表现短程力的惟一途径是把具有相反和对比特征的单元进行连锁。有几种方法可以通过材料实现对比：形状（凸-凹）；方向（锯齿形）；色调（红-绿，橙-蓝，紫-黄）；和色彩明度（黑-白）（见图 1.2）。

图 1.2
小尺度包含的对比耦合对

(1c) 最小单元以对比对的形式出现，就像费密子（fermion，一类基本粒子）一样。当这些成对的单元重复时，这种重复并不是一个单元的行为，而是关于一个耦合对的行为，于是会产生交替而不是简单的重复（见图 1.2 和图 1.3）。如果只是同一个普通单元的重复，就不会形成模式了。

图 1.3
对比单元对交替成为连锁

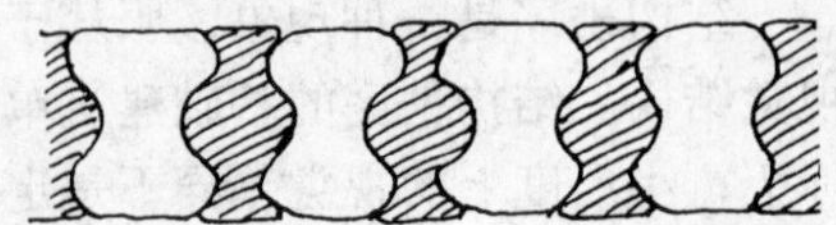

(1d) 对比概念在不同尺度重复出现，实际上会妨碍细部填充到所有的空间。一个细部的区域需要与一个更简单的区域形成对比，这两个区域合并起来就形成了一组对比对（见图 1.4）。同理，粗制的建筑与精工细作的建筑就是一种必要的互补。

图 1.4
高度细部对与简单空白区域

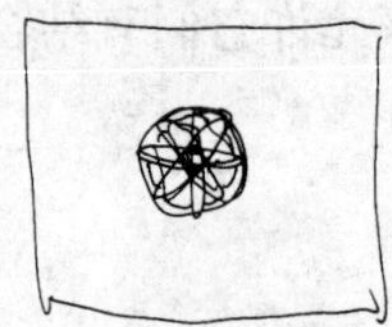

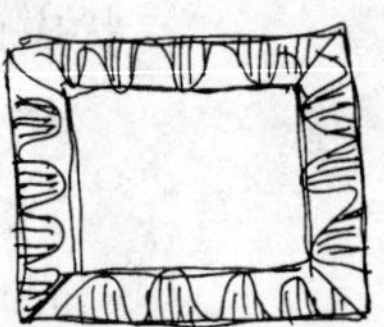

思考一下原子核、质子和中子通过虚拟介子交换被强力束缚在一起的情形。这种机制不断地使核子的身份发生变换。中子能够转变为质子，随后再变回成中子。实际上正是这种往复的转变把它们彼此紧密地束缚在一起，构成了原子核：在原子核内把质子和中子分开很难，因为你不能区分出到底谁是谁。在设计方案中，一对基本的互补对比单元，正如推论（1b）中所述，必须具备这种两重性。一个物体和它所在的环境空间要有效地结合成为一个对比对，那么这个空间和物体本身就必须都具有相同程度的结构完整性。对比对的每一个要素在一致性和复杂性等方面也必须要具有可比度。对于物体和它所在的环境来说，它们彼此塑造了对方，并赋予了彼此互补的特质。从建筑物角度来讲，与外部空间的结合不是通过玻璃幕墙来实现的，而是通过其平面构图的几何布局来囊括外部空间。这个过程就产生了城市空间这一概念。

我将在第 4 章《装饰的感官价值》中通过心理学的观点来讨论对比问题，并在第 5 章《建筑生命和复杂性与热动力学的类比》中从建筑学的观点再次对这一问题进行探讨。

3.2 大尺度上的秩序法则

在物理学中，不发生相互作用的物体并列时，不会产生任何反应。然而，相互作用引起的重新排列会产生大尺度结构的更高秩序，因此会减少熵（混乱）（见图 1.5）。混乱阻碍统一整体的形成。而排序的过程既可以像定期晶格的生长那样复杂，也可以像调整指南针或磁场中的铁屑那样简单。这就是晶体结构或星系凝聚等物质形态的形成方式。超距作用，无论是电作用力，磁力作用，还是重力作用，都会产生以几何连接为特征的大尺度排序，不过这些连接形态并不仅限于矩形。

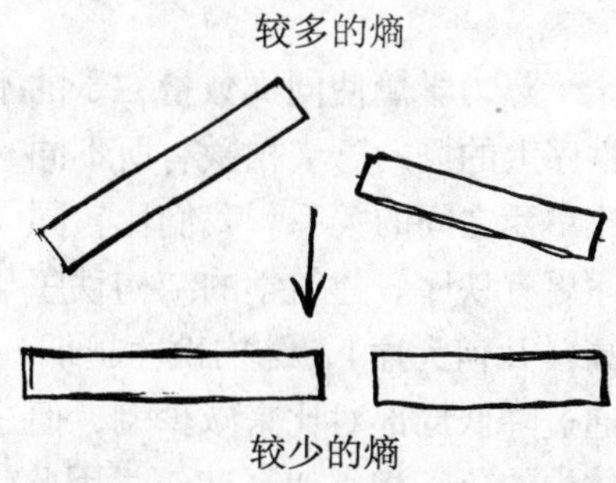

图 1.5
沿一个轴定向，减少熵（混乱）

这个组合过程的结果是不同视觉分区之间出现了相似性和对称性。建筑学应该注意特意模仿这一点，并把小尺度结构连接到一起成为一个和谐的整体，法则 2 规定：**“当每个要素之间的距离可以减少熵并且能够彼此相关时会产生大尺度”**。这一基本规则足够在色彩和几何结构上生成大尺度。我们通过有意的定向并借助空间分割单元的相似性，来模仿长程相互作用并确定结构秩序（见图 1.6）。但这里我并不只是在讨论表面装饰的问题，而更重要的是要探讨关于构造要素的真正排序问题。注意法则 2 和法则 1 的区别：小尺度法则产生于相互接触的耦合单元，而大尺度法则来源于不相邻的相关单元。

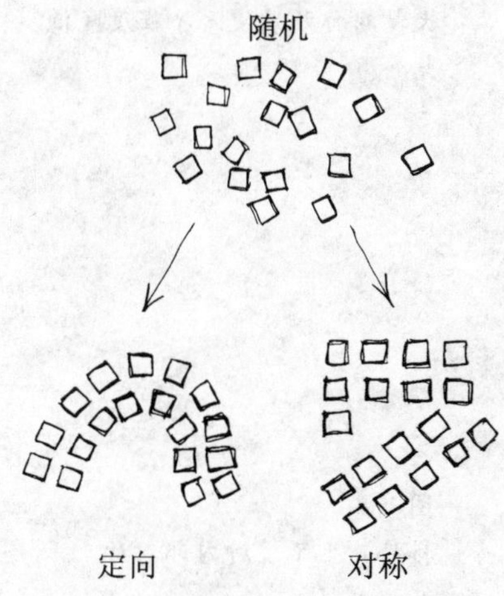

图 1.6
减少空间熵的两种不同方法（包括二维和三维物体）

减少熵有一个很好的理由，这和人类认知事物结构的方式有关。我们认为混乱的东西很难把握（由意识来辨认）。相反，即便是复杂的结构，如果可以通过连接或对称等方式使它变得条理清晰而且连贯，我们照样也可以了解它。然后，我们可以把它设想成为一个整体，而不是大量毫无关联的碎片。对一个复杂整体的把握能够帮助我们了解我们的环境，而面对过于分散难以把握的事物，则容易使我们产生受挫感和焦虑感。

热力学熵使同样数量粒子的不同排列与这些粒子出现的可能性联系起来。但结构秩序上的熵的意义稍微有所不同，因为它所显示的是不同的状态与相同数量的基本对比单元之间的关系。我们比较同一些碎片的不同排列可以发现，有些排序会比其他排序更有秩序。建筑学的结构秩序与固定数量的相互作用要素的熵成反比。要素熵值越高（几何无序），结构秩序越低。反过来，熵值越低，结构秩序就越高。设计图可以通过降低局部对比来减少熵，但这样同时也就削弱了结构秩序——这种情况与消除气体中的分子相类似（建筑学因此就变成了空洞的极简主义风格（minimalism）。

法则 2 的推论是结构秩序在大尺度上的不同实现方式。

（2a）大尺度排序使基本单元排列成高度对称的组合。就像结晶的过程，通过增加局部对称的量来减少熵（混乱）（见图 1.7）。因此小尺度以高度对称为特征，但这一点在大尺度上则并不是必要的（见图 1.8）。

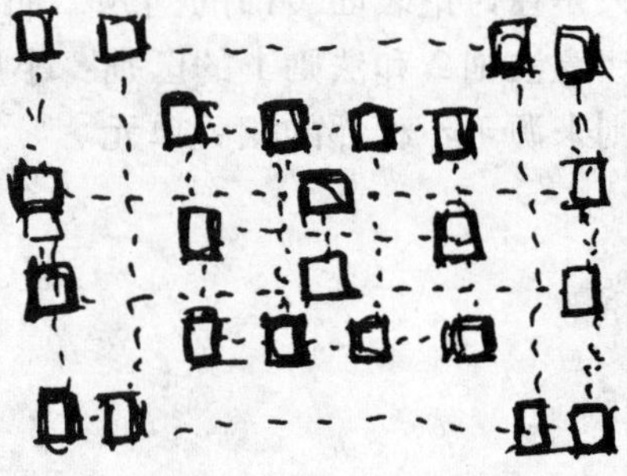

图 1.7
大量对称效果使无序程度降低

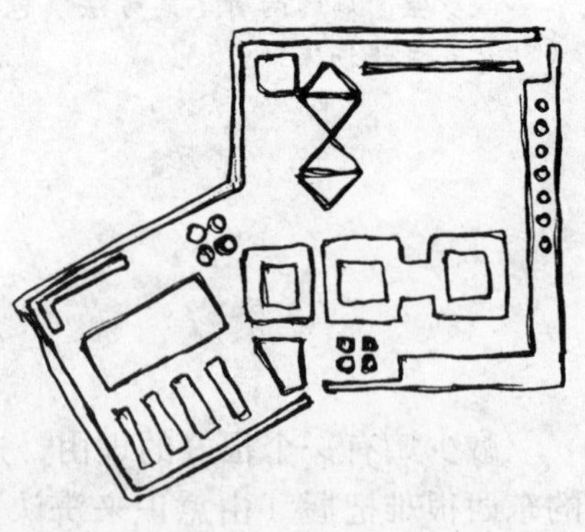

图 1.8
排序产生了多种内部对称

（2b）实现结构秩序，也可以把单元放在普通网格（规则排列）里，像晶体点阵（单元就相当于每一个交叉点的原子）那样给它们建模（见图

1.9）。在结构转变过程中模式的连续性使结构的连接度提高了。如果在不同的区域上重复出现同样的非琐碎模式，那么这些区域就被联系在一起了。

图 1.9
一个矩形网格里排列的单元

(2c) 在没有物理作用的区域之间，视觉相似性通过共同的颜色、形状和体量来连接两个设计要素（建筑物的部分）。结构秩序使局部对比互相协调，同时不以任何方式来减少它们。

(2d) 强调视觉“纯粹”可能会毁掉连接过程，因为这些连接部分代表了小尺度结构。它们可能会被误解为杂质然后就被去掉了。因此，瑕疵其实非常有用而且十分必要；就像掺了杂质的晶体硅，可以应用于生产晶体管，其中的杂质不仅改善了结构，并且发挥了硅作为半导体材料的优良性能。

通过法则 2 可以较容易理解相距很近却彼此分离的两个物体间的视觉交互。这一点在视错觉中比较熟悉。我们的大脑创造出连接线，看起来是把两个单元的几何构型连接在一起。现在我们取这两个物体，在纸上画出我们实际看到的连接线，然后用材料把它们建造出来，建成的结构就会维系在一起对抗物理应力。这样就为一个严格意义上的视觉现象创造了物理关联。而这看上去倒像是“大脑”看到了相干结构独有的物理连接。

我们天生具有把连接部分形象化的能力，这种能力可以让我们认知设计中的熵。任何建筑物的主要空间以及空间之间的彼此关系，都由所有墙壁和所有其他结构要素的相互作用来支配。当所有部件的相互作用都非常和谐时，某些维数和某些结合可以表现出“共鸣”。这也是最低熵的状态。我们对复杂结构进行调整来减少熵，同时也忠实地遵从了形成自然形态的过程。

第 5 章《建筑生命和复杂性与热动力学的类比》将对熵进行深入讨论；第 6 章《建筑学、模式和数学》中将进一步探讨模式的形成。

3.3　自然尺度层级

结构秩序的第三条法则提出了尺度相似性的想法，正是这种相似性把层级连接到了一起。法则3中规定：**“小尺度和大尺度之间通过连接的中间尺度层级连接，尺度比例约为：$e \approx 2.7$。”** 表面的相互作用创造了视觉结构细分；我们只需要在合适的尺度上建立结构并将各种结构连接在一起。（见图1.10）。不同尺度的体量必须要足够接近，才能使它们在视觉上彼此相关，并通过结构相似性实现连接，比如说重复的形态和模式。（见图1.11）

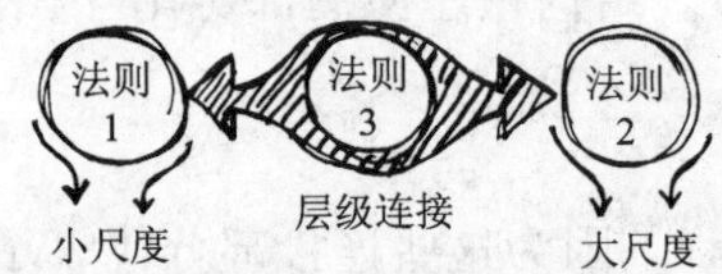

图1.10

层级把小尺度和大尺度连接起来

图1.11

不同放大倍率下的重复形态

这里的物理依据是物质力量在不同尺度上的表现方式不同。自然结构的形态受应力、拉伸力、固体裂缝和液体湍流等多种作用的影响。物质本身也不都是一模一样的：如果放大到10倍或更多倍，看上去就会完全不同，并且在所有可放大到的倍数上总是会有一些可感知结构。经发现两个具有实证关联的不同尺度的尺度比数值约为3，更精确地说是接近2.7。在分形几何学中，由于算法和不同的尺度比例等原因，产生了许多不同的人工分形。科赫（Koch）曲线、皮亚诺（Peano）曲线和康托尔（Cantor）曲线的自相似分形模式，与自然物体非常近似，它们的尺度比例等于3或$\sqrt{7} \approx 2.65$（Mandelbrot，1983），这一点也印证了我提出的尺度比例为2.7的观点。

以上只是抛砖引玉，在后面的章节中还将对这里提到的内容进行更加详细的讨论。它们是：第2章《创造建筑形态的科学基础》，这一章的主题是层级和尺度；以及第3章《建筑学中的层级协作：装饰中的数学必要性》；第7章《分形心理意义的体现——路面》和第8章《模块化和设计选择的数量》。

这些论点可能乍看上去过于主观，然而它们却反映了生物结构的基本尺度现象。生物生长的秘密就在于尺度，我们可以借助斐波那契序列（Fibonacci sequence）或指数型序列（exponential sequence）(由 $e\approx2.7$ 得出）来理解这个问题。有序增长只有在存在一个简单尺度的情况下才能成为可能，因为简单尺度可以使基本的复制过程得以重复进行，这样才能创造出不同层级上的结构。因此不同的尺度一定是存在的，并且必须是相互关联的——最好是通过惟一参数。将尺度比 e 作为这个参数可以同时满足自然结构和人造结构（即：建筑物和人工制品）的需要。

我们可以采用这样一种观点，把建筑物看作是一个二维设计。然后根据情况来决定是否需要测量面积和线性维数。体量接近的各种下层结构（细分）可以构成一个尺度，不同体量的要素集合造就了不同的尺度。把各种尺度的数量用 N 来标注。令最大尺度为 ScaleX_{max}，可感知的最小尺度为 ScaleX_{min}。那么一个具有结构秩序的形态有 n 个亚单元集合与下面尺度序列中的每个要素的体量一致：

$$\{X_{min},\ eX_{min},\ e^2X_{min},\ \cdots,\ e^{n-1}X_{min}=X_{max}\} \tag{1}$$

把设计要素的体量按照从小到大的顺序排列。利用等式（1）可以计算这些体量的大小。最小的尺度维数是 X_{min}，下一个较大的尺度为 $2.7X_{min}$，再后面的较大尺度为 $(2.7)^2X_{min}\approx7.3X_{min}$，以此类推，一直不断增加 2.7 倍到 X_{max}。可以用等式（1）$e^{n-1}X_{min}=X_{max}$ 解出尺度序列最后一项的 n 值。这样就把理想尺度数量值与最小尺度和最大尺度（相同的单元）都联系起来了。然后我们得到：

$$n=1+\ln X_{max}-\ln X_{min} \tag{2}$$

在这里，n 是最近似的整数值。结构秩序的一个量度就是由等式（2）得到的理想尺度数 n 值与某结构不同尺度数量 N 值的接近程度。理论序数 n 是我设定的建筑物的理想尺度数量值，N 是实际建筑的尺度数值，这两者有时可能会相差很大。比较 N 与 n 的接近程度可以证明——除非存在自然尺度层级，否则不能够确定究竟是不是相似性把不同的尺度连接在一起。这也是结构秩序所需要解决的问题。而且这一数值可以让我们对建筑设计中的缺陷问题感到豁然开朗。

比如说，一栋 3 层建筑，细部是 2.5 厘米（1 英寸），要求理想尺度数约为 7［通过等式（2）计算得出，34 英尺≈$(2.7)^6$ 英寸］。然而很多建筑，不论大小，它们的 N 值都接近于 2，因为这些建筑有意去掉了小尺度和中间尺度结构。那种建筑由于具有很大的空白表面，往往看上去很“纯粹”。相反另一种极端是，建筑包含很多不同大小的结构，而且缺乏组织性，它们的 N 值大于理想尺度数值 n。这样也不好。具有自然尺度层级的建筑物，无论外观如何，N 值都应与 n 值接近。

法则 3 有以下推论。

(3a) 每一个单元（细分，下层结构）都嵌入到下一个较大体量的尺度单元里。于是很自然地，设计图中的每一个要素都会产生一个非常广阔的边界或框架。整个设计图是一个包含在其他边界之内，并自身具有广阔边界的层级状态。

(3b) 如上文中已经提到的，形态的相似性连接起来不同的尺度。例如：在不同体量上重复出现的曲线或模式。

(3c) 正如嵌套过程那样，不同尺度可以通过体量递减的相似形状来界定一个梯度。每个建筑都要具备入口梯度和其他的功能性梯度，当这类梯度与尺度比确定的结构梯度一致时，建筑物效果是最好的。

(3d) 把建筑引入环境，必须以某种方式使它能够与所在城市维数的尺度层级相一致。周围自然环境和其他建筑将限定该层级的最大尺度。

如以上推论（3a）所规定的，广阔界限或框架的出现，明确了相互作用的物体具有和物体本身的体量相似的界限。比如，一个正方形对称地嵌入另一个正方形里面，面积比为 $A_2/A_1 = e$。得到边界宽度与小正方形的边界宽度之比是：$w/X = (\sqrt{e}-1)/2 \approx 0.32$（见图 1.12），约为 1/3。另一个例证来自物理学。半径为 R 的球形偶极子磁铁磁场没有边界，然而强磁场的效果区域却与磁铁大小相仿。在场厚度相当于磁铁直径 0.58 倍的情况下，沿坐标轴的场强在距磁铁表面 2.5 倍半径处场强减少到 1/10（Jefimenko，1989）。因此，磁铁磁场限定了磁极周围广阔的边界范围。

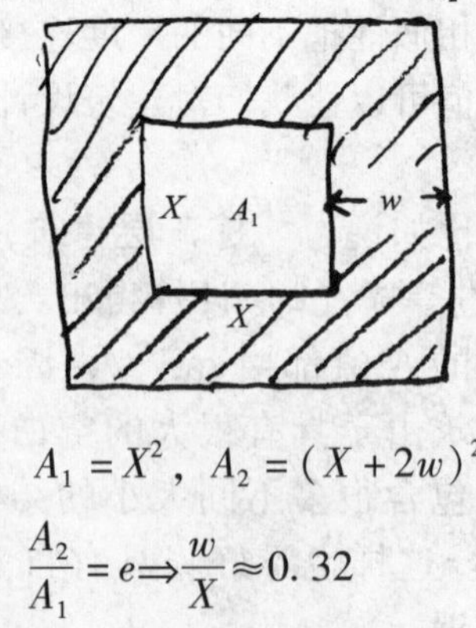

$A_1 = X^2$，$A_2 = (X+2w)^2$

$\frac{A_2}{A_1} = e \Rightarrow \frac{w}{X} \approx 0.32$

图 1.12
一个正方形嵌入另一个正方形。小正方形的面积是 $A_1 = X^2$，大正方形的面积是 $A_2 = (X+2w)^2$。当两个面积之比为 $A_2/A_1 = e$ 时，框架的宽度 w 约为内部小广场宽度 X 的 1/3

4. 建筑风格的分类

到了20世纪人类已经积累了四千多年的浩瀚文明，这里所介绍的结构秩序三法则以及它们的十二条推论，在世界各地的历史建筑和人工器物中都能得到体现（Fletcher，1987）。这就证实了上述发现的确具有非常重要的意义。我运用物理学的理论依据取得了符合实际的建筑学成果。本章的讨论也是对亚历山大在严谨的建筑文脉中成果的一种巩固（Alexander，2004；Alexander et. al.，1977）。

历史上的建筑师们，包括早期的现代主义学派，可能对这里提出的三法则有种直觉上的认识。这些一般规律既是各种形态的基础，也是通过模仿自然界的美学规律和结构秩序来进行设计和建筑的基础。然而现代主义派一心想要建造与自然相反的人类建筑。非自然因素的冲击让许多现代主义风格建筑更加新颖。为了实现这种效果，他们的做法倾向于和建筑三法则的内容背道而驰。

20世纪建筑将某些结构秩序要素减少到最低。有些建筑具有过于庞大却毫无根据的整体对称性，但是却缺乏必要的小尺度对称性。通常的做法是，把结构和功能都刻意伪装起来，禁止用装饰来表达小尺度的结构秩序；空间可能没有任何差别：如室外和室内的对比，闹事区和安静区域的对比，或不同功能区域间的对比；如果有任何重复，则很可能是既单调又缺乏对比要素的重复（见图1.13）。绝大多数建筑物的各部分都孤立存在着，不存在任何相互作用。局部间的连接也通常是被抑制的。而不同的尺度只有在尺度比例大于或等于15的情况下才被允许存在（远大超于接近2.7的建议尺度比例），所以视觉上的尺度是断裂的（见图1.14）。因为他们喜欢的是透明、带直棱和尖角的表面，所以不存在厚度边缘、框架或连接边界。最终，所有自然和现存秩序都已经在建筑开工之前就已被悉数破坏，从而限制了建筑与周围环境的连接。

图1.13
没有对比的重复不能实现连接

总的来说所有的建筑风格可以分为两种：传统风格和现代主义风格（包括现代主义风格之后的建筑风格）。这两者的区别在于是否遵从了结构秩序三法则，而与建筑所处的时代和历史背景无关。很多人只是凭直觉来区分现代主义和传统风格建筑，没有成文的法则作为根据，其实一直以来对这个问题也没有过系统的判定方法。人们甚至可以通过分析建筑物遵从的是哪些法则或分则，还是在刻意反对哪些法则，以及反对的程度如何等，来判断它是否属于“混合式”或杂交风格。我们通过仔细观察可以发现，那些最受人喜欢的现代主义建筑，它们所遵从的法则多多少少都体现了某些结构秩序。

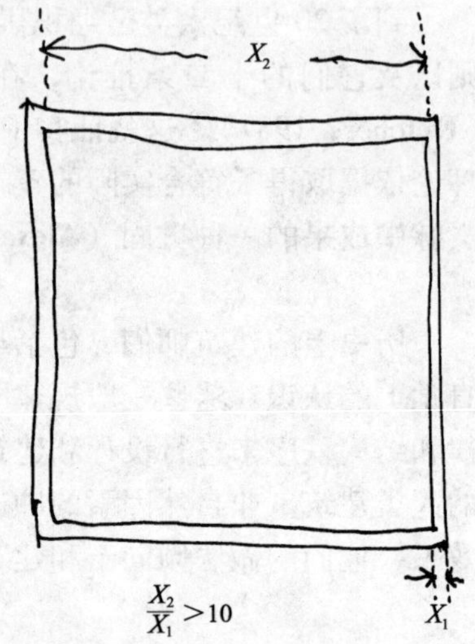

图 1.14
嵌套正方形之间的阶差太窄，原因在于内部宽度 X_2 和外框宽度 X_1 之比大于 10。即：$X_2/X_1 > 10$

事实上，建筑风格的分类远比本文最早发表时我所提出来的要复杂得多。20 世纪以前的建筑风格集中于同样的“传统”解决空间区域，而在这个范围之外还存在着许多其他的风格。因此，对于传统建筑来讲没有惟一的“相反”之说。这一点将在第 5 章《建筑生命和复杂性与热动力学的类比》中进行详细分析，并将介绍更多复杂的建筑风格的分类方法。

建筑界根据对传统建筑材料和现代工业建筑材料的使用来划分建筑风格。石头和砖属于传统建筑材料，钢材、玻璃和轻量钢筋混凝土等则属于现代工业建筑材料。我的结论是这种差别并不十分相关，因为不论是服从还是反对于这三条法则，建筑物都可以采用任何材料。但如果本身就是建筑师的意图，那么采用工业材料确实更容易让人忽视这三条法则（这一点稍后将进一步讨论）。另一方面，一些最美的新艺术派建筑遵从于结构秩序三法则，这些建筑也可以通过现代工业材料来实现（Russell，1979）。

5. 当代建筑的非自然性

这部分讨论了在相互对立的建筑类型学中做出选择的两个判定标准：一个是对建筑的情感反馈；另一个是结构秩序和自然之间的深层关系。现代主义风格是由一批 20 世纪 20 年代拥护极端政治和哲学思想的人发明的（Blake，1974；Wolfe，1981）。他们被自己那种要完全打破任何现有历史秩序的冲动所蛊惑。目的就是要建造挑战自然的建筑并以此来改造社会，这样做无意中违背了人对美的本能感受，这一点在他们的建筑中可以体现出来。

第4节中，我认为现代主义建筑风格所产生的效果是由它的法则来决定的，从逻辑上讲，现代主义建筑风格的法则与传统建筑所遵循的结构秩序三法则是互相对立的。不过，现代物理学也是对经典物理学的一种蓄意突破，但那并不是否定经典物理学或现代物理学的理由。关键在于，现代物理学之所以能够继续存在是因为它和实验现象具有一致性。于是今天现代物理学和经典物理学可以很和谐地共存。我们把建筑学和物理学进行对比，可以发现当下建筑学知识中存在的缺陷：缺乏验证学科的重大课题以及同时去除不相关的内容所需的实验基础。

5.1 建筑学的情感基础

不论是哪种建筑风格，成功的建筑都有一个最主要的特点——让人觉得既自然又舒适。人类在小尺度上与周围环境相连接（因为小尺度更加直接），并且需要对大尺度结构感到放心。人类面对环境威胁具有天生的应激反应，当结构显得不自然时，就会威胁到我们原始的安全感。一个建筑，不论其形状和功能如何，我们和它建立了情感联系后，就会感到它是美的，这只有在建筑具有高度的结构秩序时才成为可能。我们对于结构秩序的感知是一种积极的情感状态，不受舆论、时尚或风格等因素的约束。

情感健康可以作为判断一个结构有效性的实验标准。我们与设计图或结构的细部直接相关，这是因为与小尺度的连接是一种情感体验。另一方面，对整体形态的认知通常需要思考，而这更多的是一种智力过程。根据结构秩序三法则，我们与建筑物之间经由小尺度，再通过中间尺度，最后与大尺度进行连接——只有所有尺度都相互连接时才能够获得情感健康。后面两章将介绍各尺度间如何彼此连接。

人类对小尺度结构秩序的基本需求几乎可以在所有20世纪以前的物体和建筑中找到。而现代主义理学家如阿道夫·路斯（Adolf Loos），不断地攻击小尺度秩序，并称之为“罪犯”。这一特征曾经是对19世纪装饰的一种非常极端的反应。解决过度装饰的办法并不是把有组织的细部一下子全抛弃；而是找到准确的细部和必要的小尺度装饰——用于固定较大形态并确定理想尺度数值。有组织的细部，如果安置得恰当，可以让人们获得情感健康，原因就在于这样的细部有利于结构秩序的建立。

某些建筑师不够重视基本的人类需求——对于工作生活场所，人们需要它能具有舒适的精神环境，而建筑师们往往忽视需求而为纯粹的形态考虑让步。根据他们的观点，个体没有权利指望建筑物具有情感舒适性。那些建筑师只注重采用尖角、金属边缘、大量凸出的悬突等手法，这是他们工业设计词汇的一部分，而正是这些“词汇”使我们对建筑产生了不舒适感。即便在曲线趋势明显更加合适的情况下他们仍然毫不妥协地坚持直线的形态类型也是如此。这样做并不总是为了实现功能，而且这样的建筑结果经常与功能恰恰相反。

从环境心理学研究中可以知道，很多20世纪的结构使居民感到很不舒适。人类本能倾向于减少空间的不适感，以此来缓解对心灵幸福感的削减。人类拥有类似的机制——能够凭直觉来减少物理伤害，从而有利于保护身体组织免受伤害。建筑师们还没有对人在建筑环境中的情感健康问题引起足够的重视：情感健康对人类的意识非常重要，而忽视结构秩序三原则的建筑环境给很容易给人的情感健康带来巨大伤害。

5.2　结构秩序的惟一性

当今的世界关于结构秩序存在着两种相对的概念。大多数建筑师接受到的教育是要用早期现代主义建筑术语来思考“秩序”：大尺度镜像对称，矩形，空白平板表面，直边和直角，等等。这是一种以简单和抽象为基础的几何秩序类型，在我们从小到大流行过的形象和建筑形态中都可以看到。本章表明，科学所表现出来的我们这个世界的结构秩序，要远比现代建筑环境复杂得多，并且与建筑环境间存在着很多矛盾。从逻辑上讲，不可能有两个相互矛盾的结构秩序定义并存，这也暗示我们的结构秩序法则一定是惟一的。有充分的科学依据可以证明我提出的观点的正确性，因此任何结构秩序观念必须与本章提出的观点相一致。

正如第3节中指出的，人类可以本能地想像出连接。这种与生俱来的能力使我们在进化过程中很早就发明了建筑。人类心理不仅在物体间，而且可以在思想和概念上建立模式和连接。物理学家们对于结构秩序的先天直觉思想、推理能力以及研究能力是同源的。然而这种能力不是培养出来的。它要么是继承了对结构秩序先天的观念，要么是我们从环境中学到的。20世纪晚期的人们被包围在违背了结构秩序三法则的建筑群当中，然而他们还不断地被（建筑师和媒体）提醒着：那些建筑体现了惟一适合我们时代的“真实”秩序。如果，就像这里所讲的，结构秩序法则是惟一的。那么这些建筑就压制了我们继承（不是从文化中，而是从我们的生理结构角度）的结构观念。这样的后果抑制了我们感知连接的能力（甚至有可能会摧毁它，造成无法挽回的后果），这样的话就不仅仅是建筑物受影响了。

第2章到第8章将进一步研究秩序的结构基础和生理基础。本章中出现的观点只是作为本书其余部分展开讨论的引子。这里提出的一些结构秩序的基本问题也将在随后的章节中进行解答。

6.　结论

受克里斯托弗·亚历山大的研究成果启发，结构秩序三法则以基础物理相似性为出发点，这三条法则要比任何建筑时尚、观念或风格都更具科学实证性。自然物体具有一种有序的内部复杂性，这是对相互作用的物理过程的一种模仿，而这一点也体现于世界上伟大的历史建筑和乡土建筑当中。应该说这三条法则具有显著的实践性，可以最终应用到建筑中去，让建筑的一致性体现出强烈的物理和情感之美。

到了 20 世纪末，建筑学只不过是由现代派信条孵化出的产物，却已经用它的当代表现形态主导了我们的整个世界。这一章说明，违背自然的建筑学通过模仿某些结构秩序要素，对人类意识当中不可或缺的深层次感情造成了伤害。直到现代，人们仍然为环境中被夺走的结构秩序而感到失望，还要不得不忍受那些令人不舒服的建筑。以上结果应该让人们相信，他们对建筑审美的直观感受其实是对的，生机勃勃的人造环境还可以再次回到我们的生活中来。

第 2 章　创造建筑形态的科学基础

1. 建筑学和人类感知

建筑设计可以建立在与理论物理和生物学的结构法则相类似的科学原理基础之上（Alexander，2004）。前一章里提出的法则适用于创造这样的形态：它与物理形态和生物形态具有共同的结构秩序，不仅非常新颖而且同时可以包括大多数传统建筑风格。采用这些法则，建筑形态的发展能够与代表某一建筑风格的具体图像脱离。

人类对形态具有一种本能，这与人对周围环境中存在的潜在危险和有利条件的视觉分辨能力相联系。某些隐含在建筑物形态之中的数学关系会产生积极的潜意识反应，但如果缺少这些关系，也会产生消极的反应。可以从本能上感知的重要数学和谐度，可以使人在感情上得到满足——这是大部分宗教建筑的基础。几千年来，建筑一直是以使用者的感情舒适性为基础的。然而到了我们这个时代，形态设计取代了以人类情感为基础的判定标准，所以即使许多建筑让人感觉并不舒适，然而在学术水平上却依然受到推崇（Sommer，1974）。

这一章提出了与人类对于几何结构和材料的感知相联系的尺度法则。在设计中应用尺度法则是因为我们本能上感觉到，如果我们不去违反这个法则，我们可以与自然结构更为接近。我的目标是要通过建筑固有的设计和内部细分使建筑能够与人类连接。这其中要涉及建筑设计的主要方面：外观和内部效果以及细部。我们提出的尺度法则与设计或整体造型，以及建筑内部空间无关，但它决定了立面的细分，并揭示出人与自然材料之间的连接。在实际操作中，关注设计元素的尺度关系可以防止重大失误，并且可以将设计选择的数量减少到几种利于人类健康的设计可能。不同的建筑物可能会有不同的内部和外部尺度，人们仍然感觉它们是统一的。所以重要的问题在于，建筑物的不同尺度是如何联系到一起的。

尺度一致性可以通过两个过程实现。首先，不同尺度的离散层级服从由物理学和生物学推导出的尺度法则；第二，自然尺度层级之间是普遍联系的——各种形态在每个单个尺度上是相连的，整体的一致性进而通过小尺度和大尺度在形态上的连接创造出来（Alexander，2004）。如何在形式上实现尺度一致性我们在第 1 章中已经简单地讨论过。本章主要在于建立自然尺度层级及其尺度法则；关于如何连接各要素的问题，则留在本章最后的部分进行探讨（第 11 节），其中还包括一分非常实用的列表，可供建筑师作为独立的实用守则来使用。

我相信当代建筑学可以从本书探讨的方法中获益。不过，当今的某些设计常规确实有悖于本书所提出的尺度法则。因此我们需要仔细审查为什么当代建筑设计产生了这些形态，本章第 10 节对尺度模型（如建筑师为展示自己的构想所采用的纸板模型）在设计决策中的应用专门进行了批驳，因为这样的一个小尺度不能够反映出自然尺度层级。为了使我们的构想得以实现，在批驳当的过程当中，我们也为设计过程应该进行哪些改变提出了建议。

本章和下一章对本书第 1 章中提出的结构秩序的第三条法则进行了说明，并进行了更为翔实的推导，并以一种可以更直接应用于设计的方式对成果进行了列举。在实践中应用第三条法则，我们需要制定出两个不同但却相关的概念：尺度法则和尺度一致性的性质。第 1 章第 3 节中对尺度法则进行了详尽的介绍。在这一章，我提出了实用公式，建筑师们可以利用它们将尺度法则应用于建筑作品中。尺度一致性在本章第 11 节中进行介绍，并在后面的章节《建筑学中的层级协作：装饰中的数学必要性》进行详细探讨。

2. 自然尺度层级

自然通过形态和色彩以及随机的尺度法则来与人类连接。实证研究表明大多数自然物体表现了一种自然尺度层级，从它们的最大尺寸，按约为 2. 7 的比率一直延伸到最小的可感知区分。2. 7 是连续尺度间的尺度比率。比如一个 15 厘米高的闹钟或类似大小的一片叶子，它们的最小细部为 1 毫米。可能大约在 3 毫米、7 毫米、2 厘米的体量上具有附加的明显分化。另一方面，对一座山来说，最小的可感知尺度取决于你与山之间的相对距离。有时从远处看，整座山可能是最小可见细部的 3 倍、7 倍甚至是 20 倍（如：2. 7 的幂）。

我稍后将会谈到，尺度比例为 2. 7，这是尺度一致性建立和被理解的可选尺度比例之一。服从这个尺度法则的建筑与自然形态具有同样的一致性。如果事物从直观感受上具有几何结构，能够协调构成要素，并且作为一个自然中的稳定的物理结构，可以提供相同类型的反馈，那么它就表现为自然的。另一方面，从感觉的角度来看，忽略尺度法则的建筑缺乏视觉连接性中很必要的一种重要的品质。最近，建筑师和科学家们都意识到建筑设计的复杂性法则——尽管具体的连接难以捉摸，但可以通过自然系统相同的复杂性法则来认识（Halliwell，1995）。

20 米高楼房的结构应该轮廓分明，应具有约为 7 米、3 米、1 米、30 厘米、10 厘米，直到按尺度比例 2. 7 依次递减到最小可感知尺度。每一个尺度由相同体量的重复相似元件来界定。使用传统建筑材料和施工方法时，尽管很多建筑师由于风格原因会有意地压缩中间尺度和较小的尺度，但由于材料强度有限的原因，还是能够产生比较正确的细分。而强度较高的现代材料和施工方法则能够完全避免自然尺度层级。如果不是特意地把正确的细分纳入到设计中，建筑结构从潜意识上的感觉便会与自然形态形成对比（Alexander，2004）。

很明显，任何不能对自然结构精确复制的人造结构都会与自然形态形成对比。然而我的看法是，更深度的连接不是来自外观，而是源于内在的数学结构。如果要素结合的方式与自然形态要素的结合方式相一致，那么人造结构就可以使人感觉到自然，即使是外表看上去十分明显的人工结构也可以达到这样的效果。人类历史上宏伟的宗教建筑并没有体现任何自然形态，然而我们对于它们的结构秩序的感觉仍然相当舒适。这是由于它们的要素之间相互协调达到视觉和结构上的一致。历史告诉我们，人类天生对结构具有一种自然尺度层级般的需求。

以往设计理论对于数学的应用与本章中探讨的方法有所不同。我在这里采用的是现代数学理论，如：相似转换和分形理论，远远超出了简单的比率或固定模块。过去广泛使用黄金分割比例 $\Phi \approx 1.618$ 来确定矩形形状的比例（von Meiss，1991）。这样可以确定建筑的整体形态或设计图，但是这两者的重要性在今天的理论（相对于形态和表面，更为关注中间视觉连接）中是次要的。这里所用的尺度，支配了形态的内部细分，这是自然系统中的本质。按照本章提出的方法，整体形状和规划完全是由一个建筑物的实际要求和形态功能排序来决定的。建筑师们倾向于通过规划和坐标方格系统来做事，但我并不倾向于这样做。不是因为这不重要，而在于所有维数上都需要产生尺度一致性，且不仅是落实在设计图上而已。例如，建筑的入口需要突出，并能够界定自然尺度层级的某个尺度。

根据迈克·格林伯格（Mike Greenberg）（1995a；1995b）的观点，这项工作的最大成果在于确定了尺度比例 $e \approx 2.718$，e 是自然对数的基础。设计的模块系统是现代主义道德规范和现代科技，同时也是传统日本建筑的典型代表——是以基本维数的整数倍为基础的。完全模块化系统的尺度比例往往恰好是2或3。使用 e 作为尺度比例可以防止僵化和单调，这也是模块化系统通常会产生的后果。你不能简单的重复某个元件，你需要在每个新的尺度上对不同的形态进行界定。这是第8章《模块化和设计选择的数量》要探讨的主题。

3. 尺度的自然起源

一个建筑设计的构配件具有不同的体量，有一些构配件的重复可以覆盖一个较大的区域。这些体量是我们建筑学中的可观察量，能够确定可观察的元件和碎片组成的整体。在量子力学中，可见的能量状态是量子化的而且是不连续的。事实证明建筑表示长度和面积的可观察量在某种程度上也应该是被量化了的。所有自然形态的共同特征是存在不同的尺度。没有细分的纯自然形态在宏观尺度上是非常罕见的；我们周围的大多数事物都是人工的。其中的原因多种多样，然而结果却都是普遍的。

当物体整体在体量上具有连续分布时，我们可以发现，在最小和最大体量的范围内，可能有一个或多个元件具有任何给定的体量。（树林中树枝长度就是一个很好的例子）。然而在一个量子化分布中，还存在一些离散体量。那种集合中的所有物体可能在那个体量上只有惟一的一个（例如，五金店里冲切之前的木材）。如果我们把这些体量写下来，按照升序或者降序排列，那么我们就建立起了一个离散尺度层级。尽管可能会有人通过这些例子匆忙地作出结论，但我并不是鼓吹要对所有的构配件模块化，而是要将未分化的物体分成更小的构配件。尺度比例决定了细分的体量。

应力和张力原因造成的材料破坏创造了固体离散尺度层级（见图 2.1）。甚至在液体中，均匀性也是不太可能的，因为移动的液体由于湍流产生亚结构层级。对于生物形式来说，尺度产生的原因是完全不同的，但尺度的确是非常必要的。生命是同时出现在许多不同尺度上的复杂的化学和物理连接。代谢过程和机械过程以生命形式为特征，需要许多尺度上不同结构的嵌套层级。于是从宏观到微观结构水平，生物形式表现出互相连接的尺度离散层级（见图 2.2）。

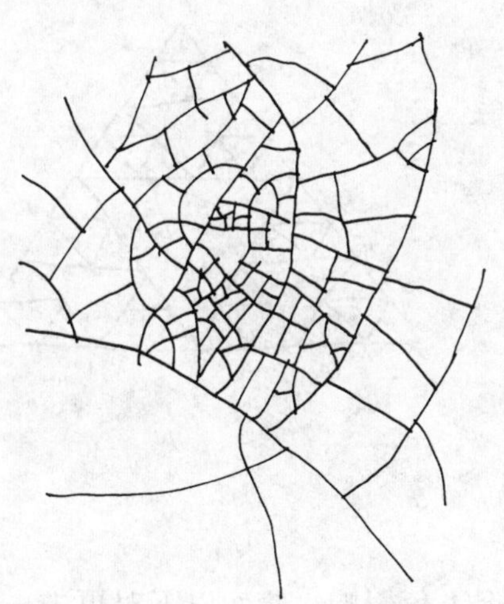

图 2.1
材料碎裂创造了尺度层级

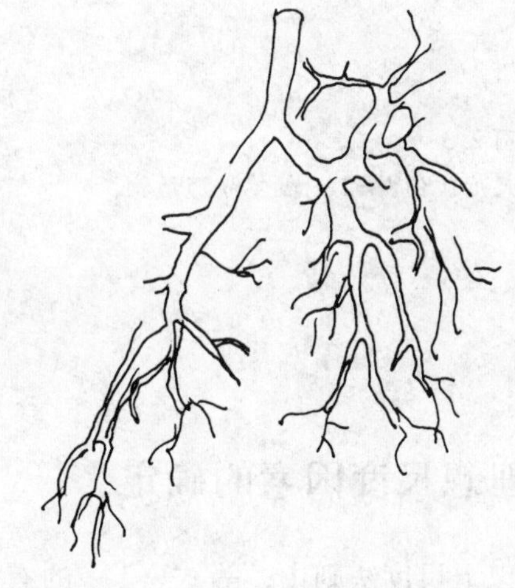

图 2.2
人肺部的尺度层级

假设一个设计图中有一些物体 X_n 具有不同的体量，第 n 尺度由体量的 20% 上下范围内的一个或更多相似体量的物体来确定。这些元件通过明确的形状或由明显的边界体现出来。同一尺度上的物体不需要在体量上精确一致。我们可以按等级从最小到最大排列这些设计构配件，来得到它们的层级。不同的组件可能毫不相似；这种情况下只有它们的尺寸之间是相关的。它们之间最简单的数学关系是：每个尺度的体量 X_n 与下一层级最大尺度 X_{n+1} 之间通过比率 k 相互联系（在这一讨论阶段，k 可以是任何固定数值）。这种关系使第 n 级组件的体量同尺度比例 k 常数以及最小体量 X_{min} 之间得出了一个明确的公式（按照数学惯例，我用 X_0 表示 X_n，以便于标注逐渐增大的体量）X_0，X_1，X_2，X_3，……）。

于是对设计中的所有体量我们得到一个公式，令最小体量为 X_0，尺度比例常数为 k。这是一个具有连续幂 kn 的幂律，$n=0$，1，2……，具有同样的参数 k：

$$X_{n+1}/X_n = k，这样可以得到 X_n = k^n x_0，其中 k 为常数 \quad (1)$$

设计图的细分服从于最简单的尺度法则，等式（1），那么它将具有以下特性：当放大到因数 k 倍时，部分（尽管不是所有的）设计会具有非平凡结构。如果进一步观察更小的细部，这一过程还将重复 n 次。这种尺度性质在分形几何中体现得最为明显，分形几何中每个尺度上都可以表现出结构（Mandelbrot，1983）。自相似结构的另一个性质就是在连续的放大倍数下具有自相似的图案（见图 2.3）。这样多种多样自然形态的分形特征变得越来越明显了（Mandelbrot，1983）。

图 2.3
尺度比例 $k=2$ 的数学分形结构

4. 理想尺度因素的确定

以上尺度法则中，等式（1）的有效性不受 k 值影响；然而以下对更进一步论证的概括建立了理想尺度比例约等于对数常数 $e \approx 2.7$。这一理想尺度比例产生了尺度一致性。而尺度一致性是非生命形式和生命形式的结构形态学（即：内部结构如何影响复杂物体的整体形式）的基本要素，也是传统建筑学的性质。克里斯托弗·亚历山大最早通过对建筑物内部细分、人工器物、自然结构和生物形式等进行测量的方法，从现象上创建了尺度法则（Alexander，2004）。他得出尺度比例 k 值应在 2 和 3 之间（Alexander，2004）。基于有机生长的法则，我提出尺度比例的单一计算值，$k=e\approx 2.7$。

尺度法则使建筑形态具有尺度一致性，这一法则非常明确，通过建筑连续尺度间的理想比率来表达。

$$\textbf{尺度法则：} X_{n+1}/X_n \approx 2.7 \tag{2}$$

在把尺度法则应用到设计中之前，我将用自然界中的例子进行证明。如果体量变化与当时的体量相等，就会呈现出自然指数增长。关系式 $dx/dt=x$ 中数量和尺寸 x 在任何时间 t 的解为：$x=x_0\exp(t)$，其中 x_0 是初始值（且在指数增长中也是最小值）。指数增长数量 x 值在整数时间间隔 $t_n=n$ 的情况下服从尺度法则，等式（2）。指数增长是自然界的基本法则。在一个时间周期内，细菌和理想动物数量服从关系式 $x=x_0\exp(at)$，a 为常数（在不受限制的增长期间）。这一法则也同样适用于对贝壳和触角的研究，它们的形态可以用指数曲线来描述，也就是极坐标（r，θ）的对数螺线 $r=\exp(a\theta)$，其中 a 为常数（Thompson，1952）。这些例子说明了尺度法则是如何应用于许多建筑之外的领域之中的。

尺度一致性取决于尺度的水平，尺度之间要足够近，能够在视觉上彼此相关，但又不能太近，否则尺度区别就会不太明显。如果尺度比例 k 小于 2，就会难以对不同尺度水平进行区分，所以就不能形成发散层级。例如，尺度层级基于黄金比例 $\Phi\approx 1.618$（例如勒·柯布西耶模数），其亚元件在体量上就会过于接近，所以它确定的是一个连续梯度而不是离散（量子化的）尺度。因此，我们的感知器官不能轻易地判断出结构元件究竟是属于尺度的哪些离散结构，甚至不能确定尺度的空间间隔是否理想。如果尺度比例 k 太大——比如是 10 的话，结构在体量上相差远，会造成彼此之间失去连接，连续尺度水平就不能在视觉上彼此连接（见图 2.4）。这种启发式的论证将理想尺度比例缩减小到 2 和 5 之间，这与我在等式（2）中选择的尺度法则 e 值相一致。

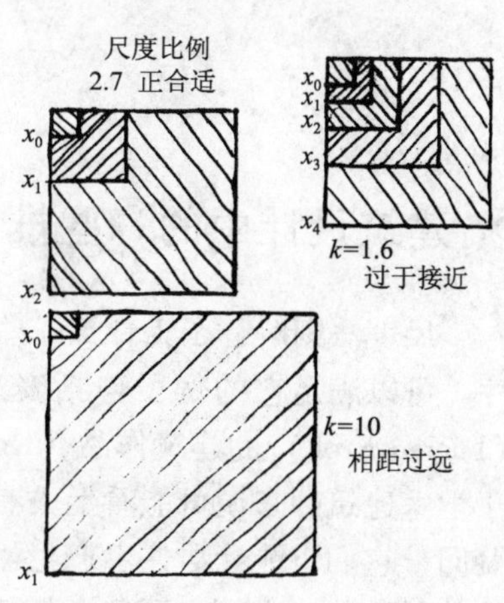

图 2.4
在三个尺度比例中，只有一个具有尺度连接关系，尺度比例 $k=1.6$ 时，尺度之间过于接近。尺度比例 $k=10$ 时，尺度之间相距过远。尺度比例为 $k=2.7$ 时，尺度的空间分布正好合适

为了阐释我所说的，可以考虑在一个小房间的墙的正中位置插入窗户。如果窗户的尺寸相当于房间宽度的1/3，那么它就显得相当完美。理想宽度应该约为 $1/2.7 \approx 0.37$。"1/3 法则"告诉我们尺度比例 $e \approx 2.7$ 已经被历史上的著名建筑师们广泛地采用过了。从另一方面来说，如果把墙切开，插入一个相当于房间1/2宽度的窗户，这样一来就把墙变成了一扇窗——为窗户牺牲了墙的完整性。没有了"墙包含窗"的层级。当使用的窗宽度为 $1/1.618 \approx 0.62$ 时就肯定不会出现层级了。

一个独立的理论支持来自数学中的分形图案。无穷无尽的自相似分形图案，每个都具有相似比 $r = 1/k$（注意数学书中叫做"相似比"，而建筑学中使用的是它的倒数，也就是尺度比例）。这些分形图案具有非常重要的特性，即放大到尺度比例 $k = 1/r$倍数时，任何细部看上去都与整体及其相似。众所周知，自相似分形可以用于为自然结构建模，如山脉、海岸线、花菜和雪花。所有可能的科赫、皮亚诺和康托尔等曲线的自相似分形图案中，与自然形态呼应得最好的相似比是 $r = 1/3$ 或 $r = 1\sqrt{7} = 1/2.65$（Mandelbrot，1983）。如果我们要选择惟一的一个普遍数值作为尺度比例，这些数据必须都支持 $k = 1/r = e \approx 2.7$（见图 2.5）

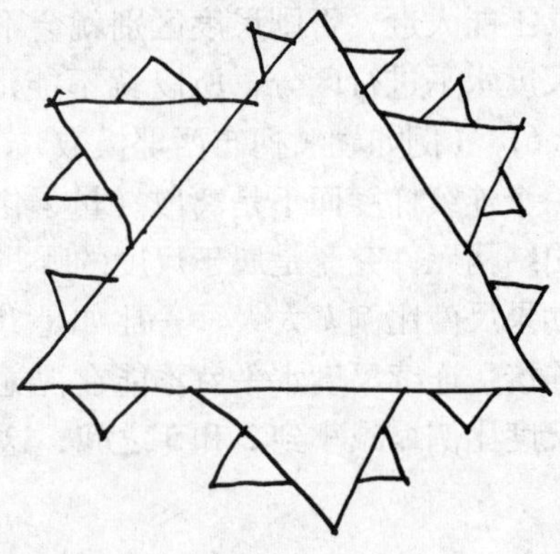

图 2.5
尺度比例 $k = 3$ 的数学雪花

5. 建筑设计中的一些推论

尺度法则解释了为什么一些非对称在给人带来情感满足时表现出令人惊讶的秩序。可以满足它的例子包括安东尼奥·高迪（Antonio Gaudi）和卢西恩·克罗尔（Lucien Kroll）的建筑作品（Kroll，1987）。而且，一些自由形态的"有机"建筑对于学术建筑师来说可能看上去有点奇怪，但是，如果它们服从尺度法则，那么毫无疑问，它们也能让居住者产生愉悦的感觉（Day，1990）。所以这样的建筑不需要传统的对称性，也不需要迎合任何公认的原型。根据也同样支配现代主义形态的传统判断标准，不具有明显整体对称性的建筑物不会被认为是有秩序的，因为大多数人往往以对称性来判断是否具有“秩序”，但是这种判断方法缺乏充分的根据，也缺乏尺度法则的指导。不具有对称性的建筑，如果能够遵循尺度法则，同样可以满足对设计结构秩序的要求（Alexander，2004）。

还有一个相当具有实际意义的观点。风化图案是由于材料的断裂和应力原因造成。材料的形态特征是由物理作用力产生的，常常创造出服从尺度法则的次结构层级（Alexander，2004）。这是一个非常重要的发现，并与材料表面的分形发展相一致：材料表面产生裂缝、然后是裂缝中的更小的裂缝，然后这样继续下去直到微观结构（Mandelbrot，1983）（见图 2.1）。

对所有的结构来说，不论使用的是何种材料，也不论最初是如何把各种结构连接到一起的，它们在形态学上最终都是在朝着一种自然尺度层级发展。如果一个建筑物的结构细分（即形态连接处和过渡的地方）不能与自然尺度层级一致，那么风化图案就可能会破坏形态。当然了，保持建筑师的最初构思并不容易。这个过程在大型的“纯粹”表面上体现的非常明显，但是表面不可避免地会出现污痕。在那种情况下，建筑师们会关注并预见到风化，用更小的设计要素（细分）来除去污痕而不会让人注意到，当然结果是服从于尺度法则的。风化会加强建筑物设计细部的尺度一致性，这是由尺度法则决定的。正是由于这个原因，传统建筑风化得较好，而现代主义形态则无法达到这种效果（Blake，1974）。

由于反对表面分形污痕和拒绝进行表面细分，人们往往更喜欢采用 10 年后才会出现风化效果的材料，而不是 10 个星期后就出现。这就是为什么我们看到高科技材料不断增加——并且非常的昂贵——如不锈钢材料、钛等等。选择这些材料不是出于真正的建筑构造需求，而是只是为了避免其实根本无法避免的风化所造成的自然分形图案。人们会认为建筑师就像堂吉诃德那样执著地追求一种不会风化的真正“现代”材料，而很少去质疑在这个目标背后基本形态上或意识形态上的真正动机。

6. 决定设计亚元件的序列

很多建筑师对比率的理论描述已经很熟悉，如：斐波纳契数列。我将本着务实的态度，提供包含有 $e \approx 2.718$ 的幂的数列直到最近的整数，列出尺度法则的以上结果。执业建筑师可以检查他们设计中的亚单位与给出序列的项是否基本相似。重点不在于要与每个数字严格一致，因为在实际应用当中这种差距可能会非常悬殊——但是要保证不落项。这些只是一些辅助工具而不是严格的规则。下面整数的序列约等于 e 的幂，$n = 0, 1, 2, \cdots\cdots$：

尺度因数数列

$$整数\{e^n\} \approx \{1,3,7,20,55,148,403,1097,2981,8103,\cdots\cdots\} \qquad (3)$$

尺度因数序列可以为设计提供次元件的各种有关体量，应用方法有两种。第一种方法是选择最小的建筑细部 X_{min}（也标注为 X_0）然后乘以尺度因数数列各项，等式（3），得到所有较大元件的体量。这些体量必须要能够满足已经建立的功能要求，否则就要重新定义 X_{min}一切都从头再来。或者也可以用第二种方法，从 X_{max}开始，把它作为总尺寸（即：一个房间或建筑物的最大维数），除以尺度因数数列各项，等式（3），得到所有次元件的体量。当然，必须要满足由功能要求决定的正确的中间体量，否则 X_{max}也要进行调整。决定使用哪种方法决定在于维数、X_{min}（最小）和 X_{max}（最大）哪一个量是确定的，而不管那种计算方法，无论是从小到大，还是从大到小——都会生成满足尺度法则的自然尺度层级，等式（2）。这种方法有助于发现使建筑物和谐的原因——尺度关系。要注意所有的尺度是如何相互连接的，人们不可能只改变一个尺度而不影响到建筑物中的其他尺度。

某些读者可能会发现，尺度因数数列等式（3）最初与完整斐波那契数列的另一些交替的项｛1，3，8，21，55，144，377，987，2584，6765，……｝相近。对于较大的项，这种相符性逐渐变得越来越差。在数列的项逐渐变大的范围内，斐波那契数列中的交替项的尺度比例为 $k=\Phi^2\approx 2.618$，而尺度因数序列等式（3）是对一系列具有固定尺度比例 $k=e\approx 2.718$ 的数列一种整数逼近。不过，由于尺度法则是近似的，这种相似之处非常有用并且能引发人们相当大的兴趣。

7. 层级中不同尺度的数量

从原则上说，尺度一致性决定了任何设计都可以有无限多个的递减尺度。然而出于实用目的的考虑，对于保留想要在建筑中表现的最小细部，我提出一种低端削减的方法。把这个较低的限度设为 6 毫米≈（1/4）英寸，可以给我们提供了一种估算不同尺度水平总体数量的有效规则。如果 X_{min}是设计次元件最小的体量（与$n=0$一致），$X_{max}=e^{n-1}X_{min}$是最大的整体体量，那么我们可以对这个表达式的两边取对数，从而解出尺度 n 的理想数。这正是我们想要的。四舍五入后得到最近的整数值，尺度的理想数 n 计算如下（也可参见第 1 章第 3 节，最早推导出理想的尺度数）:

$$n=1+\ln X_{max}-\ln X_{min} \qquad (4)$$

在这里 X_{max}和 X_{min}必须采用相同的单位。例如，如果我们要用米作单位来测量整体尺寸 X_{max}，根据建筑物的最大体量 X_{max}，选择 X_{min} =（1/4）英寸 $=6.4\times 10^{-3}$

米，那么理想的尺度数只有：

理想的尺度数：

$$n = 6 + \ln X_{max} \text{（以米为单位）} \tag{5}$$

一栋建筑物的高度或宽度为 X_{max} 米，为了体现出一致性，需要具有 n 个不同的次元件——等式（5）给出了理想的尺度数 n。如果一栋建筑物具有过少或者过多的尺度水平，它都会表现得不一致。理想尺度数的等式（5）告诉我们，从 $X_{max}=5$ 米的较矮建筑到 $X_{max}=50$ 米的高层建筑，如果它们的最小细部为 1/4 英寸（我使用了 $\ln 5 \approx 1.6$ 和 $\ln 50 \approx 3.9$），则大多数的建筑物必须要有 8 到 10 个不同的尺度水平。甚至是当建筑物具有符合要求的尺度数时，相对体量也必须要进一步服从于本章中的尺度法则等式（2）。当然尺度一致性程度要取决于所有不同尺度的相似性和宽阔边界（本章第 11 节将进行探讨，见后）。

8. 连接人类尺度

让我们从维特鲁威（Vitruvius）开始谈起，作者们强调建筑形态需要具有一些特点从而在尺度上与人类相关（Licklider，1966）。在这里有两个不同的尺度。第一个尺度是使用和身体接触：一栋建筑物的构配件和各种尺寸需要能够适应人类，包括人体结构、运动和触觉。房屋的体量、楼梯、楼梯扶手、门窗的设置和尺寸、门把手等等都需要仔细安装，以提供最大程度的使用舒适性。一个非常细腻的建筑师可以使几何形态和特征适合人类尺度上的各种活动。

第二个问题是一个人们对于设计细分的实际感知情况如何，这将通过建立自然尺度层级来解决这个问题。在任何给定的距离上，如整个体长、臂长或手指、手、脚的宽度等等，人都可以与人体结构尺度相一致的完整的设计构配件相连接（Licklider，1966）。这种印象是可见的而且是相对的，并且取决于观者和结构之间不断变化的距离。不论观者的距离如何，我们有必要确定具有完整内部细分的设计。只有从上到下都具有尺度一致性的建筑物，才能够为任何距离上处于任何视角的观察者提供完整的人类尺度范围。

很明显，最小的可感知体量取决于观察者和物体之间的距离。如果人们只能从一个较远的距离上感知一栋建筑物的局部的话，那么最小的可感知尺度也就变得相当大了。有些结构需要在那样的尺度上进行界定，但是这样更多的细部却会被浪费。建筑物往往倾向于在无法被体验到的地方制造不必要的精确度或者是采用奢华的材料。而那些被浪费的资源还不如被用在人们可以接触到的区域中。在很多情况下，使用者的移动可以更加接近或者远离一个区域，所以最小的可感知尺度也在不断地变化着。在那种情况下，必须要有细部能够延伸到“最小可感知尺度”的水平，虽然在较远的距离上这些细部可能会缺失，但是当人们在最近的位置上需要它们时，它们又可以重新出现。

这种在各种距离上相连的尺度原则与使用者对较大建筑物的体验有着极大的差别。如果一栋大型建筑物通过自然尺度层级与人类的尺度范围相连，人类感知所形成的是积极的心理词汇。人们可以以一种很大程度上与其他态度无关的方式把这种感知用了不起、宏大和雄伟等这样的字眼来描述。而另一方面，如果通过去除尺度层级上的较小尺度来使建筑物与人类尺度相脱离，那么从心理上建筑物与人是割裂的，并且会产生比较消极的感受。如果独立于其他设计因素，建筑物将给人疏远、尖锐的感受，甚至可能会由于显得怪异而让人感到压抑。但一些建筑师仍在刻意地为达到这样的效果而努力着。

9. 通过材料表面来连接建筑物

如果我们不在 6 毫米的水平上中止，那么自然尺度层级就不会有严格界定的最低限度。最小的可感知体量取决于它与观察者的距离，最接近的距离可以小到 1 毫米以下。人和动物的身体上最具有表现力的形态都是高度细部化的：比如眼睛、鼻子、和嘴。这些位置的细部确实可以达到 1 毫米以下。注意有区别的细部出现在局部，并且可以将人们的注意力都集中一个很小的区域上：同等程度的细部通常不会延伸到整个形态。正是由于存在细部，所以对人们来说，对细部所在区域的体验并不是奢侈的，而是非常重要的。

不论建筑物的风格是传统的还是现代主义或是其他风格，建筑通过最小细部与人类意识相连。人们广泛使用具有自然表面的材料，如打磨的木头和石材——只要经济上允许；透过这些，我们可以看出人们在最小可感知尺度上对于细部的心理需求。这样的表面为人类提供了一种与体量小于 1 毫米的细部的感情连接。眼睛实际上可以感知真正的树木和大理石等自然结构，尽管它们是视觉感知的极限。而且即使是在远处，人们也不会轻易把它们和胶木搞混。使用人们了解的材料可以建立起一种私人化的情感连接，因为我们感到自己与它们的微观结构是连接着的。

人们认为表面品质与构造形态是分离的，尽管两者都是形态和模式在大量不同尺度上的表达而已。这是 20 世纪建筑出现的巨大断层。20 世纪所有反对建筑装饰的争论使尺度一致性的基本问题变得混乱而模糊。在大尺度和小尺度上都有好的形态和模式。伟大建筑的成功之处在于他们能够将它们的最大尺度（总体形态和模式）同最小尺度（表面、细部和装饰）统一起来。墙上的涂料可能是 1/10 毫米的厚度，然而在如何通过色彩和表面品质来与该面墙连接的问题上，涂料起到了重要的作用。仅仅由于更换墙上的涂料比更换墙体更简单并不能说明我们可以抛弃它所具有的连接作用。同时，胶木完全缺少真正木材所具有的有序的微观结构（厚度、纹理、和反射性），这说明胶木其实并不是非常合适的建筑材料。

通过自然尺度层级来突出观察者和材料微观结构的关联是可能的。从人类尺度往下看，存在无限多的递减尺度的层级，它们将人与基本的物质要素连接起来。这种向下的尺度将人与微观世界衔接起来，并且这种衔接和更为明显的较大尺度连接一样具有重要的作用。有固定形状、透明的或高度反射的材料缺乏特色，我们不是要同这样的材料进行连接，而是要同具有清晰层级的微观结构材料之间建立起强有力的连接。

缺少自然属性的材料通常会有惰性表面。一部分原因在与我们对它们的利用方式。工业材料（合成或复合材料）一般说来不具有有序微观结构，人们不是非常喜欢它们，因为与这种表面建立关联，只有应用自然尺度层级通过模式来创造尺度才能够建立起情感连接，而且这一切必须发生在宏观尺度上。在这个过程中，我们需要全面审慎地思考，因为与自然材料相比，这种做法更难以达到目的。你需要利用具有自然尺度层级的微观结构来更好地对表面进行区分并且能够清楚地阐释各个细分。这其中可能包括将无光表面与光泽材料结合起来，以及再引进细部和色彩等过程。我不是在鼓吹对自然材料的属性进行简单复制的做法，而是说我们要去发现和使用每一种材料自身内在的性能。

10. 建筑设计中对模型的应用

设计模型或一个绘图规划在模型或规划图上往往关注最小可感知尺度，而到了建造的时候，这些最小尺度就会变得过大了。原因在于自然尺度层级上的不同尺度是以指数方式在增长，因此在较小尺度上就会聚在一起或很近［见第 6 节中等式(3)，前几项之间的差要比较大的项之间的差小得多］。比方说，一个 40 米高的建筑物的典型模型在丢失细部之前，可以显示出 3 个尺度水平。我们习惯性地就失去了与我们的联系最为紧密的最小的 7 个尺度水平。而如果建筑细部可以延伸到 5 毫米［通过等式（5）得出］，那么完整体量的建筑物应该具有 10 个尺度水平。令 $X_{min}=5mm$，$5\times1=5mm$，$5\times3=15mm$，$5\times7=35mm$，……最后到 $X_{max}=40m$ 这是最大的体量。当我们利用图纸或模型来工作时，我们通常不能表现出尺度，因此它们也不可能实现在落成的建筑物之中。

设计过程通常从创意开始，通过利用一系列观点观念来对一个新的结构进行规划。在最初的设计阶段就应该把建筑物的功能考虑进去，尽管在很多情况下功能是从属于建筑物形象的。当我们能够直接体验到所有小尺度时，最终决定一栋建筑物成功与否的原因在于完全建筑尺度上的形态所产生的一系列情感回应（Alexander，2004；Day，1990）。不过，人们通常会通过简化图纸和缩微模型所产生的情感来对它们进行评定，而这些做法可能会有误导性。尽管使用者对于最终建筑物的体验可能完全不同，而各种委托、奖项和评级的授予都是以这些小尺度模型和绘图为判断基础的。

我们可以根据新颖性、总体对称性、组合部件方式、与熟悉形态的相似性以及是否具有“巧妙”部分等角度对一个模型进行评判。这些决定要取决于模型实际尺度有关的因素。当建筑物建造起来之后，人们对于形态的体验就会发生很大的变化，而最初根据模型的判断也就会变得无关紧要。由于透视的原因，人们无法在全尺寸上感知组合在一起的较大形态。但建筑物的总体形状通常不会影响到内部的使用者。整体蓝图与熟悉的形态之间的相似性只有从飞机上才能够看得真切。在模型上看着“巧妙”的东西建造出来反而可能会让人觉得并不愉快而且功能失调。

需要根据反馈来做出的重大决定不能仅凭小尺度模型决定，而只能由使用者和全尺寸结构及其细分之间的相互作用来共同决定。我们需要在设计阶段预计到这一点。一个可以体现所有较小尺度的设计图必须要或者尽量接近实际体量。而且，建筑形态能否成功还取决于观察者的视角：人行道近处的位置是最为重要的，而远处的点则是最不重要的。过分狭隘地依赖于某个尺度模型会让这些问题主次颠倒，我们可能会忽视最接近的空间，而就对于使用者来说难以辨认或无法接触的较大区域和形态进行过分地强调。幸运的是，今天我们可以利用虚拟现实技术，通过模拟环境来模拟建筑中的全尺寸体验。

实际操作过程中，人们使用小而低廉的模型来获得实地较大形态，但是我们应该多去想象一下，从空间内部以及走近的路人所体验到的那些空间是怎样的呢？那些使用者会近距离接触的选定区域需要在较大尺度上增加草图并作出更多的局部模型。利用便宜材料比如厚纸板和泡沫塑料做成的全体量实体模型，可以有助于我们对全体量结构在可以直接接触的关键区域以及会对使用者产生的各种影响等问题做出决定。

对于想从建筑环境中寻找指导原则的读者来说，这些想法是很实用的。但是我们的建筑环境通常不仅是反应迟钝，而且变得越来越混乱。自然尺度层级具有一种舒适感。计算机辅助设计为协助制造满足子尺度层级的三维设计提供了可能，但是它必须要充分融合到当前的有关操作和教育当中。如果对于尺度要求能够放宽一些，我们就可以确定是否缺失了那些特定的尺度。这就好像在做“拼写检查”，使特别糟糕的尺度关系能在它们被建造出来之前被找出来。建筑设计在仔细推敲的过程中会遇到的大量决策问题，我在此就不再一一描述了。这里所介绍的规则为我们提供了一种有用的标准——能够帮助我们将可能性的范围缩小。

11. 实现尺度层级的过程一览表

自然尺度层级建立起合适的细分以及建筑物不同尺度间的关系。“小尺度与大尺度通过中间尺度层级连接起来，尺度比例约为 $e\approx2.7$”［第 4 节中尺度法则，等式（2）］。然而为了实现这种尺度一致性，我们有必要更深入一步，利用亚历山大所探讨过的相似性技巧来将不同的尺度衔接到一起。下面的列表总结出了使不同水平尺度彼此连接的各种方法，这些方法仅是作为建议，并不是绝对的。

表 2.1　实现尺度一致性的法则

1. 通过自然尺度层级中的色彩对比和几何构型的对比来界定可识别元件。

2. 通过对称、重叠设计、共同网格、互补形状和颜色搭配来将不同的元件连接到一起。

3. 每个元件需要一个宽阔的边界（框），这个边界本身也是下一个更小尺度的元件——序列元件应当在视觉上同相邻元件耦合。

4. 不同体量的元件通过相似的形状来相互衔接，因此相同的模式可以在不同的放大水平上重复。

5. 递减体量的相似模式可以通过嵌套来界定几何焦点，并同功能焦点相符。

现在我来谈谈这五条法则，并对如何应用于建筑设计提些建议。

上表中的法则 1 与突出纯粹形象（即体现极简主义几何构型）的建筑物削除中间尺度的手法不同。那种建筑物可能会具有细分，但通常都是被刻意地掩饰了或是被处理得十分模糊，无法区分出形态的轮廓或框架。许多的当代设计花了很大力气来掩饰小尺度和中间尺度上的有序结构，通过削除构配件来实现均匀性。视觉和结构对比是必要的，因为它们可以确立我们所与之连接的不同尺度。尺度一致性可以使明显的构配件相互协调，但这需要所有设计中的构配件都能够被清晰地表现出来。

法则 2 强调了建筑当中对多重对称的需求。反射（镜面）对称和平移对称（轴对称）将要素组连接起来。自然尺度层级保证了对称可以独立地在每个尺度水平上得以界定。一栋具备尺度一致性的建筑物拥有大量的内部对称：包括一个总体尺度，以及在体量递减的每一个尺度上也在不断增加的构配件；对称可以在所有这些尺度上发挥作用。较小的要素的数量可能是非常巨大的（见图 2.6）（然而由于削除了较小尺度，惟一可能的对称只能是一种总体的两侧对称）。

图 2.6
较小尺度上元件数量不断增加

表中的法则 3 通过视觉和物理接触将不同的尺度连接到一起，从而有助于实现尺度一致性。当一个形态的框架或宽阔边界是自然尺度层级里下一个最小的项，那么边界的边界就是倒数第二项，以此类推，自然尺度层级中连续的形态在几何构型上都是成对的。然而仅根据层级还不足以获得具有正确体量的形态：这些形态必须能够在合适的序列中相互接触。如果顺序元件不是由接近性（当一个孤立的小尺度与一个大尺度并列时是无法出现的）连接在一起，尺度连接当中就不会出现可感知的不连续性。尺度的有序数列是产生尺度一致性的原因所在。

尺度接近性的含义在于元件必须通过中间边缘进行连接。这种“宽阔边界”的概念是亚历山大提出的，我们可以从历史上的建筑（基板构架墙、装饰构架的顶棚、窗和门等等）中找到它的影子。传统材料的强度是有限的，通常不可避免地会使边界与其所包围的部分体量相当，而且许多历史建筑也在刻意地突出这种效应。例如，雕刻罗马式大门建筑的框架或镶边和门本身一样大（见图 2.7）。如果人们要将结构中的连接边界最小化或把它们掩饰起来，通常必须要同材料“较劲”才行。现场材料切割具有很强的实用性，能够使镶边覆盖错误或裂口。坚持移除所有镶边来满足一种风格规则会导致材料在工地之外的精确切割成本剧增。而异地化处理更偏向于模块化和固定标准体量的做法，它们永远不会使设计与当地条件相吻合。

图 2.7
门口宽阔的边框使它得到强化

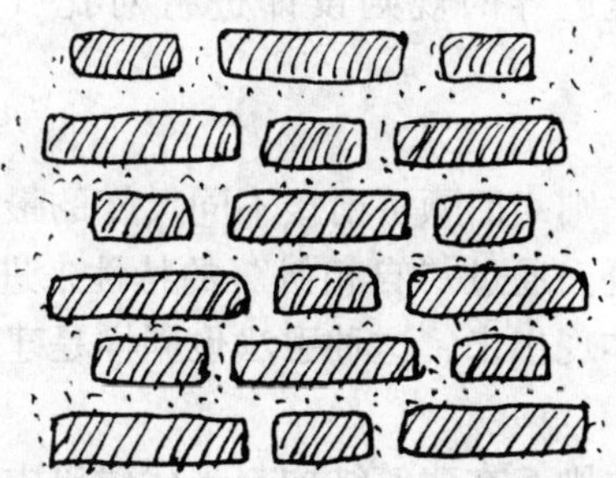

图 2.8
砖块之间的水泥产生了尺度一致性

现代建筑中的纯粹墙体和大块平板玻璃窗不包含必要的尺度层级。从历史角度来说，厚厚的泥浆给每块砖确定了边界，但是现代咬合砌砖最大限度地减少了砂浆的应用（见图 2.8）。因此，当代的砖墙体现了缺乏尺度一致性的极简主义风格，让人感到压抑。同样地，如果玻璃仅用作小窗格，支撑框架就可以提供合理的细分；而采用大块工业平板玻璃会完全丧失尺度一致性。玻璃幕墙突出了一种让人难以亲近的技术进步，会让我们感到焦虑，因为我们感觉到面前存在一堵无形的墙。

在当前的技术条件下，我们仍然需要必要的尺度。我们必须要让建筑物具有自然尺度层级的特征，这不是由于风化作用或传统材料的问题，而是因为人类对于尺度层级的内在需求。

现在谈一谈较大尺度，一栋建筑物必须要和谐地融入所在环境。一个物体与它的周围空间之间的关系是由尺度层级来决定的。一栋建筑物的边界是一个与建筑本身体量相当的区域，应该通过与建筑物耦合来决定下一个较高尺度水平。因此，建筑物的外部边界就像它的内部细分一样，需要同样的界定和连接：边界必须是一个可识别的区域。一个合适的边界区域将建筑物与它所处的环境连接起来。靠忽略环境因素或与所在环境相互冲突来吸引人眼球的建筑物最终不会是成功的（Gehl，1987）。

有时候边界就是建筑物本身，比如说中世纪的修道院和伊斯兰的宗教学校。这些作品将高度细部化的环境结构聚焦于中央院落。在这里，复杂边界强化了开放空间（见前一章图1.4）。两个互补对立的耦合——院落与它的边界结构——创造了一种一致性单元。耦合也出现在随机性和高度有序的细部之间。在有些清真寺和宗教学校建筑中，严格有序的装饰墙与院落中刻意的不规则的铺路石相互耦合（Blair & Bloom，1994）。这是一种在无装饰/随机地与环境有序细部之间极其复杂的耦合。路易斯·沙利文（Louis Sullivan）的银行建筑使用了颜色和纹理随机变化的砖块来与环境边界的规则设计进行对比（Weingarden，1987）。这与耦合对立统一是一致的。

法则4回顾了衔接不同尺度的最简单方法——在不同放大水平上对某个单元进行重复。通过"自相似"的特性来进行衔接，这一点可以从许多数学分形和生物分形中体现出来，这种手法也同样是建筑大师们所采用的一种技巧。

法则5在建筑结构与当代建筑中常常被忽略的功能之间建立了必要连接（Alexander，2004）。希腊和罗马柱廊以及后来文艺复兴时期对其进行的模仿建筑中都广泛地应用了梯度（如在体量递增或递减的尺度层级中所发现的）来引导行人朝着一个焦点行走。其他的应用包括对楼梯间和门廊的处理：楼梯间会由于高度逐渐降低而变得越来越窄，而门廊则关注人们穿过连续的同心拱门时的运动。通道和入口如果能够以一种积极而自然的方式与使用者连接，就会显著地改善一栋建筑物的使用效果。

12. 结论

尺度法则包含了克里斯托弗·亚历山大的部分设计理论。我就这个法则进行了详细的阐述并提供了一些理论支持。这所描述的实用方法旨在产生可以在潜意识上与使用者相连的建筑物。通过控制内部细分的体量和相似度，设计可以用于生成与自然形态具有相同效应的积极情感反馈。尺度法则来源于物理和生物形态，应用这一尺度法则设计出的建筑物具有一种与自然形态相似的内在结构程度，尽管它们的形态不需要与任何自然界中的形态相类似。尺度法则与建筑风格或具体的建筑物形态无关。

对本章中涉及的术语进行一下总结应该是非常有益的。离散衡量尺度的存在是非常必要的，但还不是实现尺度一致性的充分条件。要达到这个目标的两个额外要求是：连续尺度应当服从尺度法则且尺度比例为 $e \approx 2.7$；每个尺度在某种程度上应该与其他所有尺度相互衔接（这是下一章《建筑学中的层级协作：装饰中的数学必要性》所要探讨的主题）。具有尺度一致性的结构可以体现出自然尺度层级并且还将具有理想尺度数。

具有尺度一致性的建筑无论从视觉还是从感觉上都与当代以及20世纪早期的建筑物有很大的差别。建筑师们如果采用本章的建议，就必须要克服建筑过程中已经熟悉和接受了的方式。许多从业建筑师往往会不自觉地想要避开尺度一致性的“外观”，然而他们却并不知道自己在做什么，也不知道为什么要这样做。影响和推动当代建筑设计的那些形象在很大程度上忽视了尺度法则。根据我的分析，深思熟虑之后的建筑师会知道在进行具有尺度一致性的创新设计时，哪些要点是需要进行特别强调的。我的目标是想办法再找回现代建筑物所缺少或者不存在能满足情感水平和允许人类参与的这两种特性。

第3章 建筑学中的层级协作：装饰中的数学必要性

1. 将设计过程形象化

如何将设计过程形式化，建筑学以及其他领域为解决这一问题都进行了大量尝试。从20世纪60年代起，人们开始将数学和系统理论应用于建筑设计，最早的代表人物是克里斯托弗·亚历山大（Alexander，1964）。此外还有布鲁斯·阿彻（Bruce Archer）（Archer，1970）、比尔·希利尔（Bill Hillier）（Hillier，1996；Hillier and Hanson，1984）、克里斯托弗·琼斯（Christopher Jones）（Jones，1970）以及霍斯特·里特尔（Horst Rittel）（Rittel，1992）等人的论著。他们运用复杂的数学工具建立通用模式，并用于处理设计过程。早期的论著是由布罗德本特（Broadbent）进行整理的（1973）。今天的很多建筑师认为这项努力并没有获得成功，因为系统理论从来没能深入到建筑学的主流中去。

以数学为基础的建筑设计形式理论这一最初承诺从来没有实现过。不过，这种方法却在工程和编程领域找到了肥沃的土壤，并且已经成为了一个主要的研究课题（Booch，1991；Cross，1989）。以上的一些作者对综合设计理论究竟是否可行仍然持保留意见。这一章以亚历山大后期的作品为基础（Alexander，2004），不过目的不再企图形成设计方法。而是要探讨一种设计约束，实际设计和所有设计细部都要留给建筑师们去完成。

在提出设计约束的问题上，我和希利尔对设计理论的想法一致：

"需要的是这样的理论……在设计的生成阶段要尽可能不要专门针对于个别的解决方案，要留出尽可能大而密集的解决空间，在预测阶段则要尽量详细和精确，以便能够在最需要有效预测的地方提前处理好未知形态"（Hillier，1996：p. 68）。

在前面两章中，我介绍了尺度一致性和自然尺度层级的概念。我通过生物生长，分形和材料自然老化等例子来证明我的结论。在设计中将这些概念有机融合的更强有力也更为独立的例证来源于系统理论。通过第2章我们已经明确了建筑学的尺度一致性问题，这一章我将着重探讨不同的设计尺度应如何衔接并彼此加强。这一机制在这里叫做层级协作，我们可以通过系统理论对其进行了解。

层级协作与希利尔的要求非常一致。层级协作对于实现尺度一致性来说非常必要，但它并不能支配建筑的总体形式或者设计细部。除了亚历山大，其他将系统理论应用于建筑学的作者都还没有对层级协作的概念进行明确阐释。

为什么早期的论著对建筑学本身不具有持续性的影响力呢？可能是由于大部分的论著对于建筑师来说都太过于学术而难以接受。建筑学院并没有提供理解系统理论所需要掌握的有关高等数学课程，建筑系学生也不需要学习前沿科学。建筑师倾向于以视觉为导向，通过形象和形式规律完成工作，但是他们并不了解蕴含在自然排序系统中的法则。沟通设计方案很难，除非能够通借助可以感知的术语，而系统理论从来不能以一种充分的直观方式呈现在建筑师们面前。而且，那些早期的理论应用并没有对建筑物产生任何重大的改善，即使是测试个案也是如此。科学形式主义在理解问题的复杂性方面非常有用，但是作为一个实用的操作工具来说就显得不够了。

现代主义为建筑形态设置了一种相当简单的通用约束，可以很容易地应用于任何建筑类型。这一点也是它比任何政治或哲学意识形态都更为成功的根源所在，而它的负面效应在于它在最初的设计阶段过于具体化（因此适应性不是很强），从而减少了可能的建筑形态和建筑类型的数量（见第 5 章《建筑生命和复杂性与热动力学的类比》），这就在很大程度上限制了方案空间。就连现代主义评论家也不得不承认，与现代主义风格竞争并企图替代它的理论和风格并不能找到任何更简单的办法。目前层级协作的概念只是比纯粹的矩形形式稍微复杂一点。这的确为想要建造具有时代精神建筑并乐于创新的建筑师们提供了机会。

2. 层级细分与形态

早在 20 世纪 20 年代，人们对无装饰的柏拉图立体（Platonic solids）的青睐，如正六面体、圆柱体、球体等——成为了“新”建筑学原理之一（Le Corbusier，1927）。那时候很多人认为某种程度上常规形态在人类意识中是根深蒂固的，人们从心理上注定就会对这些形态有所偏好。现在我们知道这是错误的（Bonta，1979）。人类是经过训练来获得对柏拉图立体这种纯粹的书面概念的认识。（Flecher& Firschein，1987；Zeeman，1962）。构建在人类意识中的是一种基于层级细分的认知机制，它与结构的总体形态无关。

对柏拉图立体的人为偏好最终成为 20 世纪建筑传统的一部分。事实上，可能有人认为现代主义建筑的成功要归因于在自然界作为大尺度宏观形态的柏拉图立体其实并不常见这一事实。一栋形状纯粹而抽象的建筑如果与自然环境形成对比，那么这栋建筑就会显得格外突出。有两种圆盘形状是种例外——太阳和满月——它们受到古代人的崇拜。人们对独石碑也是如此。人类历史中建造的非自然结构如金字塔反映了人类对自然的统治。

这样的简单形态缺乏层级协作，但是可以借助不亲近的效果使人产生兴奋的感觉。然而那种感觉不是人们在中世纪教堂中的那种情绪兴奋。并且由于它们激起的反馈强度相近，我们通常不能把令人不舒服和难过的刺激同一种深刻的满足和视觉滋养的兴奋状态区分开——但这两者会产生完全不同的心理效应。因此我们并没有去质疑每一种情绪究竟是怎样在建筑中产生的。环境心理学中对这两种状态进行了明确的区分（Nasar，1989）。不过，在这个问题上依然存在着困惑，也就为建筑学影响人类提供了基础。我们多维化的情感空间被很多建筑师错误地压缩成为一种单一维数的激发。从理性角度看，现代主义和传统建筑都是可以理解的，在视觉和情感上可以产生共鸣的，但都是以几乎对立的方式达到的。

建筑师可以选择是否遵从某些使建筑物与自然形态相联系的概念性法则（不论是外在的还是内在的）。所有复杂系统——无论是自然的还是人造系统（如：教堂、计算机、电网）——都具有各自的尺度，它们的尺度在层级上相互协作从而确定了一个具有一致性的整体。一个受到系统理论约束的设计方案会很自然地产生层级协作。而这种法则也刚好存在于人类意识之中。潜在的观点以下面的三个发现为基础：

- 非生命自然结构（如岩石的形成、气候系统和河流）和生物有机体都是具有层级组织的复杂系统。

- 工程科学和计算机科学（如大规模电气网络、计算机芯片和软件）系统和自然系统一样，都遵从于同样的层级组织法则。

- 人类思维在不断进化，可以认识和分析自然界中的层级结构，所以那些不是由层级组织起来的人工结构会让人产生非常奇怪的感觉。

建筑学就创造了人工复杂系统。为了实现涌现性，建筑物必须根据层级系统法则（见后第 7 章的介绍）把事物组织起来。所谓涌现性是指构成要素中所没有的性质。所有伟大的建筑物都体现了这一点。如果哥特式教堂面前是一对破转乱瓦，那么它所能带给人们的那种兴奋也就荡然无存了。本章处处可以找到这一结论的证据，尽管我的观点在任何观察者看来都十分明显。如果我们跳出文化的偏见，我们可以参照这套法则来测试一下我们喜欢的物体、建筑和设计方案。满足层级协作的建筑物和城市区域可以与我们内心识别结构秩序的感知机能发生共鸣。

面对人造物体和结构，我们可以马上理解所有的不同尺度，并自动辨别出其中的尺度层级。尺度模糊的结构，也会影响我们对结构秩序的感知。连续尺度间的尺度比例和相似度决定了整体是否实现了层级协作。如果尺度的空间分布和自然结构

（即：服从自然尺度比例）的方式相同，并且它们还能够通过连接和相似性互相联系，我们就可以认为这个结构是一个具有一致性的整体。这种潜意识过程决定了建筑物的影响与形状、形态和总体比例等这些传统的考虑无关。

对这一理论从认知科学（神经科学和视觉生理学）的角度获得了独立支持，尽管实验心理学在这里并不作为主要论据。其中有两方面原因，一是人类认知的本质依然是许多调查研究的主题，尚未得到完整的描述。二是人们还未曾进行过能够直接证明这一现象的临界实验，而且那些很有助于论证的依据也往往是分散的，而且需要结合实际情况而定（见下一章《装饰的感官价值》，其中我进一步探究了结构秩序和尺度一致性的认知支持）。读者经常把对称性的需要（在对规则图形缺失区域的精神完成过程中体现）与对并不存在的柏拉图立体的偏好相互混淆。

3. 层级尺度

自然复杂系统具有层级结构，不论它们是生物还是非生命体（Simon，1962；Smith，1969）。大多数无机材料是晶体（过冷液体，如玻璃是一种例外）。材料应力产生的裂纹，呈现出规则图案，因此使远程排序不能在宏观形态中得到延续（Smith，1969）。光滑度和均匀性（远程排序的视觉表现）并不是自然材料的特点，因为它们无法存在于大尺度上。在自然界，从宏观到微观，结构特点存在于尺度的不同水平上，贯穿所有的中间尺度。我们可以看到，在环境中，由于内部和外部力量的共同作用，各种物理形态具有一种自然尺度层级。

生物形态也表现了一种明确的尺度层级。我们举一些例子，按照体量降序排列：生态系统中的有机物群落、有机物、器官、组织、细胞、细胞器官、薄膜、分子、原子和基本粒子，还包括这其中许多可能存在的中间尺度（Miller，1978；Passioura，1979）。在不同的体量上，结构一致单元可以决定一个独特的尺度。虽然每个尺度不同，但是它们也都构建于那些大尺度中的复杂结构之中（见图 3.1）。建筑形态同样也是如此。由材料、结构和功能共同决定的建筑尺度以及尺度的分布表达出了一个建筑师的组织理念。

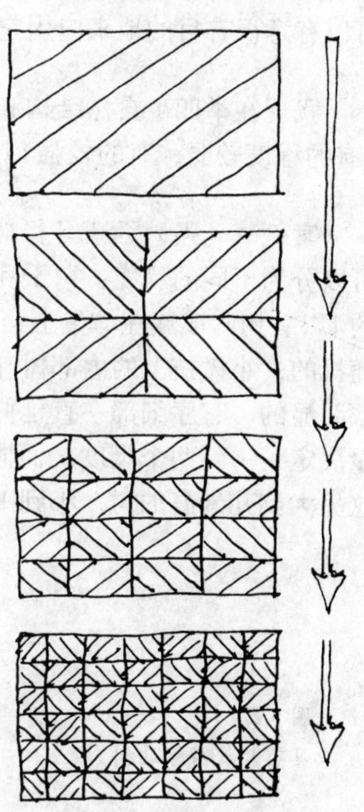

图 3.1

随着尺度变小会出现更多尺度

历史上建筑师们曾用来界定尺度的办法有：对称、通过形状显现、开窗布局和立柱。例如：窗户——如果它们的尺度相同——便创造出了一个不同的尺度。如果他们通过重复形成对称图案，便确定了一个更大的尺度。而把一扇窗户分成窗格就又创造了一个更小的尺度。体块纪念碑界定了最大的外部尺度。柱廊也界定了几个尺度：立柱宽度、间柱间距、柱基和柱帽（槽生成了一个更小的尺度）。内部尺度由不同体量的窗、门框、护壁板和切边共同创造，材料、表面纹理和颜色等方面的对比也具有辅助作用。

当设计单元的显著特征在视觉上相互联系时，他们就会彼此协作实现尺度的一致性。只有它们在某些设计比例上一致，并且具有相似的纹理或色彩，这种视觉连接才可以实现。尽管现在的设计办法可以把各种材料组合在某个独特的尺度上，但是仍然没有一个公认的程序来按照尺度法则对各个尺度进行分隔，也还没有形成一种通过关联把不同的尺度纳入到自然尺度层级中去的办法。（这就是在第 2 章引入尺度一致性一般理论的原因）。然而大多数 20 世纪以前的人类创造（城市空间、建筑、艺术作品、人工器物、工具和机器）都可以实现尺度协作。他们在根据体量来的不同设计单元间达到平衡。我的目的是把这个过程用科学术语表达出来，这样就可以有意识有目的地来应用它了。

我现在举四个自然结构和建筑结构的例子，并探讨每个案例中的层级协作程度（有的程度较弱，有的较强）。

案例 A（强）西班牙橡树。尽管这种树具有明显的不定型特点，实际上它还是可以分为不同的尺度：树干和主要枝杈较短而且宽度接近；第二级枝宽度约是主枝的 1/3；树叶成簇在体量上与树干的宽度基本一样；树叶分布既不均匀的，也不是随机的；小树枝上的内部树叶间隔规则一些。当你研究这种层级结构的时候它总是很明显的。有序细部一直延伸到微观尺度。树叶、小树枝、橡果和树皮关节等的体量决定了一到两个尺度，而同时它们的结构精致进而决定了许多比这更小的尺度。这里大到几米高的树，小到 1 毫米以下的细部，都存在着尺度一致性（见图 3.2）。

图 3.2
具有尺度层级的树

案例 B（弱）小卧室。在作者刷了白墙的旧公寓中，小卧室里的最大的尺度为 4 米。建在一起的两个窗确定了一个尺度，为 180 厘米。每扇窗的宽度与门的宽度相等，确定了另一个尺度，为 75 厘米。窗的切边和门框都是 7 厘米宽。此外除了油漆墙结构 3 毫米的表面细部，就再没有别的尺度了。算在一起，我们共有 5 个尺度（4 个明显尺度，和一个几乎难以辨认的尺度），在这个房间中要素的不同体量的集合中体量记作 X_i，有 $\{X_0=0.3\text{cm},\ X_1=7\text{cm},\ X_2=75\text{cm},\ X_3=180\text{cm},\ X_4=400\text{cm}\}$。计算相邻尺度间的 X_{i+1}/X_i 的比率可以得到的近似值分别为 $X_1/X_0=23$，$X_2/X_1=11$，$X_3/X_2=2.4$，$X_4/X_3=2.2$，对我们很有意义。在第 2 章中我们解释过，前两个数字 23 和 11，这些尺度比例对尺度一致性来说数值太大（连续尺度之间较理想的尺度比例在 2.7 左右），从而反映出这个房间缺少层级性。

案例 C（强）威尼斯的圣马可广场。它是世界上最出色的户外城市空间之一。人们曾对它进行图解和复制，但是到了今天人们依然不能完全理解它的成功之处。这里，层级解释被提出来。广场四周每一栋建筑的细分体量都是该建筑的总体量的 1/3，并且进一步的细分体量为 1/7、1/20， 等等。关节处丰富的连接细部在每个方向上都很鲜明。广场本身采用对比路面来进行划分（Moughtin et. al.，1995）。每栋建筑都具有尺度一致性，并且穿越空间的各种较高程度的层级连接创造了一个一致的整体。广场周围这些不同建筑物虽然视觉效果迥异，但它们的建筑尺度和几何细分，不仅在彼此之间，而且与人行道之间的相互协作，都让我们产生一种整体的宏伟体验。

案例 D（弱）巴黎拉德芳斯广场的新凯旋门（大拱门）。拱门前和拱门内的人行道在尺度上或相似性方面与其他结构没什么关系，因为它具有最少的特征和细分。拱门本身几乎不具有任何不同的尺度；目前还没有足够的要素能通过设计细分从内部实现结构衔接，或者与行人或广场连接起来。尽管他们对于统一为整体的简单性问题进行了大量研究，但是全面来看，刻意避免层级往往会在局部上产生败笔。这样有纪念性意义的宏伟的体量结构，在天气条件良好的时候会令人兴奋；不过，由于各种人类尺度的缺失，这种兴奋变成了一种震慑。观光客会不可避免地会体验到一种孤立感。而要想从中找到层级细分，那简直是徒劳的。这个结构的意义在于它的视觉冲击力和不可侵犯的威严感，而并不是为了要满足人们对于连接的情感需要。

4. 简单性、分形和图像压缩

具有自然尺度层级的设计可以影响观者，因为它有利于推动人类的认知过程。如果我们把一个复杂结构简化为不同水平的尺度来进行感知，那事情就变容易得多了。设计细分越多，尺度就越多。人类有一种基本的生物需求，那就是想把复杂分布的单元组织起来使它们具有层级，从而避免信息超载。人类心理首先会把体量比较接近的相似单元归为一个尺度（Fischer & Firschein，1987）。随后会开始寻找不同尺度间的相似性或连接。因为人类心理的进化与自然界的模式和自然尺度层级是一致的，某些用于识别层级协作的法则在我们的感知机制范围内就算是“硬接线”（hard wired）了（Fischer & Firschein，1987）。

早期现代主义以柏拉图立体为基础，提出柏拉图立体的实际想法是为了寻找设计中的简单性和纯粹性，并应用于新建筑形态。但不可避免的是，属于古代科学范畴的简单性概念已经是昨日黄花：现代科学颠覆了我们对于简单性的理解。这是与建筑之间关系的极限，我们最好能在数学图像压缩的方面进行探讨：如果只需要最少量的信息就可以确定一个图像的话，那么这个图像就可以说是简单的。可以有很多方式来对图像进行编码，我将结合其中的两种方法，来说明它们怎样体现出了完全不同的简单性概念。

第一种方法叫做“图形交换格式”（GIF），这是一种互联网常用的图像储存方法。它的算法是将一个图像在矩形网格上分成像素，寻找横向和纵向重复。一行中的重复序列通过输入重复组，与它的集一起进行紧致编码。所以在 GIF 图像的水平线上需要相同信息作为单一像素来出现。水平线都是一样的，所以只需要进行一次编码；同样的线相乘。以这种方式，任何横向或纵向的规律性都可以进行压缩。更加复杂的连接，一旦被眼睛无意识地看到，就会对这种效仿人类感知的特定模式的识别算法造成严重问题（Fischer & Firschein，1987）。但是这种矩形压缩格式在压缩复杂、表现弯曲和细节的图片时效果并不理想。

一种更新也更为强大的方法是“分形图像压缩”（FIC），这种图像文件格式与大脑的工作方式非常近似（Barnsley & Hurd，1993；Fisher，1995）。粗略地讲，分形图像压缩在不同距离和不同尺度上表现出了自相似性。它是针对图像片对来进行处理而不是个别像素。任何方向上相同尺寸的重复单元被编码为一个设计尺度。同时也对只是在缩放比例上有所不同的相似单元进行分组（与跨尺度协作一致）。这种方法对于脸部、树木和自然风景的编码效果很好。根据“简单性”的普遍观点，当自然的内在分形图像编码为 FIC 压缩格式时，它们是简单的。简单物体并不一定要是平面或矩形，这种结论颠覆了时空现代主义设计类型背后的主要动机。

不论是 GIF 格式还是 FIC 格式都不能让随机材料结构简化，因为它们不具有空间规则性。包含在随机数组中的信息是无法压缩的。因为每一个像素与其他像素都是不相关的，所以编码系统就必须要把所有的像素分别指定出来。

在第一种方法中（GIF），平矩形形态是最简单的，只需要最少量的信息来进行编码。在第二种方法中（FIC），不仅平矩形是简单的，蕨类植物的叶子、雪花以及悬崖也都是简单的。任何层级化和自相似的结构［与熟知的分形图片相似（Mandelbrot, 1983）］都只需要很少的信息就可以进行编码。相比之下，矩形 GIF 压缩无法处理好这样复杂的场面。本章所讲的建筑学反映了与分形有关的更为复杂的简单性，它们与自然和人工等复杂结构，以及我们自身的感知机能之间具有一种更为深层的连接。

5. 设计中的不同尺度

究竟是哪些因素决定了一栋建筑物所具有的视觉和情感影响力呢？有些因素是明显的，如形态和色彩；尽管建筑尺度需要通过潜意识来感知，但它也具有同样的重要性。在一栋建筑物中（无论是已经完工的还是设计过程中的），建筑尺度是由所有明确界定了次结构的体量来决定的。不同的情况可能需要不同的计量方法，如面积、宽度或长度。只要能突出同一单元中所有测量的体量，任何计量单元（厘米、英寸、英尺或米）都可能会被采用。我们必须要对弯曲部分的体量进行估计，这是为了根据体量来将相似单元进行分组。

所有这些度量取决于特定尺度上结构的明确区分。只有临近的单元或背景相互对比才能得到不同的单元。有几种方法可以达到这个目的：灰度值或色调的尖锐差异、轮廓线、材料和纹理的改变；浮雕等等（见图 3.3）。在背景或边界也同时确定了一个单元的情况下，那些单元就会以反差对的形式出现（见第 1 章第 3 节）。在近距离上模糊的衔接也可以确定边界，但是在较远的距离上看就难以区分出一个单元了。有意识地精细设计转换不利于自然尺度层级，因为这样做掩盖了尺度或使尺度变得模糊。而且这种做法去除了有利于产生设计一致性的主要因素。

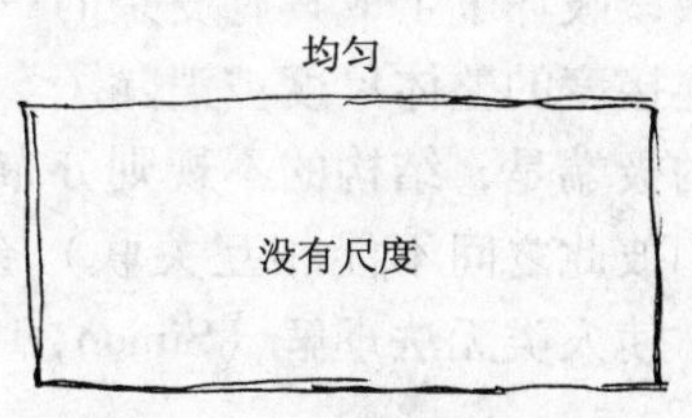

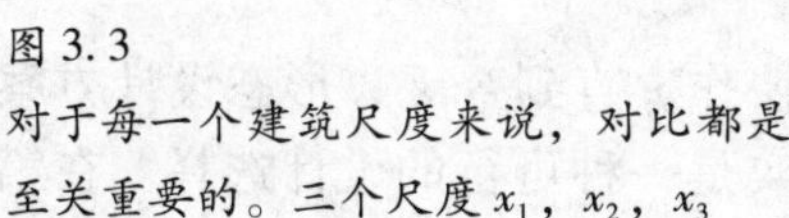

图 3.3
对于每一个建筑尺度来说，对比都是至关重要的。三个尺度 x_1，x_2，x_3

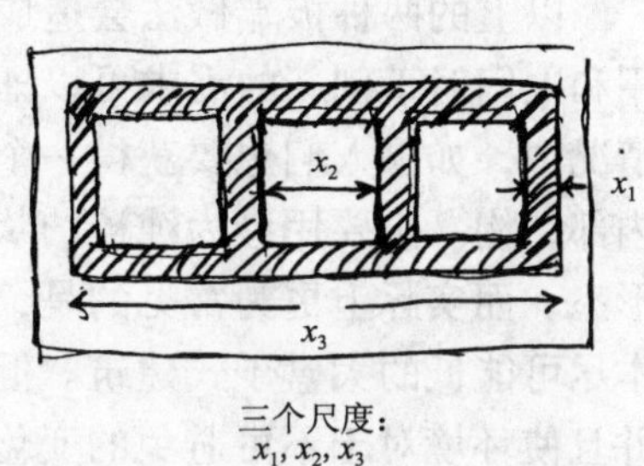

我们可以测量相似重复单元的长或宽，这取决于哪一方是重复的。通常是两种或更多种类型的单元具有相同的体量，但是却有不同的特征，这些因素可以决定完全相同的尺度。单元可以与平移、旋转或反射等对称方式对齐，但是对于决定它们自身的尺度来说，这种做法其实并不是必要的。一个总体对称可以决定一个新的更高尺度（当相似形态的体量按照比例放大或缩小时，会出现通过相似变换而相关联的单元，但不能够形成尺度，因为它们不具备共同的度量标准；不过，这也是一种将不同尺度连接在一起的方法）。

数几千年来，人们一直小心仔细地确定着建筑物和人工器物的尺度水平。“模块化”观念与人们对不同建筑尺度的基本感知需求是分不开的。一个用于整体建筑的模型通过重复将整体空间连接到一起。建筑物尺度层级中有些尺度是因为对物理结构、材料以及对物理应力的适应等原因产生的。而且，这种效果对于人们感知建筑物来说也是及其重要的。我们可以看到世界上的一些最伟大的建筑物（巴特农神殿、圣索菲亚大教堂、圆顶清真寺、巴拉丁礼拜堂、京都凤凰堂、奥里萨邦科纳拉克寺、索尔兹伯里大教堂、比萨洗礼堂、阿尔汗布拉宫、伊斯法罕皇家礼拜寺、奥塔故居、卡森比利斯科特百货公司等）都能够成功地把不同的细分整合为具有内部连接的尺度层级。

6. 层级尺度的感情感染力

建筑尺度被界定的清晰程度如何？尺度之间彼此相关的紧密联程度如何？这些问题都是基于不同考虑作出的设计决定所产生的后果。但那些考虑并不是为了建立层级协作。当代设计风格所推崇的是层级逆转。这样的建筑有意地忽略了自然尺度层级，破坏了生成具有复杂的一致性形态的组织过程。在极简主义设计方法中，具有连接度的整体尺度被消除了。这种方法通过琐碎的形态使复杂性变得最小化。相反的极端是，结构的不规则分布（有意地制造单元并把它们塑造成一定的形态，使它们彼此之间不能相互关联）会妨碍层级和整合过程；这种做法瓦解了建筑复杂性，使人类无法理解（Simon，1962）。

以上的两种极端做法会造成结构缺乏层级协作。直到今天，形态设计方案的应用和人们对于创新的需求可以证明层级协作确实是一种可行的设计选择。在第一种情况中，如果人们想要获得一个纯粹、规则的几何形状，那么他们就不会想要任何内部结构。想要用最为纯粹的状态表达柏拉图立体的建筑师会被引导着去创造架空形态。而实际上更为常见的是，这种观念更受承包商的青睐，因为他们想要建造成本尽可能低的大盒子式建筑。但是从环境中移除层级协作等于从根本上改变了环境，并且使环境对于不可避免的变化变得更为脆弱。同时这种做法也会影响到环境中人们的情绪和生理状态，成为人们焦虑和不安的根源。

尽管在这方面所做的工作还远不够，但实验心理学中越来越多的证据支持这种现象（Alexander et. al.，1977；Küller，1980；Mehrabian，1976；Sommer，1974）。有一种解释是，人类心理的不断发展可以对自然和生命形态的层级协作进行分析，并通过这种分析来识别这些形态。缺乏这些特性的形态会发出警告并且提高肾上腺素水平。一个非自然的陌生形态会吸引大脑的注意力并消耗大脑能量来确定形态的构成。与这样的形态并存并不是一种舒适的状态：因为它违背人类心理所固有的排序过程，所以在视觉上（以及心理上）不可能获得舒适的感觉。

这里所提到模型与吉布森（Gibson）的“直接认知”心理学理论一致（Gibson，1979；Michaels & Carello，1981）。根据这种观点，这种以信息输入为开端，然后根据不同标准通过一系列步骤轮流对信息进行处理的方式并不是模式感知；其实，我们是看到模式的同时对模式进行感知。这是因为与串行计算机相比，大脑与大规模并行计算机更为接近（Fischler & Firschein，1987）。这种机制包含了一种建立在外部结构与我们的认知系统的内部结构之间的一种共振。由于这种过程几乎同时发生，人们通常是无法注意到的。尽管我们可以注意到效果本身，但对于它的实现过程却无法捕捉。

一栋建筑物组织成为不同的尺度（或者缺乏不同的尺度）对于使用者来说具有直接的情感影响，这一点支持了吉布森的认知理论。过去，这种直接认知的效果通常——尽管不是持续的——创造了一种明确而积极的情感状态。我们对于传统建筑和乡土建筑的体验能够瞬间完成，并且产生积极的情感。现在，我们对于很多新建筑的反应常常是消极的。而且我们经常会遇到这样的建筑物，它们符合形态设计标准，但却带给我们一种不自在的感觉。然而强加在建筑物中的外来特性都是相当刻意的。当代建筑师根据特定的风格所创造出来的形象忽视了自然尺度层级，也忽视了自然尺度层级与一致性结构的相互融合问题。

下面我将从这个问题的反面：如何避免层级协作——来说明我的意图，因为当代建筑的负面效应往往更容易识别。我将介绍三种不同的方法，总结如下：

表 3.1　避免层级协作的三种方法

（a）尺度之间留出过大空白地带。当次结构的体量处于较大形态和材料最小自然细部之间时，次结构被压迫会出现这种情况。需要非常精细细部的建筑物中，中间尺度和较小尺度往往是缺失的。人们可以立即感到一种从较大尺度到最小尺度的跃迁，从而给使用者带来一种极强的消极反应。明显分区之间的边界通常是被移走或隐藏起来，这样会妨碍较大形态的视觉细分在中间尺度上成为离散要素（见图 3.4）。

图 3.4

将不同的尺度比例放大到 1000 倍，我对尺度的数量进行了比较。尺度比例 $k=1.6$ 时，有 15 个不同的尺度，这对于人类记忆来说数量太多，难以掌握。当尺度比例 $k=2.7$ 时，有 8 个不同的尺度，它们之间容易联系，因为它们的数字与电话号码的位数差不多。当尺度比例 $k=10$ 时，我们有四个不同的尺度，在这种放大倍数上使结构相互关联，它的数目又太少了。

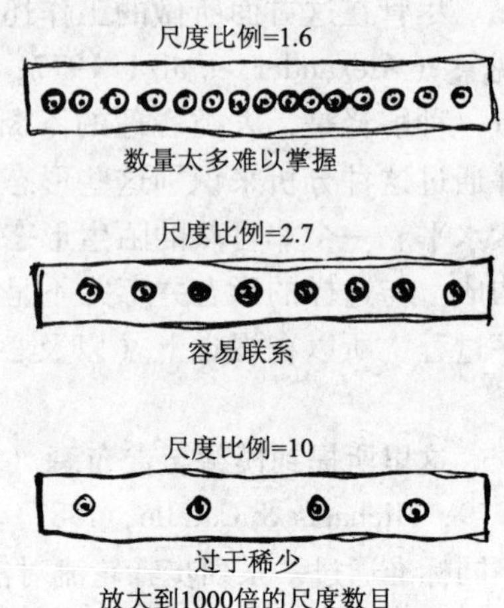

(b) 消除较小尺度。推崇极简主义风格的建筑师更青睐于无定形的同质材料，比如像玻璃和混凝土那样的材料，它们在任何尺度上都不具有内在次结构，特别是没有有序微观结构。人们用一种不会产生较小尺度的方式对这些材料进行应用。一栋建筑物可以具有非常少的尺度，但所有都是大尺度。野兽派用混凝土材料去除了尺度层级上的底层末端（因为这样可以使粗糙表面缺乏有组织细部），让使用者在近处没有任何视觉结构可以关注。

(c) 空间尺度分布过于密集。使尺度间的差别变得模糊会摧毁尺度层级性。这是设计过于杂乱的原因造成的；这种设计中包括了大量体量不尽相同而且不相匹配的单元。重复和韵律是决定建筑尺度必不可少的因素，但是可以通过随机变化来可以防止这些尺度产生。当尺度本身比较模糊时，甚至是当尺度被决定出来但是却处于一种随机分布的状态，都无法实现自然尺度层级。一些建筑师非常小心谨慎的规划“随机性”，但通常得到的结果是——不同要素之间缺乏协作，这是完全忽视了这种设计要素的所造成的后果（图 3.4）。

对于可以让人感到具有一致性的建筑物来说，它需要具有清晰界定的尺度，并且这些尺度的分布要满足层级协作法则（见图 3.5）。形状纯粹是设计选择的问题，而它在尺度层级中的细分则不是。就像生物系统那样，较小尺度彼此相关是因为它们共同支撑并标记了较大尺度形态。只有所有次单元相互协作才可能产生内部一致性，因此，任何不能够进行协作的做法都应该舍弃。如果一个形态和细部不能够与整体融合，那么它就是不恰当的。我们可以发现很多缺少一致性结构的例子（传统风格和现代风格的都有），大单元和小单元彼此之间不能相互关联，而最伟大的建筑物从根本上来说，是以细部取胜的。

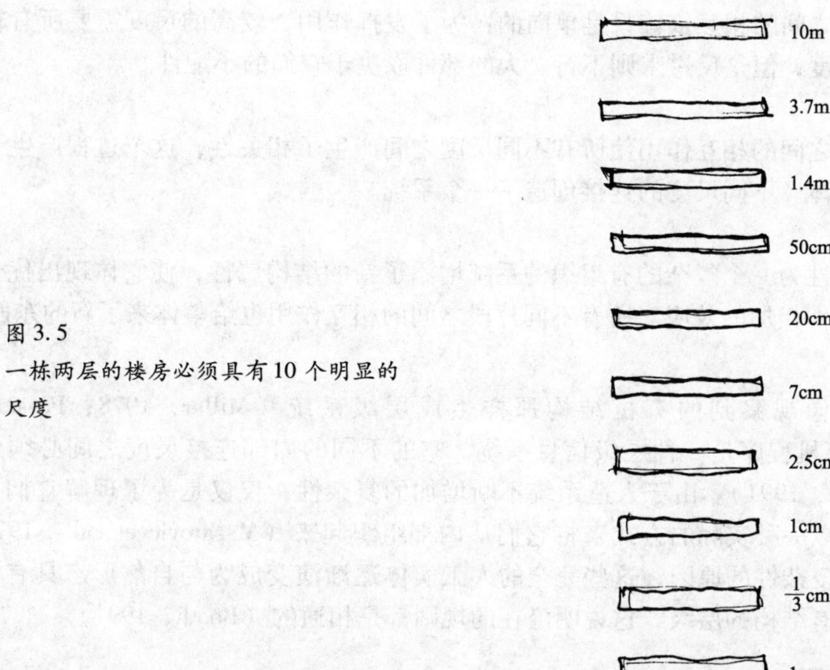

图 3.5
一栋两层的楼房必须具有10个明显的尺度

7. 层级系统和涌现性

现在我们谈谈结构中相互依赖的不同尺度水平。随着在计算机科学和生物学的重要应用，这个课题在系统理论和复杂性理论方面也得到了广泛发展（Kauffman，1995；Mesarovic et al.，1970；Passioura，1979）。层级系统（也可以叫做分层系统）的一般属性可以归纳如下。这些法则可以应用于任何处理复杂结构的学科，并且根据本章内容，这些法则也适用于建筑学。我的术语是：较低的尺度具有较小的单元，较高的尺度具有较大的单元。

表 3.2　层级系统的属性

1. 特定尺度上的单元具有它们自己的相互作用类型，与其他尺度之上的单元无关。所有尺度相互结合构成一个整体时，每一个尺度必须要经过严格的界定。

2. 受到限制的较高尺度（通过较高尺度体现出的）被加入较低的尺度时。大量小单元结合起来可以形成一个大单元（在一个较高的尺度上）。

3. 尺度之间的相互依赖只是单向的：为了发挥作用，较高的尺度需要所有较低的尺度，但是反过来则不行。大的部件取决于它们的小配件。

4. 尺度之间的相互作用使所有不同尺度之间产生了相关性，这个过程产生了相干整体。不同尺度的连接创造了一个系统。

5. 涌现性为一个复杂的有组织的系统增添了新的结构属性，使它体现出优于所有部件相加的效应。所有不同片段之间的相互作用也给整体来了新的东西。

生命就像观察到的有机结构那样生成层级系统（Miller，1978；Passioura，1979）。计算机程序是一种层级信息系统，它的不同的内部连接尺度之间必须进行协作（Booth，1991）。由于人造系统不断增加的复杂性，仅仅是为了理解它们，我们就必须要以一种实际的方式来将它们从内部组织起来（Masarovic et，al.，1970）。由于它们的复杂性的原因，这些完全的人工实体逐渐演变成为与自然形态具有许多共同点的具有结构的层级，这说明潜在的规则都是相通的（Booth，1991）。

对于一个复杂结构中的单元，当我们从尺度层级的不同尺度的角度去把握它在整体当中的组织角色时，已经阐明了它的重要性。仅从给定单元自身所在的尺度上无法充分理解对它的需求：也许它是一个可以在更高尺度上支持这个结构的必要构件（Messarovic et. al.，1970；Passioura，1979）。在一个有组织的结构中，随着较高尺度对较低尺度的向下依赖，每一个尺度都有意义，然而表现出的总体效果是系统的效果。复杂系统并不是取决于任何单一尺度的；任何一个尺度也不可以被忽视或消除。每一个尺度都有其特有的目标，间接地支持着整体的组织。

复杂整体代表了单独的孤立部分所不具有的性质。一个层级将各个单元衔接起来，这是各个单元自身所无法做到的。当一个尺度的单元结合起来形成下一个最高尺度时，一个新的某种意义上涌现的构件就出现在整体结构上；这就是“涌现性”（Kauffman，1995；Miller，1978）。那些单元结合成为一种以较低尺度无法解释的东西。一个涵盖能力更强的整体包含了所有较低尺度作用，并充实了其自身的组织原则。

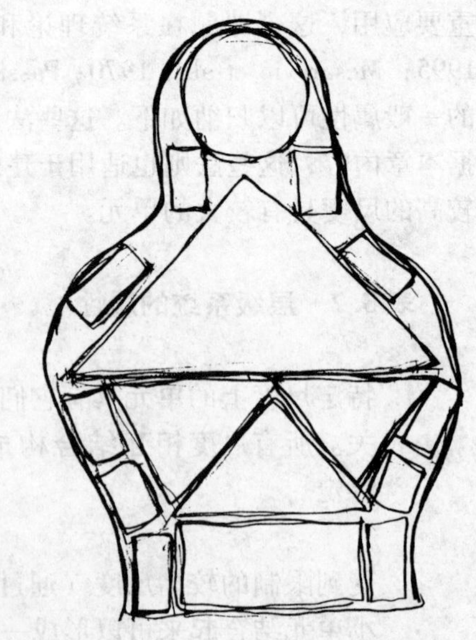

图 3.6
一个完整的涌现性形态超越了它的部件

这一点是本论文的核心，将建筑学与关于非线性现象的新科学衔接起来。几乎所有 19 世纪的机械物理学的假设讲得都是一个复杂系统永远不可能大于它的各部分之和。在过去的几十年中，我们发现了多个具有涌现性的重要现象：作为整体的系统，它的特性不能够归结到任何分离的组成部分上（West，1997；West & Deering，1995）。也就是说，许多复杂系统都是不能化简的。本章论证了最伟大的建筑成就实际上是以涌现性为特征的。因此，我的讨论旨在理解对于伟大建筑而言，究竟是什么因素使它具有了涌现性，以便于我们将它成功地应用到新结构当中。

虽然我们无法保证得到积极地涌现性，但是将它们纳入到设计中还是十分重要的。而且，在建筑物中，通过建成的建筑整体所体验到的涌现性，建立了我们对于一栋建筑物的最初的反馈。由于所有构件之间的相互作用产生的涌现性会出人意料地产生积极效应（我们在教堂中体验到的敬畏之情）或消极效应（不能按照预想实现功能的复杂软件）。自上而下的设计会丢失涌现性，但它们恰恰是伟大建筑中最为重要的要素。我们要知道，我们的设计能力往往局限于尺度层级的较低秩序，而且总体效果很大程度上超出了我们的可控制范围。我们通过所有尺度的总体来体验秩序，但是我们不能严格地设计出这样的较高的秩序，也不能完整的对它进行定量［见 Salingaros（2005）第 10 章］。我相信这里概括的尺度思想为积极的涌现性提供了基础，使它们成为可能并促进了它们的产生。

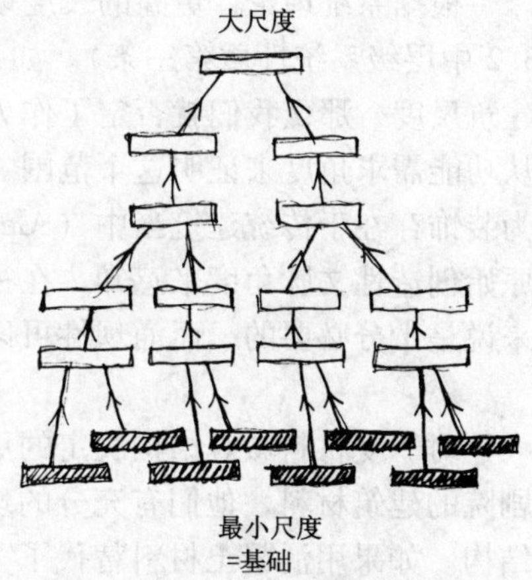

图 3.7
较低尺度对于较高尺度来说是十分必要的

所有较低的尺度对于层级系统中较高尺度作用的发挥都是十分必要的（表 3.2 中体现的层级系统第三条属性）（见图 3.7）。植物生理学中介绍了除草剂的作用效果（Passioura，1979）。除草剂是一种妨碍了较低尺度运作的化学物质，并且这种能力足以摧毁（杀死）有机体。非常相似的是，较低尺度的漏洞会导致大型计算机程序无法正常运行。病毒或细菌对动物的伤害也是如此。这个原理在建筑学当中意味着细部具有基础性作用。如果缺失了较低尺度，等于是对涌现性的一种蓄意破坏。

8. 装饰中的数学必要性

自然尺度层级是结构和功能原因产生的。如果我们从自身的角度——人类视角，将那些层级结构解读为一种视觉风格或视觉效应，这就是一种误解了。一片叶子，一张蛛网，它们都具有令人难以置信的复杂层级，但是这与人们眼中的审美感受无关（尽管它们在我们看来是美丽的）：早在人类产生之前就已经存在的那些结构实际上有助于我们的心理发育。不同尺度的层级是结构秩序的基础要素，它比作为一种主要物种的人类出现还要早，因为在自然界层级要服从于功能（体现在蛛网中）。

这一理论在建筑学的很多地方也十分明显。比如说，希腊剧院大到剧院直径小到一个台阶的高度，都被准确地细分成为相互协作的尺度层级。那些建筑的每一个尺度都具有功能基础。总体效果恰好是美丽的，所以美感其实是一种实用性考虑的涌现特性（而不是最初设计中就有的）。人们可以发现细部从30厘米（一个台阶的高度）一直延伸到最小的视觉感官极限（大约一臂距离上的0.5毫米大小）。一些读者可能会有疑问，这些尺度是否相关呢？所有较大尺度和中间尺度都是出于功能的要求产生的，因此都是必要的，而它们和较小尺度一样，都是同一层级的一部分。

根据系统理论，更高的尺度以一种十分重要的方式依赖于所有较低的尺度（表3.2中层级系统性质第三条）。如果我们因为认为没有明显的功能参数而消除了任何建筑尺度，那么我们就否定了作为整体的结构一致性。有一个尺度范围，我们很难从功能需求角度来证明这个范围。这是一些从30厘米到3毫米之间的尺度，通常作为装饰存在于传统建筑当中（Alexander et. al.，1977）。然而，这些尺度，从它们的原始创造性文脉角度来感知，在视觉和情感上都是正确的——对于系统实现涌现性来说是十分必要的，而涌现性可以使整个系统具有一致性。

对于受材料微观结构决定的更小尺度也是如此。古希腊建筑师选择大理石作为剧院的建筑材料，他们有充分的理由，因为人可以清晰地感受到大理石的晶体微观结构。如果用混凝土材料替代了大理石，由于结构缺乏视觉尺度，就无法实现原来通过视觉和触摸等方式实现的紧密连接。任何时候，如果条件允许，大多数建筑师都更愿意采用天然质感表面。而具有讽刺意义的是，具有相当有序的微观结构的材料也受到早期现代主义建筑师的青睐，但同时，他们却消除了建筑物的装饰性尺度（3毫米到30厘米）。问题再一次回到了尺度和尺度层级上来：是否存在尺度，尺度之间是否能够相互协作。最小尺度对人们感知建筑物起到很重要的作用，这与它们的体量是完全不成比例的。

目前，建筑理论中完全缺乏这种论点，使一个重要的视觉和心理要素遗留在设计过程之外。如果一个建筑师感到理由充分或由于流行风格而被迫消除任何自然尺度层级，那么一些对于建筑一致性非常必要的尺度就不会包含在内了。20 世纪建筑业忽视了层级协作，严重的损害了建筑物和城市区域的一致性。人们应该把小到何种程度确定为最小尺度呢？审慎的考虑后我们发现真的没有最小尺度；所有的尺度都要逐步地减小直到材料自然纹理的水平，这也是视觉感知的最小限度。

9. 对称产生了更高尺度

较低尺度单元的集合排序产生了较高尺度。它们可以沿着一条直线或曲线；或者是形成具有简单对称或复杂对称的模式。对较低尺度的单元有约束，用较高尺度语言表达出来就是对称。平移对称在一条直线上对一个单元进行重复；旋转对称以一个圆圈的方式来重复一个单元；滑移反射（包括平移和反射对称）使一个单元移动，并将它进行反射（Washburn & Crowe，1988）。我们可以从人类历史中的建筑物中看到，所有这些都可以作用于不同的建筑尺度上。当代建筑并不理会数学对称性所具有的极其丰富的价值，而只倾向于在矩形形态中采用两侧对称，并且通常将这种手法局限制在最大尺度上。非常讽刺的是，一些对称形式对于所有尺度来说都是非常必要的，而这却偏偏不包括最大尺度。

最大尺度上没有理由具有对称性，因为一栋建筑物的大部分功能存在于中间尺度和较小的尺度水平上（见第 1 章中图 1.8）。而且根据系统理论，显著的大尺度并不是必要的，因为较大的尺度向下依赖于所有较小的尺度。所有较小尺度上的对称和连接都是界定较大尺度的必要因素，但是没有哪种对称是最大尺度所要求的。整个历史中的伟大的建筑物和城市总体（有一些非常著名的建筑物是例外的，这值得我们关注）具有一种轻松的复杂总体形状，就像圣马可广场和伊斯法罕皇家礼拜寺那样，它们大致都是对称的，或者完全不是对称的。这种刚性对称有一种情况是例外的，这就是那些通常是以牺牲内部功能为代价的纪念性建筑物。这样的建筑物所要表达的是权威和权力，有一些建筑通过同时压制中间和较小尺度来强化突出最大对称尺度。这样的例子有：金字塔、法西斯建筑物、现代主义称之为“英雄世纪”的这一时期内世界上的建筑物、金丝雀码头、凯旋门等等。

有些建筑师通过使用空白表面来掩饰建筑单元（建筑物的视觉细分），这种做法妨碍了层级尺度协作；或者他们就反着来，以一种可以避开任何对称的方式来对单元进行排列。但是当单元在空间中或沿着某个方向随机分布时，那个区域就没有一致性可言了。但是我们仍然可以利用一个非常宽阔并且自身内部也具有一致性的边界将这些随机分布的单元纳入到尺度层级之中来，这样这两个对比的区域（内部/随机和外部/有序）就可以耦合成为一个整体。要实现这个想法，边界必须要和它所环绕的区域一样大（Alexander，2004）。同样的效果也可以对一个大块的空白表面或架空层进行整合，比如将半圆形拱门或罗马式出入口纳入到尺度层级之中。这种解决方案被当代风格规避了，对于所环绕的区域来说，当代风格将框架（即门饰板和窗口装饰）缩小到一个无效应的体量水平上，于是再没有任何结构可以作为一个区域的整合边界了。

10. 不同尺度间的协作

设计方案中的各个单元决定了一个尺度，而每一个尺度也有自己的身份。层级协作的办法决定了不同尺度的连接方式。下面给出的特殊的分组技术保证了不同尺度间的连接（也可以见上一章第11节的表2.1）。

表3.3　实现层级协作的三种方法。

（a）通过对比、临接和对比色和对比的形状形成一致的尺度（即由相同体量的不同单元决定的两个尺度）。具有一致性的尺度聚集起来有利于产生对比，这是设计一致性中一个基本要素。形状和颜色互补的单元可以在一个或多个方向上交替，这样可以产生韵律，我们可以从历史上的模式和建筑当中看出这一点（Washburn & Crowe，1988）。

（b）不同的尺度可以用对称来连接：较大的尺度单元是以较小的尺度单元为版本按照比例增大得到的（见图3.8）。其实我们没有必要复制整个单元；只要可以分辨出对称性，只复制单元的一部分就可以。很多分形图案完全是自相似的。也就是说，不同尺度的单元彼此相似，所以整个设计正好是无数个缩小比例的生成单元的一种组合（Mandelbrot，1983）。正是由于这个原因，具有分形性质的设计——如自然风景——很容易通过分形图像的压缩程序进行压缩（见本章第4节的讨论）。

图3.8
同样的形状在不同的放大率下重复

(c) 每个尺度的单元的相对丰度可以在任何两个尺度之间产生统计联系。这一比例缩放很明显地被人们认为是一种尺度间的视觉平衡。而在其他地方(Salingaros & West, 1999),我用熵的观点推导出建筑单元的逆幂尺度法则。这一法则具有多重性,规定了从最大尺度到最小尺度(大尺度内的要素数量很少,中间尺度内有一些,非常多的要素集中在小尺度范围内)(见图3.9),要素的数目呈几何形式增长。每个不同尺度上的单元所具有的恰当的多重性,有助于在尺度之间实现协作,但却是以一种完全不同于几何结构相似性的方式来完成。在这里,我们得到数目上的相似性和形式上的相似性的对比(这两者通常在一起作用)。同样的过程很明显地也普遍存在于自然现象和人造现象中,如:通过DNA序列来满足的多重性法则;经济学规律;生态系统进化;语言学中的词语频率;以及城市的人口(West & Deering, 1995)。

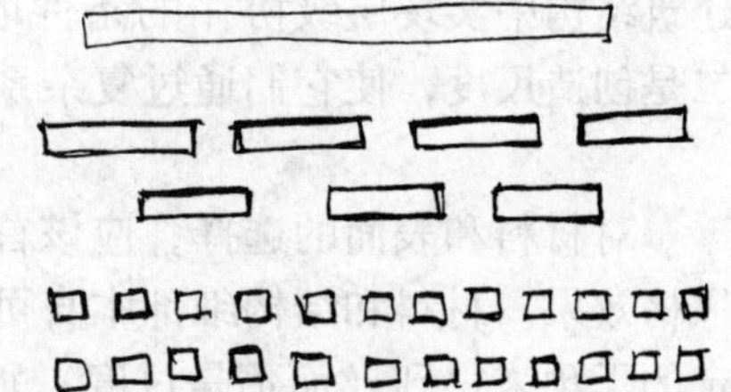

图3.9
体量分布的多重性法则

我们与其使用层级协作的形式法则,还不如在实践中使用我们与生俱来的心理能力。经过精确的进化,它可以辨识出自然形态中的层级协作。很明显,只需要看一眼某一结构的两个尺度就能判断出它们是否协作,除非我们不顾理性。那些灌输给我们的应该喜欢什么东西、什么会刺激我们、什么会让我们产生联想等内容反而可能会让我们脱离正轨。不过,直接的视觉办法是我们判断层级协作和实现设计尺度一致性的最有力也是最广泛的方法。

11. 设计的现实考虑

建筑师的职责是将包括建筑材料在内的非生命的物质组合起来,创造具有功能的空间。一个复杂的一致性整体的涌现性只有通过不同尺度的层级组合才能实现。

这里确立的技术通过亚历山大的作品得到了推广(Alexander, 2004),他的作品根据人们对结构在每个建筑阶段所产生的反馈,来指导下一步怎么做。这种预先假定的某些设计自由,其实在过去的几千年里人们都是这样做的,但是到目前为止这种自由还没有成为我们建筑过程里的一部分。建筑师在每一个点上都要让人们看得见他是对如何来加强层级协作的。而且僵硬刻板的建筑过程——不允许在施工过程里进行改动——也不允许尺度一致性的进化，尽管这种进化对涌现性来说是非常必要的。为了让设计能够在施工过程得到发展和适应，我们可以学习过去伟大建筑中的固有品质，而不用去复制它们的形态或细部。尽管这种方法很直接，可能乍看上去像是在给现在的设计惯例服务，但实际上，这种方法向我们曾经深信不疑的——20 世纪建筑设计方案的判断依据——发起了挑战。

我们需要一种具有自适性的设计方法：能使形态与人类需求（而不是形式的判断标准）、建筑场所、环境结构，以及自身相适应。建筑和使用者的功能需求决定了建筑的内部设计，以及外部形态的比例。让最终设计能有机会逐步改善确实有很多好处。建筑物或在某个位置上先入为主的僵化设计，限制了这个形态中的所有功能，结果是否可以获得成功，叫人难以预测。而且，简单的整体设计妨碍了自然尺度层级的出现。层级协作触发的涌现性过程，亚历山大总结为："每创造出一个尺度，它必须是和一个更大和一个更小的尺度相连接的"（Alexander，2004）。因此在建筑结构中实现层级协作的条件取决于两个设计标准：一是决定建筑尺度的能力；二是创造尺度，使它们通过复杂系统的法则相互连接。

对材料和表面的选择，应该首先考虑结构、功能和气候等因素，而不能只关注风格效果。材料和结构细部本身可以创造出明显的建筑尺度，这些尺度可以通过一定的干预来得到（而不是过度）加强。记住对比是界定组分单元的基本工具。它可以调节单元的体量，从而使它们彼此能够相互关联，也有助于自然尺度层级。有必要的话，我们可以增加对现有尺度有所加强的单元，或干脆创造缺失尺度。建筑师要做好准备去创造建筑当中的缺失的尺度，原因很简单，这是自然尺度层级所需要的。如果建筑师看上去非常苛刻，那么他可能会对功能进行调整，当然也许他什么都不需要调整，特别是对于小尺度而言。与留出空白表面的做法相比，建立一个新的尺度很可能要花费更多材料，但是从长远来看，这样做对于建筑物来说还是非常有帮助的。

让设计在建设施工的每个阶段都能得到改进，可以使建筑整体朝着一个新兴的内部一致性方向发展（Alexander，2004）。我们可以通过关注层级细分来使设计过程本身得到优化。在决定尺度的过程中，人们通过计算连续尺度比例来对它们进行检验。为了实现层级协作，各个连续的尺度比例应该是大致一样的，而且不应与 2.7 相差过大——在实际操作中，任何 2 和 4 之间的数值都是可以接受的。此外我们必须注意，细分不断向下延伸，这样可以创造视觉分辨极限的最小尺度。如果选用材料具有表面纹理，那么人造尺度就应该继续向下，并低于这个细部水平，直到 1 厘米或 3 毫米左右。在这个标准范围之内，建筑师在整体设计当中具有充分的自由空间。

12. 与生态系统的类比

在第1章和第2章中，我提出层级中连续尺度的尺度比例约等于自然对数的底，常数 $e \approx 2.7$。这与我们在具有心理舒适性的结构中所发现的尺度分布极为接近。最成功的建筑物的尺寸——包括过去的伟大建筑，以及乡土建筑中的普通建筑——都可以反映出尺度的离散分布。将不同尺度测绘到对数表中，我们发现了一种均匀的分布，一个尺度或一致的尺度大致能对应每个整数1、2、3等。

在这个尺度法则的基础之上，本章开始时（第3节）的案例B讨论了房间设计的失败在于它的尺度缺少足够的区分，有很多小尺度是缺失的。回想一下房间的实际尺度，应该是｛0.3cm，7cm，75cm，180cm，400cm｝。一个4m的房间，如果比较理想的话，应该有8个清晰确定的尺度，测量为｛0.3cm，1cm，3cm，7cm，20cm，50cm，150cm，400cm｝（见第2章中的讨论）。两种风格特征细部使房间的尺度一致性降低：去掉或者不去界定在1cm，3cm，20cm水平上的尺度；和几乎完全缺乏对比（卧室全部刷白）。

本章提出的理论与动物数量的分布十分类似。层级概念在研究生态系统的进化方面卓有成效（Allen & Starr，1982；Salthe，1985）。生态系统表现出量子化的体量。组成一维生态系统的动物决定了一个离散序列，其中每种不同种类的动物的体重呈几何形式增长。生态系统无法为动物提供与它们的体重非常接近的食物，所以它们之中会有一个因为竞争而被淘汰。另一方面，一个很大的体重分布空白会被一些从上面或下面进化来的动物填充。如果我们在一个对数坐标图中测绘出所有动物的体重，可以反映出一种离散的均匀分布（May，1973），这与具有尺度一致性的建筑尺度的对数测绘表精确一致。实际动物体重的尺度比例在大约等于2（Hutchinson，1959）。体重可以直接与建筑单元的体量进行比较：分布确实是离散的，并且取决于一个固定的尺度比例。

与生态系统的类以一种戏剧化的方式说明了一个观点。如果一个功能层级水平发生移动，那么其中所有的较高等物种都会死亡，因为那一层上没有了动物，更大型动物就失去了食物来源。为了防止物种灭绝，层级内部就需要进行大规模重排，现有水平沿着层级或向上或向下进化，这样尺度之间的正确的空间分布又得以重新建立起来。否则的话，就要建立新的食物链，生态系统就要发成剧烈的变化。我曾提出，一栋建筑的尺度层级会由于层级中缺失某一个建筑尺度而不得不在很大程度上进行折中处理。建筑学和生态学之间的重要区别在于，人类因为受教育可以学会去容忍不一致的结构，而自然不可以。我们破坏的同时也可以建立自然尺度结构，但是生态系统只会非常无情地淘汰那些不完善单元。

13. 结论

复杂系统的组织必然导致尺度层级，并且是个体要素无法表现出的涌现性。正是因为具有层级性，我们才可以精确地理解世界；而那些不具有层级性的东西则躲过了我们的理解和观察。层级系统法则可以对各种复杂结构进行描述，本章将这一法则应用到建筑设计的各个方面。系统理论把设计中潜在的组织机能同生物学、物理学和计算机科学中的类似过程相联系。把这个问题放到科学环境中去，建筑学可以从已经建立起来的系统理论中受益。风格只是选择问题，但是结构秩序对于人类经验来说却是至关重要的。

直到20世纪，具有量子化尺度分布的建筑物一致居于统治地位，而人们对于一些建筑尺度的做法不是对它们进行压制就是把它们随机地布局。那些做法最初的目的是为了追求创新，但实际上却妨碍了涌现性的产生，而涌现性是所有已知最具一致性的结构的标志。这一研究结果与生物种群非常类似：决定一栋建筑物的建筑尺度分布的规律与决定生态系统中动物体量分布的规律相类似。这个框架为我们提供了一种实用的设计法则，然而这种法则中的科学原理，远比当今的建筑理论具有更为深刻的意义。

第 4 章　装饰的感官价值

1. 引言

这一章认为装饰对于我们以积极的方式来体验建筑形式具有重要的作用。第 3 章中介绍了装饰必要性的数学原因。大到整体建筑体量，小到材料晶粒细部，由系统理论确定的复杂形态的视觉一致性，要求在所有尺度上具有有序结构。自然结构具有这种（基本上是分形的）特征。如果一个人造形态在一个或多个明显尺度上缺少有序结构，那么人们对它就会产生视觉上不一致性的感觉，不符合我们对世界的看法（以视觉一致性为基础）。一栋建筑的可见次结构，从 1 毫米到 1 米的尺度范围，在过去的传统装饰和细部中都得到了实现。

我们的神经心理学已经确立，我们期望从环境中获得的视觉输入可以包含大量的传统装饰特征。人类视觉构成和精神构成通过进化过程与具有丰富信息的环境相连接。这种生物背景可以从某些方面来解释人类为什么要创造装饰。对建筑装饰的研究要比“艺术”分析更深一步，我会试着把它放在一种共享的生物机制文脉当中。让世界有序化并能建立起尺度关系，让我们能够更好地理解我们与世界的关系，这是人类的本性。在此，我要提出几条从我们的认知机制中推导出来的法则——这些法则可以帮助我们理解：我们是如何感受到形态的视觉一致性的，这是非常有意义的。然后我将探讨认知法则和创造装饰的关系。

我们一共可以确定 8 条“结构秩序认知法则”。它们同与第 2 章和第 3 章中实现尺度一致性的各种详细法则一起，相当于第 1 章中的结构秩序三条法则在神经心理学中的“等价物”。其中重要的一点是，结构秩序思想可以通过三个完全不同的视角来实现：我们可以通过科学认识来了解各种结构是如何衔接到一起的，并具备了一致性；当然就这一问题我们也可以从艺术和建筑学的角度进行；另外，我们还发现结构秩序同我们的心理的活动方式是完全一样的。这就说明本书讨论的所有思想具有一个普遍性——有效性水平不可能由于偶然因素而被摒弃掉。

表 4.1　8 条认知法则的总结

1. 具有对比、细部或曲度的区域非常必要。
2. 准确界定中心或边缘。
3. 要关注对称装饰要素。

4. 线性连续性需要具有视觉信息。
5. 各种对称和模式将信息组织起来。
6. 许多不同尺度的关联可以创造一致性。
7. 我们与和谐环境紧密连接。
8. 色彩是我们的美好生活中所不可或缺的成分。

针对极简主义设计和随意设计这样的建筑形式，我提出两个反方的论点。首先这两者都会使人产生焦虑感和心理压力，因为它们都会抑制人类与特定建筑物之间的精神连接，通常只有在人可以从中获得有意义的信息的情况下，才能够体验到这种连接。极简主义设计忽略了周围环境可以给人提供温暖和舒适等方面的内容。而一个几何构型上的纯粹空间则能让人产生焦虑感。第二个论点是对一种非常让人烦恼的简单性的思考。极简主义和无序建筑环境就像一个感知器官或认知机制受损的人对正常的视觉复杂环境所感受到的一样。我将就这个问题进行讨论：对眼睛和大脑不同类型的伤害是怎样产生像极简主义或刻意的无序设计那样的效果的？这种巧合很重要，因为我们的人体机能可以根据感知破坏和认知破坏做出反应并想办法去避免，而被刻意设想成这种模式的环境往往会让人产生一种相当“苦恼”的反应。

这其中更为广泛的含义是适应人类的建筑物要求它的装饰能够使人产生一种幸福美好的感觉。若要精确地证明这一点，是超出了本章的探讨范围的。我承认其他影响建筑鉴赏的因素还包括过去的经验、文化信息、环境以及出身等。其他作者认为人们天生会偏爱某些类型的物理景观，他们还根据环境的分形特性，举出了令人信服的理由，而这些理由也同时证明了装饰和细部的必要性。不过同时我们也可以看出，人们的天生偏好也会被熟悉度和心理调节等因素所替代。与其他的结构类型相比，极简主义建筑环境中的生命体很可能会使人对它更为熟悉，然而这种结构类型却并不能与我们的神经物理组成相互和谐。

2. 视觉意义

一个形态的视觉组织通过它展现出来的表面和几何构型与人们进行信息沟通。环境体验是以人类与表面和空间的亲密互动为基础的，这与我们的感官有关。这种信息沟通会影响我们的情感和生理状态，进而会影响到我们的行为。一栋建筑的外部和内部表面要么以一种积极的情感方式与使用者“连接”；要么保持中立不具有任何效应；要么就是以一种消极的方式使人产生反感。这种相互作用与文化偏见无关，它存在于空间的信息内容中，也体现在从一个区域到另一个区域的过渡当中。尽管通常人们认为表面品质与建筑物的空间几何构型是分离的，实际上这两者仍然是相互依赖的；并且人们如何对环境作出反应，这两方面都在其中具有一定的作用。

传统建筑使用有组织信息来与人类建立一种积极的连接。纵观历史，建筑能否为人们提供一个美好的环境，其中非功能性建筑要素被视为必不可少的因素，于是它对人们来说变得更有吸引力，也得到了更多的应用。模制品、色彩、装饰和具有丰富质感的材料都是为这个目的服务的。传统建筑环境如果没有这些突出心理的设计手段会让人觉得不可思议。传统建筑的建筑师们对如何打动人的心理和满足人的心理需求极其敏感。

在20世纪，人们抛弃了这种连接机制，转而关注于纯粹的几何形态。而这种建立在人和建筑物之间的情感衔接引导我们通过反馈产生传统装饰结构。人类的情感反馈以神经生理学和输入的信息为基础。不应该为了任何特定建筑设计风格的原因而回避装饰。一个缺乏质地、色彩、和装饰（有组织细部的形态）的环境会让人类有种受折磨的感觉，这一点可以从历史上的监狱建筑找到例证。而另一个极端是一种不和谐的过度的视觉刺激（与音乐中刺耳的声音进行的几何类比）——如拉斯韦加斯由霓虹灯照亮的街区——超越了视觉输入可以持续忍受的程度。

我们从环境中寻找可理解性和意义，但是环境让我们认识到它其实不带有任何意义，不是因为它们缺少视觉信息，就是因为呈现的信息是缺乏组织的（Klinger & Salingaros, 2000）。人们需要对环境进行解读，这种需要驱动着人们的进化：视觉和智力发展增强了我们处理信息的能力。眼睛和大脑形成了单一机制（Hubel, 1988）。设计本身是人类视觉和智力的一种产物，因此，传统设计中有组织的复杂度看上去与人类大脑的认知结构是一致的。这一发现使我们为什么要建造复杂的事物也变得不那么神秘了。人们致力于建筑，这样就可以将他们的意识拓展到心理之外的一个更广阔的领域中去。

3. 眼睛是怎样扫描图片的

在研究人眼扫描图片时运动的经典实验中（Hubel, 1988; Noton & Stark, 1971; Yarbus, 1967），人们发现眼睛在大多数时间里聚焦在图片中具有最多细部、差别、对比和曲度的区域。这些都是图片中具有高度信息强度的地方。眼睛的固定注视建立了一个相当狭窄的“扫描”，眼睛大约用三分之一的时间在这上面，对视觉图像里的低强度信息（光滑的）区域只是随机偏移。大脑选含有较多信息的细部来分辨和记忆这个物体如：回旋状而细部丰富的轮廓和具有对比的边缘。我们的视觉体系的工作方式是在最短的时间内，选择在那些信息集中的地方，来提供最完整的反馈（色彩在这个过程中极其重要，在视觉刺激中具有主要作用，我将在第7节中专门进行讨论）。

视觉图像的信息内容就在眼睛扫描的区域中；图片的其他地方很容易通过外推法来重建（Nicolis, 1991）。也就是说，空白区域总是一样的，不需要进行储存。这就是大脑如何用压缩算法来储存信息（第 3 章第 4 节讨论过的概念）。信息的选择性加权可以将编码量最小化，这也为像计算机图像这种人工系统提供了信息储存的基础（Klinger & Salingaros，2000）。我们理解一个物体，往往需要确定它的边界以及边界内的细部特征。然而要注意，不连续性界面或明显的分界面，如两个边（光滑的空白表面）相交时，是不具有宽度或维度的，所以它们并不能提供任何细部信息。一条直边不具有任何信息。而一个框架或一条曲线就含有信息。框架或曲线越复杂，其中包含的信息就越多（见图 4.1）。

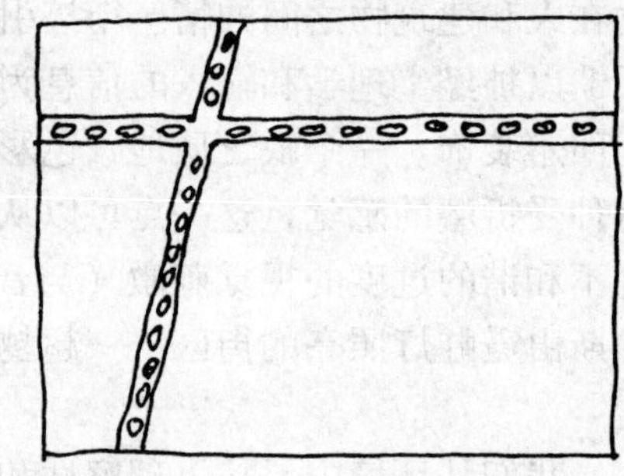

图 4.1
眼睛被吸引到具有高度对比和丰富细部的区域

最小尺度上的细部就是对比。因此从理论上说，对比与层级进行耦合对细部来说非常重要。不过，由于人们还并不十分了解层级尺度概念，我将继续把对比和细部分开来讨论。

我们的眼睛/大脑的进化为什么能感知细部还有另外一个原因，同时它也是我们预见未来事物的能力（Linás，2002）。具有智慧可以运动的动物主要关注能给它提供重要信息的细部，如：竞争对手的有关细部、关乎生存的物理条件的改变、辨认熟悉的动物以及它们面部表情的细部、猎物的视觉线索等等。这是对物种生存来说非常关键的自适应性状。所有这些都直接来自于明显细部。在那些情况下，我们的认知系统没有时间处理所有可获得的视觉信息，必须要依赖先入信息来做出最快的判断。

最近的研究（VanRullen & Thorpe，2004）告诉我们，最初粗糙的图像仅仅使用的是视网膜图像的突出部分——也就是具有高度对比和丰富细部的区域。然而我们进行判断并作出反应需要足够的信息，在最初出现的信号中，要靠对比把我们所需的信息进行编码。先入图像能如此迅速，完全是由潜意识原因造成的，比我们的运动神经的反应速度还要快（见图 4.2）。例如一个人可能会在一条伪装的蛇面前突然停下脚步，在还没有形成完整的蛇的图像的时候，这是大脑对“蛇”非常清晰的非视觉信息所作出的反应。我们根据信息做出反应，但是有时候，要从背景中把动物找出来却需要进行非常仔细的搜索。这是一个绝对必要的特征，能够让我们在处理完整图像的过程中，能够对潜在威胁做出迅速的反应。因此我们对某一形态的本能反应是基于对比和选择性细部的。相比之下，视网膜对信息的进一步处理就慢得多了，对形态的各种示构分析只有在视网膜成像完成以后才能开始。

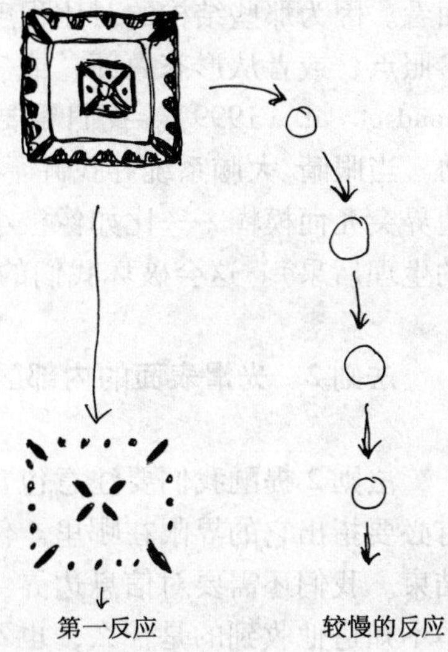

图 4.2
高度对比和细部决定了第一反应

第一反应取决于在某种程度上具有供识别的足够细部的不完整图像。图像处理到达更高等的中脑水平，中脑里单个神经元可以识别复杂整体，在这里所需的处理时间也更长。具备复杂图案识别能力的神经核团与负责看到精确细部的神经核团处在同一个水平上。细部识别能力是大脑进化过程里的一种高级认知能力。现在已经通过实验得到确认，与处理时间较长的更完整图像相比，先入原始图像需要经过大脑中的不同系统的处理（Johnson，2004）。这就是说，我们其实无法控制我们的身体对形态和质地的本能反应，我们也很难知道究竟是什么引起了这些反应。

以上的思考告诉我们如何理解世界的两种认知法则。我认为人工结构在整体上也要遵守类似的法则，准确地来说，因为我们的感知器官已经（如我们的眼睛）进化到可以使用这些法则的水平。下面的两条法则是与第 1 章第 3 节中第一条结构秩序法则推论 1b、1c、1d 在认知上的类比。理解了我们的认知机制的工作方式，说明我们可以掌握类似法则用于建筑人造世界。

法则 1　每一个结构应该至少有一个区域具有强烈对比以及丰富的细部和曲度。这与第一和第二空间导数（即短距离上的改变）的高量值相一致。

数学导数计算的是表面品质差异，如沿着某一给定方向上的接合，而第二导数计算的是差异的差异，如曲度。

让我通过矛盾来研究第一条认知法则。大面积而且光滑的物体或表面让观察者感到不舒适的原因在与它们只能表现出极少的信息甚至零信息——但最让人头疼的是玻璃表面或镜面，人眼看时甚至不能进行聚焦。玻璃适合透视但并不适合盯着表面看。因为那些结构的对比程度很低而且缺少细部和可观察曲度。我们会马上寻找参照点，或者从形态内部，或者从它的边缘，因为在生理上就是这样设置的（Zigmond et. al.，1999）。我们需要尽快理解一个结构，来确认它是否会对我们造成威胁。当眼睛/大脑系统寻找并不在那里的视觉信息时，大面积的均匀区域，如果它的边界突兀而模糊——比如像极小的细线那样，心理上就会产生烦恼感（会产生消极的生理后果）。这会破坏我们的认知过程。

法则 2　光滑表面的内部区域或边缘需要通过对比和细部来界定。

法则 2 提醒我们要注意包含在信息传输过程中的原则。发送一个消息时，我们有必要指出它的界限在哪里。例如，一个一维的信息需要注明哪里是起始，哪里是结束。我们还需要对信息边界（界限）处进行编码。如果没有这些边界，接收者根本不知道他收到的是什么，也不能把信息同其他部分的信号区分开。在我们的日常书写中也是这样，一个句子以大写字母开头，以句点结束。在计算机语言中，编码文本——尽管它根本不含有任何词汇——也总是用 BEGIN 和 END 作标记来指明界限。在建筑学中，用门框贴饰或窗饰完成墙和开放空间的过渡就是对这个道理的最好说明。甚至是从实体到空隙，从内部到外部等等条件发生变化的地方，都需要这些明确的过渡边界（见图 4.3）。

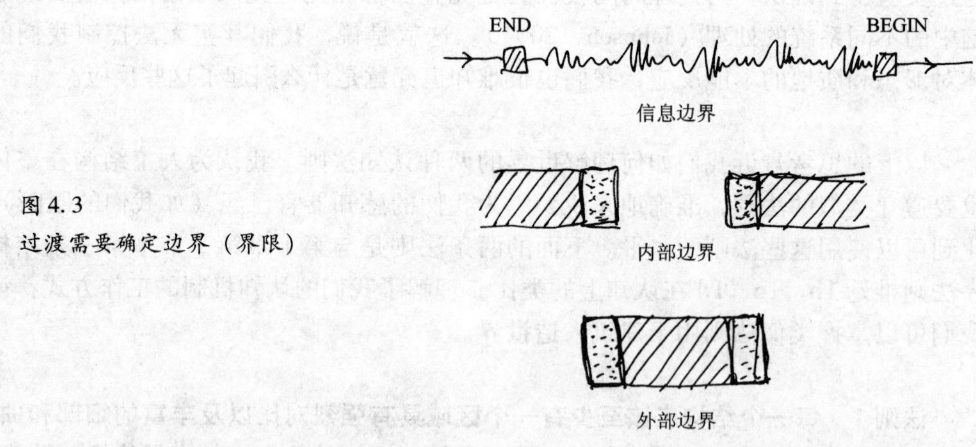

图 4.3
过渡需要确定边界（界限）

4. 眼睛/大脑系统的神经心理学

让我们从能够辨别方向的原生动物和原始蠕虫身上的感光点开始说起。它们的眼睛最早可以通过感应不同程度的光强来感知距离或入侵者的影子。进化过程中最早出现的运动探测器需要即时时间信号的第一导数和第二导数。越来越精细的调整与大脑信息渠道和容量的增加相一致。研究者相信，为了处理在眼睛进化过程中不断增加的复杂光学信息，大脑和眼睛的进化是同步的（Fischler & Fischen，1987）。有些人接受这样的一个观点——大脑两半球左右脑功能逆转和光学图像在视网膜上的左右逆转是共同进化的，而且是眼睛和大脑同步进化的证据。

几何一致性与神经心理学是脱离的，因为大量视网膜细胞和视觉皮质细胞不会被一个均匀场（即一个没有可识别特征的空白区域）所激发（Hubel，1988；Zeki，1993）。视网膜上的视觉细胞（不论是单细胞还是细胞群）对临近区域的特征进行比较——它们在空间上对信号进行区分。三种不同类型的视椎细胞对单点进行反应输出，通过比较输出结果可以决定颜色的波长。神经生物学家已经找到了可以感知曲度、角以及对比的专门的神经元和神经元簇（Hubel，1988）。这是通过侧抑制（即信号比较）的方法发现的，并且已经在人工（可计算的）视觉系统中成功地进行了模拟，实现了边缘检测（Fischler & Firschein，1987）。缺少刺激便降低了活动的需求，因此眼睛/大脑系统在同质环境中是空转的。

特殊的脑细胞和一些细胞团不仅喜欢垂直和水平方向，它们对于所有可能的斜方向也十分青睐。皮质区域中连续细胞的方向性偏好可以区分 10 到 20 度的角（Hubel，1988；Zeki，1993）。视觉皮质中定向细胞的存在证明了角坐标数据的重要性，因为这样的细胞只能被它可以区分的特殊角的对角线所激活。没有一个神经元会在严格的矩形环境中被激活，这就消除了神经元对于矩形的敏感连接。

要补充一点，视觉皮质中的“端点”细胞对在一个较小的最大长度范围内的不同方向的线有反应，超过这个长度时它们的反应就降低到零。有的神经元只能识别细部和差异。端点细胞是对角落、曲度和不连续线等直接感受的生物感受器。所有这些脑细胞在同质环境中不具有活性，这一点支持认知法则 1 和 2。我们大脑的工作就像一个扫描仪，用大量的精力对图像中细部丰富的区域进行复制。

图 4.4
皮质神经元直接对装饰性要素发生反应

更吸引人的是人们发现皮质中个别神经细胞对复杂形状的表现相当出色。实验表明当这种细胞遇到复杂对称图案时会被激发，比如同心圆、带有外轮廓的十字、各种复杂度的星状图案以及其他的同心状对比区域等（见图4.4）（Zigmond et. al.，1999）。而且当一个复杂形态从一个简单的背景中突出时，这种神经元与“安静的周边环境”共存的状态有助于它们来更好地识别这些复杂形态。很显然，我们的大脑中已经设置了装饰识别能力。于是我又提出了另一条认知法则：

法则3　我们的视觉注意力很容易被对称装饰要素所吸引，例如星状图案、同心圆、带有外轮廓的十字形图案等。

我们的眼睛/大脑在进化中表现出相当具体的功能，这就告诉我们，人类和动物一样，可以创造出最为丰富的物理结构，可以通过人工器物复制出直接刺激过我们大脑的形态。在人类几千年的历史中，出现在陶器、骨头图案、非具象主义绘画作品以及纺织品中的以上基本装饰要素并非偶然现象（Waxhburn & Crowe，1988）。早期人类通过编码的方式将环境中的视觉方面进行再现，以便能够更好的控制它们。符号表示法可以让文化要素和物理景观更加有序，有利于人们理解未知的事物。认知法则3与第1章结构秩序第一条法则的推论1a和第二条法则的推论2a是类似的。

神经生理学发现表明我们对于装饰的识别能力是与我们的进化发展相联系的。完整的视觉信息（不是用来探知危险的先入的近似图像）在大脑中陆续穿过不同区域，得到有层级性的处理。其中有两点增加了复杂性。第一，随着一个进程到达大脑的主要处理路径，需要增加复杂度和关键的视觉细部来激活某些个体神经细胞（Zigmond et. al.，1999）。也就是说，当一个信息处理进入到大脑更高级的区域时，在某些神经元作出反馈之前，需要更加复杂的图案来作为视觉输入。第二，复杂图案有选择性地驱动神经细胞，这些神经细胞相对数量增加了。

极简主义风格建筑的表面和边缘否定人类进化对信息的处理。我们都知道，当我们与自己的神经生理构成相违背时，不论是因为什么原因，我们身体和心理上会产生烦躁和不适反应。这种影响是可以衡量的，包括血压升高、肾上腺素水平升高、皮肤温度升高、瞳孔收缩——所有的这些症状都是为了激发我们的防卫机制。当我们识别出威胁，眼睛/大脑系统会启动生理反应来保护我们的器官。压力是我们面对疾病、创伤、或毒物的一种自适性反应。同样的处理机制也可以延伸到处理产生不愉快的环境感官输入方面（Mehrabian，1976）。

刺激不足会带来相反的效果——抑郁。对感官剥夺问题的研究表明，我们需要一个不低于一个环境最低信息容量阙值来保证正常功能的发挥（Mehrabian，1976）。我希望能有更多的试验对人类在不同建筑环境下所产生的生理反应进行度量。环境心理学家的研究有助于印证本章中提出的观点（Klinger & Salingaros，2000）。沉闷的工作环境是糟糕建筑的产物。相反，在一个富有有序分形信息的环境中，比如有树木有植物的工作环境，人们的工作则往往更有成效。

我们对精致细部的识别能力的降低给我们传达了这样一个信息，这并不是大脑的原因，而是和眼睛本身的不同病理学因素有关。问题最先可能出在晶状体上——不是晶状体不能再聚焦，就是白内障使它变得不够透明了。其他问题可能与视网膜有关；特别是跟黄斑有关，黄斑是视网膜的中央区域，这里聚集了视椎细胞，负责让我们看到精致细部。视网膜的损坏可能是脱落的原因，也可能是由于供血不足造成黄斑退化。视觉信息的缺失切断了我们从环境获得信息的途径，并且由于人们反馈能力的降低会导致焦虑。这些病理使我们对正常的信息量丰富的环境的体验就像对极简主义主义风格的环境一样。

所有这些都在暗示我们，在建筑世界中我们变得不自在了，因为我们体验到的是被削弱了的感知输入和认知输入。这令人不安，因为在这种情况下，我们不能界定周围环境的状况，只会感到无助和迷失。那些环境模仿了我们自身病理的各种迹象。当我们在极简主义环境中度过我们的时光时，我们是否会下意识地感到自己的视觉体系是不是真的出了问题？这种反应可能存在于我们的内心深处，以至于它只能够通过我们大家共同努力才能被颠覆。

大脑具有非常新颖的感应器，就像意识一样具有报警功能。对不熟悉的图案或构造（无法在自然或传统人工器物中找到的），大脑会产生一种以生理为基础的即时反应。从我们的进化发展角度来看这是有意义的，使我们不得不通过学习来防御潜在的危险并保护自己。人们通过进行心理调节，学会（即被训练的）不带有任何警惕性地去看待新的构造，他们的美学偏好与他们的本能是相互矛盾的。

5. 视觉排序和图案

前三条认知法则解释了视觉信息的必要性。现在我们来看看相反的问题：信息过多的情况。前三条认知法则本身不足以解释形态的几何结构，因为它们没有涉及视觉信息如何排序的问题。然而我们很清楚，我们的认知系统渴望有结构的信息而负累于混乱（即随机）的信息。信息超负荷会会使人焦虑烦躁。信息过少缺乏意义，但信息过多也不具有意义。信息有序时，我们可以理解很多有序的信息。序列是通过模式被考虑进来的（Klinger & Salingaoos，2000），在这里用复杂性指数来衡量视觉一致性。这就产生了支配视觉信息组织方式的新的认知法则。对信息进行排序的最简单方法是沿着一条曲线或直线把物体聚集成组（见图4.5）。

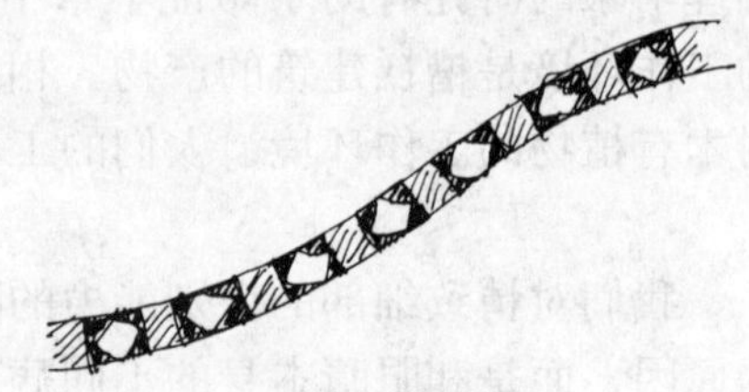

图 4.5
视觉信息可以通过线状连续性进行排序

法则 4　视觉信息能够通过线状连续性来进行有效地排序。

把高度对比的物体末端对齐，这与最简单的分组一致；但不一定非要是直线，也可以有些曲度。在认知法则 4 中，单元不需要重复连接（可以调整不同的物体）。眼睛需要对扫描路径进行跟踪，以便能抓住要素中编码的信息，这样排列可以减少从线上到视觉区域的偏差，从而显著缩小眼睛的扫描路径。排列与二维信息的压缩一致。

阅读排列成线的文本我们来说没有什么问题。同样，艺术家都知道铅笔线图对抓住信息的好处——就像快速人像素描——这与利用不具抽象线性信息的阴影区的复杂表现手法相反。成功的线图（虽然被削弱，但仍然包含分形信息）可以像照片那样对一个物体或一个人的肖像进行再现，这是因为它抓住了最重要的人相细节，而那些细节都是线性排序的。

还有一些其他的技巧可以把信息在空间上组织起来，而不用将信息拴在一条线上。我们可以用对称的方法把高度信息化的单元组织起来，这样就产生了二维的图案。一种更省事的方法是将一个相似单元进行重复来实现视觉压缩。重复可以产生大范围的传统对称，如反射对称、旋转对称、平移对称和滑动对称（Washburn & Crowe, 1988）。我们可以将小尺度上高度对比的物体按照对称模式进行空间分布，并使更小的单元形态相似，这样可以减少信息总量。这就告诉我们：

法则 5　用对称和模式来组织视觉信息，可以有效地减少脑力计算工作。

对于重复的明确界定的单元（具有一致性的内部几何结构和边界）不需要每一次都由我们的认知机制来进行处理。很明显，我们有能够轻易识别相似性的办法，所以眼睛/大脑系统可以通过一到多个基本单元，以及它们的位置分布来对模式进行编码。如果单元以某种对称方式进行重复，比方说单元的位置本身就是对称的，那么该系统只需要一点附加信息就可以指定这个模式。由于这个原因，与重复单元的随机分布相比，人们更喜欢模式（Klinger & Salingaros，2000）。如果缺少了对称或排序，我们的眼睛/大脑系统就要分别计算每个单元的位置，这样便加大了我们投入的精力并延长了用于理解的时间。认知法则 4 和 5 与第 1 章中结构秩序第二条法则相关。

现在我们知道了我们天生偏爱对称性，这一点是决定我们选择配偶的最主要视觉特征。大尺度上的对称与人们之间的相互吸引有关。

组织结构的信息及其被赋予的意义反而可以使物体与人类的心理连接不需要经过自觉反思过程。第 3 章所探讨的尺度一致性问题在这里起到了重要的作用。单元的对称排列是在一种更高尺度水平上的感知，而不是局限于单元本身的尺度水平上（见图 4.6）。较小的单元可以共同确定某种模式——与单个要素相比，这个模式是一个更大的认知整体，而且具有更多的信息。一旦开始这样做，可以用递归的方法来确定越来越高的尺度水平，使特定水平上的每一个一致性排列都能便于理解。

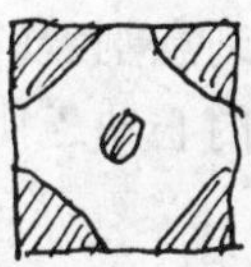

图 4.6
单元对称排列确定了更高的尺度

几千年来人类喜欢在图案内嵌入图案（Weshburn & Crowe，1988）。甚至可以说，这种内嵌图案在人类历史时期产生了大量的创造性成果。我们可以从建筑装饰（特别是伊斯兰风格的）、东方地毯、传统纺织品，以及陶器几何花纹中找到它们。

毫无疑问，读者会注意到这里提出的认知法则和著名的心理认知的格式塔法则之间存在着联系（Fischler & Firschein，1987）。认知法则 4 与格式塔法则的“接近”和“良好连续性”等概念相联系，而认识法则 5 则与“相似性”“闭包”和“对称性”等概念相联系。

无法对图案进行感知说明大脑产生了病状（Zeki，1993），特别是负责处理视觉信息以及进行功能整合的不同专门区域和机制出现了问题。造成这种破坏的具体原因包括一氧化碳中毒、中风造成的大脑损伤等。我们知道有“视觉失认症”的人可以感知细部，但是他们不能够对这些信息进行整合来识别总体结构。这一点可以通过无法识别物体或表面来证明。这种人的痛苦在于他们可以看到周围环境，但是却无法理解环境，这种创伤使他们处在一种轻微和严重功能障碍之间的一种状态当中。

不可知论的病人能够画出别人可以识别的人工器物，但是他们自己却不能够识别。人们发现他们可以根据图片的局部结构（即它们的细部）进行精准地复制，但是却不能把握整体结构（即总体形状）(Zimond, et. al., 1999)。他们画的画缺乏整体一致性，他们会把两幅只是在微小的细部上有所差异的画当成两个物体。有些大脑受损的病人抱怨他们的环境是分裂无组织的；要素彼此分隔，他们不能识别其中任何有意义的空间关系。

面对一个刻意割裂的模式和大尺度视觉一致性的环境，我猜人类本能的反应应该是与感觉到内心缺乏协调的情况相类似，也就是我所介绍的这些病理现象。

6. 层级协作

装饰可以使结构与人类相互连接和整合，我们需要对它的诸多作用方式进行讨论来明确成功的装饰究竟可以达到什么样的效果。第一种方式最为明显——装饰通过提供具有相似信息的表面来使空间上分散的区域相互连接。也就是说，在不同的墙面上使用同样的装饰设计，可以在观察者心中建立起连接。这是对平移对称的应用。如果表面没有可以辨认的相似设计或几何图案，那么两个不连接的分离表面就不可能使人感到它们之间具有某种联系。

装饰实现连接的第二种方式是通过层级协作。这是第 3 章在总结克利斯多夫·亚历山大提出的“完整性”（2004）的部分基础理论时所介绍过的一个术语。在本章的前一节中，我提到如何在图案内部确定结构的不同尺度问题。然而，为了要表现出整体的一致性，仅存在自然尺度层级是不够的。不同的尺度必须要能够在视觉上进行协作。实现这个目的一种方式是要具有尺度对称性，也就是图案能够在一个更高放大倍数上进行重复。眼睛/大脑因此在两个不同的尺度间感受到连接。

层级协作的实用方法是使用分形的尺度特性。建立尺度一致性具有重要的总体性意义。通过这种方式将不同尺度连接起来，可以使大尺度在内部表现出一致性。这样做也可以使各种尺度的外部连接更容易实现。由于所有的尺度在视觉上都是彼此连接的，那么人如果能与一个尺度相连接，也就能和所有的尺度相连接。这正是层级协作机制的目的所在——使人能够轻松地和由几个不同尺度界定的结构进行连接（见第7章《分形心理意义的体现——路面》）。这些观点可以用另外两个认知法则总结如下：

法则6　当每一个尺度都与许多不同的尺度相连接时，就可以实现视觉一致性——通常有必要在小尺度上引入新结构来建立具有连接的尺度层级。

法则7　人类在一些不同的尺度上和环境连接，当环境在视觉上具有一致性时，这种连接的程度最高。

人类和亲手创造出来的人工器物——或者是与在尺度范围在1毫米到1米之间的具有几何次结构的自然物体间建立了一种批判性对话关系（见图4.7）。虽然准确的原因我们还不得而知。但我们猜这一定与如何能更亲密地与人体本身尺度进行匹配有关，并同时会受到人类触觉的极大影响。这一点要比我们经常在美学中讨论中得出的结论更加重要，触觉的作用在美学讨论中被低估了。因为触觉连接纯粹就是在最小尺度上实现的，所以在整体计划中小尺度最受青睐。我们的触摸感有助于我们与建筑物的小尺度相连接。认知法则6和法则7反应了第1章结构秩序法则中的第三条法则，这一条在第2章和第3章中进一步发展成为尺度一致性法则。

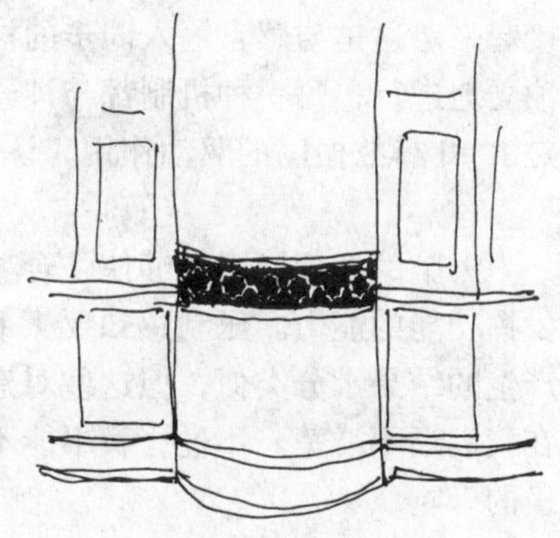

图4.7
人类通过细部与几何结构相连接

我们通过神经生理学机制与我们的环境连接，就这个课题的一项研究反映了不同感知尺度上同时进行的心理过程（见第7章《分形心理意义的体现——路面》）。视觉皮质以层级性方式组织，信号在随着进程流沿着这个层级向上横穿几个皮质区域（Zigmond et. al., 1999）。同时，在这个路径的所有阶段上，连接是交互的，可以将靠后区域里经过处理的信号（这一点与复杂视觉刺激对应）输送到较早的区域里面（这一点与边缘和方向等这样的基本刺激相一致）。因此这种方式在分层组织的神经元团中创造了迭代循环，这些神经元团与层级性组织复杂模式要素的连接是类似的。

我强调连接和整合，这是因为我相信在环境体验中这两点最为核心（见第7章《分形心理意义的体现——路面》）。视觉一致性在各个尺度上给人的感受是“美”。与科学作品相比，我们可以从哲学和宗教中找到更多关于它的描述——人们认为和谐的环境在各个尺度上都是相互连接的，在和谐的环境中我们体验到的是一种平和（即心理上和生理上的幸福感）。一旦我们能够将这个效果实体化，那么我们就可以对产生这种一致性的各种数学方法进行分析。

尽管目前还没有足够的实验来证明这个观点，但是人们相信，智力、思想、推理和意识都是涌现性——即大量有序连接的产物。智力水平可以通过我们在思想间建立联系的能力来衡量。我们可以在神经元、个体思想和物理结构中勾勒出一个很大的类比——我们创造具有一致性的物体和建筑物，其实是在模拟我们自己的心理。虽然这个结论只是一种推测，但是它为我们提供了一种思路，人类为什么要用大量不同的方式把人工器物设计和建筑环境连接起来？同时这一结论还有助于理解人类为什么有这种将周围环境整合起来或和谐化的本能需求。

鲁道夫·利纳斯（Rodolfo Llinás）(2002）假设大脑中频率为40赫兹的相干振荡与意识有关。他提出的这种机制对于已发现的这种空间一致性不失为是一种解释，其中不同的感知功能是联锁的。知觉整体通过“认知约束力”把独立的感知要素连接起来。这是与感官输入同步的神经元激活作用。我们可以看出神经机制在空间域独立地进行，每一种机制都与神经生理学相连，负责独立处理感官刺激。不论是不是由40赫兹振荡的驱动作用，认知约束力是不能反驳的。

大脑的病理原因能够使整合功能崩溃，从而削弱我们作为一个人在整体水平上发挥功能的能力。压制感知要素和它们进行整合的可能性的做法，与“大脑病理”产生的结果十分类似，但这些对建筑环境的蓄意破坏究竟会产生什么样的后果，现在我们还不清楚。不过，我不能不认为把表面和结构任意分割开确实会产生相当消极的影响。

7. 色彩和智力

人们在其他有智力的动物如猫和狗身上发现，色彩视觉代表的信息比单色视觉要多得多。实现色彩感觉和实现眼睛的光学机制所需要的大脑计算部分一样多（Hubel，1998；Zeki，1993）。这一点可以在“色感一致性”中表现出来，色感一致性指的是眼睛－大脑系统调节色彩明暗偏差以及是否能够忠实地重建色彩图像的能力。在埃德温·兰德（Edwin Land）的实验中，他用红色、绿色和蓝色光一起对彩色油画或拼贴画进行光照，发现不管这三种用来照明的灯光相对强度如何，对我们来说看上去效果都是相同的。然而对于不同光线下的物体彩色照片，看上去却完全不同（不是偏红就是偏绿、偏蓝）。这说明大脑需要进行大量的计算，来保持我们在各种不同环境条件下对颜色具有相同的体验。

色彩感知的进化是对大脑中的更高等的认知过程的支持（Llinas, 2002）。这一点可以从众所周知的弱光灵敏度和色彩灵敏度之间的进化权衡中看出来，弱光灵敏度有利于发现运动，而色彩灵敏度则有利于对物体进行识别和分类。对于大多数动物来说，发现物体（低级功能）远比识别他们更加重要（高级动能）（Fischler & Firschen, 1987）。这种权衡在我们自己的眼睛中也是存在的——对色彩敏感的中央窝不善于探测较大范围内的灰度对比度。而对于视网膜外周（探测对比但是对色彩较不敏感）来说，这种情况则又颠倒了过来。

色彩感知发生在大脑皮质最发达的区域，所以色彩与智力有关。我们可以通过直接实验得到以上结论。定位放射断层摄影术（PET）可以测量到达最发达皮质区域的各种血流量，从而与神经元活动水平相关，神经元活动与眼睛输入的色彩感觉一致。当主体先看到只有灰色阴影的图片然后又看到全彩的图片时，流经大脑颜色视觉区域的血流量增加三倍（Zeki, 1993）。这正好与人们对从单一感官层面（灰度）跃升到三色层面对信息增加的预测完全吻合。

感知色调或波长以及区分白色（无色）和色彩亮度需要三种不同类型的视锥细胞（Hubel, 1998）。非常有趣的是，视网膜上负责颜色视觉的视椎细胞也负责实现我们观察精致细部的能力（Hubel, 1998），这样就从我们的感知器官上把色彩和几何结构连接起来。因此，与我们通常认为的相反，色彩和线性设计是紧密联系的。这一点让我们得到最后一条认知法则。

法则 8　色彩是我们的环境中不可或缺的连接要素。

有三条论据来支撑这个说法：第一、我们高度发达的色彩灵敏度；第二、我们能看到色彩的能力和我们能够看到细部的能力之间的神经生理耦合——其中后者对我们的生存十分必要。第三、心理学实验证明了色彩是如何深刻地影响我们的。色彩不仅具有让我们改变心情的能力（更加饱和的色调可以带来更多的愉悦感）；还能直接地影响我们的心理状态（Mehrabian, 1976）。然而，要想找到合适的色彩，却是不是一件容易的事情，我在这里就不进行探讨了。这个世界很大一部分经济——受广告业和时尚业的驱动——是以人类和色彩的情感连接为基础的。

认知法则 8 反应出了色彩的一个作用，比第 1 章中曾经预期过的那些作用更加深刻。在结构秩序法则 1 中（推论 1b）色彩有助于确定对比，在法则 2 中（推论 2c）色彩有助于界定和谐，看来色彩本身在人类与环境之间紧密、各异而独立的连接关系中扮演了重要的角色（Alexander, 2004）。

很长时间以来，色彩在建筑学中的重要性是被人忽视的，因为色彩通常十分容易改变。人们可以在采用昂贵的自然彩色石料来进行建筑，但相比之下，选择哪种颜料刷在墙上就容易得多了。尽管墙面装饰对建筑使用者来说影响很大，但是由于这种主要影响情绪的因素容易改变，所以它渐渐被划分为“内部装饰”，而不再是建筑的一部分了。而且同时人们感觉它似乎总是在建筑师的控制范围之外，因为这是一个建筑物中惟一可以完全由使用者自己来调整的因素。但我们也可以看到建筑师想尽一切办法来保证他们对颜色的掌控权。这样的措施包括禁止使用者擅自刷墙；专门采用特殊材料制成的很难刷上漆的无色表面；提出错误的哲学争论等，这一切惟一目的就是——阻止人们表达他们对色彩的需求。

色彩视觉是获得对物体和物质世界认识的一个重要手段。就像塞莫·萨基(Semir Zeki)(1993) 提出的，意识和知识获取与那些和色彩视觉有关的神经组织是分不开的。实际上，是他将可以看和体验色彩的系统确定为“意识”。

大约有8%的男性是普通色盲（遗传性视网膜全色盲）。这是一个普遍但是未见好转的现象。色盲人群可以过正常生活，但是他们的与世界的沟通存在一个持续性问题，因为他们的色彩感知只是二色维度，不是通常的三色维度。

病理学中将完全失去色彩能力叫做“大脑全色盲”（Zeki, 1993）。这种色盲通常是中风的原因造成，负责色彩视觉的大脑具体区域发生皮层病变，使看到色彩的能力被破坏。或者，是由于这个区域没有足够血液造成的瞬态色盲。喷气机飞行员都知道，在强重力飞行中会产生瞬态色盲。因此，在那些人眼中，这个世界看上去完全是在灰色的阴影之中，但是他们分辨细部的能力却丝毫不会受到影响。受这种情况长期影响的患者描述他们的环境为“单调” 和 “抑郁”，他们通常在受伤后一直会过着一种绝望的生活。他们对有机对象（比如食物和人的面部）往往是排斥的。灰色一般会被人们联想到衰败和死亡。

我很惊讶这些如此巨大的发现竟然不为建筑师们所了解。在平面矛盾中，我们看到建筑师们迷恋的是那些单调而且灰头土脸的粗糙混凝土建筑。每个我问到的人(要注意不包括某些建筑师）都感觉这样的表面是一种病态而且令人压抑；然而建筑师仍然继续建造这些东西。更为糟糕的是，他们还想尽办法阻止使用者用涂料来改变死气沉沉的颜色效果。而那些允许使用涂料的地方，也往往只允许使用压抑的灰色来粉刷。这与世界各地的历史建筑和乡土建筑简直大相径庭。历史上最伟大的建筑物都是色彩丰富的（或者说在它们的颜色被风化褪去之前）。业主建造住房应用所有他们可以找到的色彩来加强墙体表面的视觉反馈。我们可以从孩子们的画作中（在他们被调教得适应了灰色的工业世界之前）和民间艺术看出，颜色可以满足人类的基本需求。

8. 装饰的价值

装饰有助于使我们与环境连接。为了满足以上这 8 条认知法则，建筑物应该具有一片连续的高密度视觉结构，这样我们的眼睛就可以纵览整体的形态或聚焦于具有高度细部的焦点，并且可以捕捉排列在构造区域的中部或角落的对比。这些对比要素可能包括建筑物厚厚的边缘或棱、开放地带和不连续区域周围厚厚的边界（框）、墙体中心和边角处密集的细部结构等（Alexander，2004）。这些具有视觉密集效果的架构应该通过图案和对称来组合信息。

色彩具有三种不同的功能。第一，它可以通过对色彩亮度给人的感觉来确定视觉密集区域。第二，使用补色可以确定对比区域。第三，可以在整个结构中应用一种常见颜色，这样可以有助于确定整体视觉一致性。

直到 20 世纪初，以上的认知法则似乎是影响了包括新艺术派在内的世界各地的建筑。注意，世界建筑遗产的重要代表都已经失去了它们原来明亮的着色（由于当今负责古建筑复原的建筑师还都带有风格偏见，这些建筑从未得到真正的复原）。对那些没有遵守这些法则的建筑恰恰是 20 世纪的主要建筑，对它们进行归类是非常容易的。从幸福感的角度来说，要让建筑以人为本，装饰应该是其中非常重要的因素（Alexander，2004；Bloomer，2000）。这一章认为，我们的神经生理学特性需要我们让上个世纪被武断地宣判有罪的建筑装饰要素复活。

20 世纪建筑师有一个基本假设：建筑物可以在抽象设计空间中进行构想，这种设计空间既与物理空间无关，也与人类也无关。我的结论对于这种假设来说构成了挑战。实际上，人类积极地寻求在他们与物理环境之间感知连接，来满足一种基本的生理需求（见第 7 章《分形心理意义的体现——路面》）。建筑物和人共同形成了一种统一的互动系统，这种观点和实际是吻合的（Alexander，2004）。建筑相对于自然不是一种孤立的存在；自然结构的复杂性决定了什么样水平的信息才具有价值。这道门槛是我们生理的一部分。建筑物被矗立起来之后能否获得成功，要取决于很多不同的原因。除了严格的功利方面的原因，人们是否“喜欢”一个建筑物要取决于那些能够使人与建筑物之间建立起视觉连接和触觉连接的因素。

装饰是这种连接中不可或缺的部分，但是经过一个没有装饰物的世纪（并且听到的也都是认为装饰在某种程度上是不道德的言论），今天的人们几乎已经忘记了如何制造装饰。在思想上拒绝装饰的建筑师们会立刻拿出失败的装饰案例和造成视觉分散的案例来证明他们这种完全排除装饰的决策的正确性。

由于装饰不再被当作是建筑物中必不可少的部分，当今创造出的大部分装饰物都不能真正履行他们的职责。装饰品追求的目的不在于一致性，而在于它的反面——不一致性。过度装饰和不协调的装饰都无法令人满意，而且在视觉上也让人反感。极简主义设计准则内产生的装饰品也无法产生什么实际效果，因为它不能给我们留下任何印象。这种建筑装饰的细部太小或难以分辨，而且差别不是模糊就是过分微妙，另一方面，即使当代建筑有时使用一些比较有效的装饰要素，但是为了避免一致性，也会有意地进行随意设置。这也使它们变得失去效果了，因为这样一来，我们要想在整体环境中去理解它们就变得更难了。

成功的装饰品要求具有最高度发达的大脑——人类的大脑那样的递归能力（即在不同的层级上分析图像，然后把信息进行合成）。不同类型的递归包括节奏重复而产生平移对称和旋转对称；递减尺度的几何结构循环而产生分形模式；同尺度上的循环产生越来越密集的连接（Alxander，2004；Bloomer，2000）。实际上，正是由于人类具有递归逻辑思维能力，也才能够具有语言的听说读写能力。

有的学生问我，一个包括了装饰尺度上的建筑结构，并已经体现出自然尺度层级的建筑如何与绘画、花瓶、植物等附加装饰物进行协调？其实完全没问题，因为一个自然尺度层级可以很一直延伸下去，其中就包括那些新置的物体。但是如果一个房间里装饰物太多的话，最终还是会变得十分混乱，因为它们决定了太多的不协调尺度，但这是使用者的问题，与建筑师无关。

9. 装饰和书写

装饰物所代表的有组织信息与文本信息完全不同，文本信息用字母和符号编码。装饰物沟通信息不是通书写语言，而是一种相当于潜意识语言的东西。我以印刷术为例来谈谈这些差别。早期的印刷字体是手工切的，出于在审美考虑，人们制造它们的目的是要有最大的清晰度。那些是衬线字体（开放笔画末端加上点或字母 T 的一横），像现在的 Times 字体和加拉蒙体（Garamond），看上去眼睛的感觉比较舒适。

20 世纪初引入全新的字体时，印证了去掉装饰衬线也会同时削除一定的意义。无衬线字体如：赫维提卡体（Helvetica）和现代主义包豪斯设计风格都因为它们的数学简单性而备受推崇。实验确定无衬线字体减低了清晰度。人们非常不喜欢这些无装饰的字体；以至于无衬线字体被曾对这种字体进行商业性推广的伯托（Berthold）铸造车间称之为“怪胎”（grotesque）（无衬线字体 Berthold Akzidenz-Gos-

tesk 最终发展为 Helvetica 字体）。

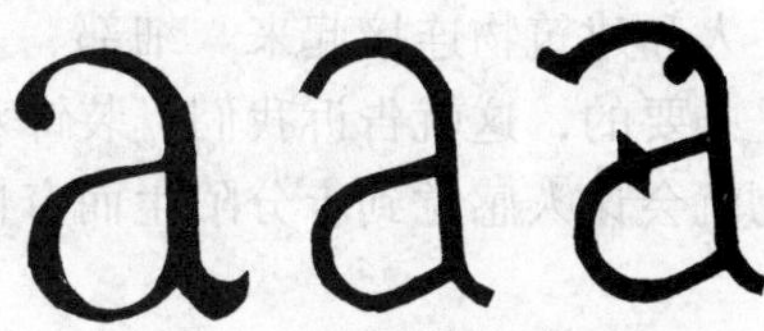

图 4.8
对装饰如何改善了字体的说明。左边，衬线字体是对基本图样的高度复杂非线性操作。中间，过于简单的非衬线字体既缺乏吸引力，也不如衬线字体清晰。右边，在错误的位置加入下层结构减低了清晰度

字体和文本格式应该在文本信息和读者之间建立起最简单的界面。每一件事都应该使文本信息的传输更加理想和便利。就像"设计"一样，任何强加的视觉要素或与文本意义无关的想法都能够轻易地降低传输效果。但很不幸的是，实际情况就是这样，现在很多字体的"当代"视觉外观特征是：无衬线灰色字体、段落之间无空格或无缩进。相反，传统字体和文本格式都是朝着具有最佳清晰度和心理舒适度的方向发展，为了是让人们在阅读过程中不受视觉和情感干扰。这些做法能够使文本信息传输更为便捷，而且能够产生具有美学价值的复杂视觉外观。

从无衬线字体到衬线字体的过渡可以十分清楚地告诉我们装饰是如何使形态更加清晰、锐利，从而更容易识别的。经典衬线字体和读者之间建立了非常积极的情感连接。在第 3 章，我以层级系统的特性为基础，对细部的必要性进行了论证。然而并不是任何附加的细部都能够改善字体的清晰度。在任何地方加点或加上印刷字母 t 的一横，只要不是在开放笔画的末端（甚至是在这个位置上，加上某些角度）都会降低字体的效果（见图 4.8）。这就非常清晰地说明了成功的装饰对形态来说必不可少，绝不只是"加上去"而已。

为了使较大的形态更容易理解，装饰以一种非常精细而且相当复杂的方式对细部进行组织。经过修改的信件更容易让人理解。在数学方面，最有效的衬线字体要比类似的非衬线字体要复杂很多。它们表现出了递减尺度层级上的次结构。衬线字体并不是简单地在端点处增加笔画；而是对整个字体进行调整，使新的字体形态具有更多的细部要素，这些要素之间相互协作从而确定了整体的一致性。字体线条的宽度都是不相同的。要纠正一种原来的错误认识——装饰品并非是不相关结构的重叠；而是一种可以产生高度组织化的内部复杂度的精细操作。因此要达到效果，装饰要非常精确。

10. 结论

这一章我们回顾了神经生物学和实验心理学的成果，为人和建筑环境之间的信

息连接提供了依据。环境设计产生的视觉信息输入有助于使用者的生理状态的生成。结构秩序 8 条认知法则使这个过程更加方便。信息的质量和组织影响着人类同形态和表面建立起来的情感连接。传统建筑能够保证人类和环境信息之间的相互作用，使人和建筑物连接起来。细部、差异、曲度和色彩等因素至少在建筑物的某些部分是必要的，这就告诉我们，装饰对于我们的环境是非常有价值的。没有了它，建筑物就会让人感觉到十分陌生而奇怪。

各种导致眼睛和大脑病理的生理条件会降低人的视觉空间感知能力，20 世纪的建筑师们并不了解这一点，他们创造出来的视觉条件与脑部受过刺激的病人所体验到的环境相似。20 世纪的建筑师成功地再现了患有白内障、视网膜脱落和肌肉退化等眼疾病人的空间体验。还同时创造了患有皮质病变、视觉失认症、大脑全色盲和其他神经生理裂解等疾病的人群的体验，这些疾病能够破坏完整视觉信息能力。建筑师这样做是出于对纯粹表达的需要，同时也为了在建筑环境中强加某些关于秩序的概念。根据现在我们所掌握的知识，我们有必要重新考虑一下建筑带给我们的影响，而且我们要问，建筑学教育和建筑实践如何根据这一信息来建造更具人性化的建筑呢?

第 5 章 建筑生命和复杂性与热动力学的类比

1. 引言

建筑学以一种可以从生理角度进行预见的方式来影响人类生活。通过对建筑形式进行分析区分了三种不同的方面：小尺度、大尺度、通过尺度一致性和层级合作（第 1、2、3 章进行详细介绍）将所有中间尺度联系到一起。本章研究了小尺度和大尺度如何独立地为实现一个成功的具有层级一致性的建筑物发挥作用。根据几何以及形象化内容，我提出一种对建筑学进行定量的方法。这使得两个建筑物通过设计中内在的可计算值具有可比性。更重要的是，我认为这些值会影响建筑物的价值和感受；即：居住者对建筑物的舒适感决定的建筑质量。

回到第 1 章结构秩序的法则 1 和法则 2，我给出了这些法则在设计中的实用方法。在第 2 章和第 3 章中探讨了第三条法则后（尺度和层级有关），现在是时候来探讨设计中的其他要素如：细部、熵、组织等。第 4 章对细部、对比、色彩、对称和组织在环境中的必要性提供了神经生理学方面的有关背景介绍。本章涉及了更多用于处理设计组织要素的建筑学工具。

我们可以通过与热动力学的类比，建立一个简单的数学模型，来将支配建筑形态的几何一致性的固有特性系统化。对建筑设计来说，这是一个全新的尝试。模型的第一部分确定了两个不同的特性，并提出了计算的办法。小尺度结构用我标记的建筑温度 T 来描述。建筑温度越高，设计强度和视觉刺激程度就越高，如更多的色彩、差异、细部和曲线（见本章第 2 节），另一个度量单位是建筑和谐值 H，用对称度、形态的视觉一致程度和视觉组织量度来确定，如：缺少随机性（第 3 节）。它是较大尺度的特性。建筑和谐度 H 具有传统建筑学含义，而建筑温度 T 是描述建筑学熟悉概念的一个新方法。

模型的第二部分将感知到的“建筑生命”和“建筑复杂性”与 T、H 的不同组合相联系。我们规定建筑生命 L 为 $L = TH$（见第 4 节），建筑复杂性 C 为 $C = T(10 - H)$（见第 5 节）。其中“生命”指的是对建筑物中的那些使建筑物富有生机的固有特性的识别程度。这些特性可以让我们同建筑物相连接，就像它也可以让我们在感情上与树木、动物以及人相连接的方式一样（Alexander，2004）。如果我置身于一个具有高度生命感的建筑之中，或面对一个这样的建筑物时，我会感到十分的舒适、放松而且自由自在。建筑“复杂性”与建筑“生命”无关，对这一点建筑师们已经比较了解，但我建立的模型还将对建筑“复杂性”进行计算。高度“复杂性”可以使人产生的情感与兴趣、激动和焦虑等相一致的情感。本章对建筑形态形成了两种主要情感反馈。建筑生命 *L* 和建筑复杂性 *C* 是决定我们对建筑物感情的两个相互独立的量。

这样我们就在以计量为基础的科学特性和以情感为基础的直观艺术特性之间建立了联系。虽然很难对主观表达来进行定量，但是对情感感知的结构“生命”进行排序，人们还是比较容易接受的。我在第 6 节通过 *CL*（复杂性对生命）图 5.6 强调，模型在对建筑物进行划分的过程中具有预测价值。这个图表反映出模式与人的喜好是无关的，我们可以根据建筑固有特性，而不是建筑风格，来追寻建筑学的历史发展轨迹。据我所知，还没有人提出过类似的风格进化分析。

模型的第三部分告诉我们如何将“生命”渗透到建筑物中去。这个方法可以告诉我们如何合理地调整单个形态组分。通过模型我们提出这样一个具有一致性的方法论，对于分析、设计和建设来说，模型成为了一个非常有价值的工具。提升建筑生命的过程与具体风格或建筑物的外观无关。这一模型可以帮助一些人理解和控制建筑生命和建筑复杂性在各种新颖结构中的相互影响。

第 7 节与热力学进行类比来对产生这个模型的原因进行探讨（这一部分会让那些想要获得更科学认识的建筑师们很感兴趣）。*H* 值与负熵相类似。对 *L* 和 *C* 的规定则模仿了物理学中描述系统状态时所使用的热力学势。与 *L* 和 *C* 相类似，建筑生命和建筑复杂性是相对值而不是绝对值。这一类比告诉我们，热力学以及各种结构的组织和无序等基本物理原理同样也同样适用于建筑学。

本章最后（第 8 节）我们研究了生物生命和建筑形态的联系。例如：自相似分形模式具有高度的建筑生命，这就是为什么利用它们为自然形态建模会非常成功（Mandelbrot，1983）。*L* 值和 *C* 值与生命形态的物质组成相一致。这种类似使人类能够对具有不同建筑势能的 *L* 和 *C* 产生情感反馈。建筑物是由具有生命的群体来建造的，建设者们有一种基本需求，那就是将建筑生命灌输到无生命结构中去。一栋建筑物，不论它的特征和个性是什么，将这种程度反映得越充分也就会越成功。

2. 建筑设计中的温度

建筑设计中对被感知特性有几个影响因素，我要做的第一件事就是要区分它们。最明显的就是均匀度的减弱。形态特征一般要么不是平坦、空无的，就是具有几何构型和颜色上的差别。在物理学中，液体和气体的均匀状态通常都与低温有关。升高温度经常会破坏均匀性，产生渐变和对流单体。加热的金属与此不同，它们通过散热进行着色。

如果我们画出这些物理过程的联系，会发现我们是把设计中的细部和小尺度对比程度当做建筑温度 T。（建筑学温度有点像热力学温度乘粒子数密度；见第 7 节）。建筑学温度由几个固有因素决定，如单个设计差异的锐利度和密度；线和边的曲率；以及色调。尽管人们通常认为建筑学只是与形态有关，但其实色彩是感受形态表面所不可或缺的部分（本书第 4 章；Alexander，2004）。

我提出了一个测算建筑温度 T 的简单方法。可以告诉我们关于结构信息丰富程度的统计量的值。这个近似方法并不是惟一的可行办法；而是我们处理极端复杂课题的第一步。我将区分 T_1 到 T_5 五个与 T 有关的要素。每一个特性在某个尺度上，根据粗略判断，赋予一个 0 – 2 的数值：非常少或没有 =0，有一些 =1，相当多 =2。不同的要素像下面那样列出：前三条与几何结构有关，而后两条与色彩有关。

表 5.1　建筑温度的要素

T_1 = 可感知细部强度
T_2 = 差别密度
T_3 = 线和形态的曲率
T_4 = 色调强度
T_5 = 色调中的对比

建筑温度 T 是所有这些估计值的和（下标量）。由于每个要素的值在 0 和 2 之间，所以 T 值将在 0 到 10 的范围内。我们有：

$$T = T_1 + T_2 + T_3 + T_4 + T_5 \tag{1}$$

现在我来讨论一下如何来对每一个建筑温度要素的值进行估算。

（T_1）——材质可感知差别的限度是一臂之长，约 1m。人可以触摸到的任何可比较体量表面上精雕细琢的细部，不论该细部是局部的还是贯穿了整个区域，我们令 T_1 为 2。对于非常远的区域，与 T_1 有关的质地差异就应该相差很大，这样使看上去才能与一臂距离上的细部表现出同样的体量。如果细部较为粗糙，或者界限不太明确，则 T_1 为 1。细部是由次结构的宽度或差别来决定的。如果细部过小或边界模糊，我们令 T_1 为 0。平滑但不很细的单色表面 T_1 为 0。计算时，细部必须与背景相结合。高科技精度不应该与细部相混淆。两个面会合的界面没有宽度和尺寸，因此不能确定一条物质线。细部不是由单一不连续性或由明显的分界面来确定的。

（T_2）——T_2 度量的是呈献给观众的次结构和多样性。我把每一个几何差别如浮雕或色彩模式等看成与其灰度值产生同样的效果。我们可以通过平坦的黑白照片来判断一个彩色浮雕的 T_2（这是因为色彩是一个单独的量度）。在这个突出物中，任何差别和质地都可以通过灰度对比或通过投射的阴影来感知。高密度明显差别的 T_2 值为 2，而平坦表面的 T_2 值为 0。代表的是某种特定灰度色调的色彩值，它与 T_2 不直接相关。

（T_3）——T_3 度量的是线和体的曲率半径（较小的半径对应较大的曲率），以及可以出现的曲线数量。一条曲线可以用大量的小直线节段来估算。任何曲线和弯曲（例如：高序位多边形；或 Z 字形）都具有比直线更高的建筑温度。建筑温度与线和体成比例。中间尺度上的（即处于细部和总体体量之间的）弯曲形态我们规定 T_3 为 1；如果它们的曲率较高，或者有许多曲线，则 T_3 为 2。直线和矩形的 T_3 值为 0。

（T_4）——T_4 是建筑颜色的色彩深度的估计值：色彩鲜艳强烈的 T_4 值高；单调、污浊、灰蒙蒙的 T_4 值低。一栋色彩鲜艳的建筑物即使只有一种颜色（比如全红色），也比灰色的建筑物的建筑温度要高（T_4 为 0）。如果一个设计总体上具有一些色彩，那么它的 T_4 为 1；如果色彩强度足够，那么不是亮色，我们也规定 T_4 值为 2。实际的颜色（如黄、绿、红、蓝、或紫色）都是非物质的。

（T_5）——T_5 度量的是几种不同颜色之间的相互作用。使用互补色可以进一步提高建筑温度，例如，黄色和紫色、橙色和蓝色、红色和绿色。黑白对比也可以提高建筑温度。如果颜色间存在对比，则 T_5 值为 1；如果对比的数量很大，或对比非常鲜明，T_5 值为 2。颜色均匀或根本没有颜色的一律令 T_5 为 0。

不同的图案中，建筑温度 T，即等式（1）的和，或多或少地都要取决于每一个温度因素 T_i（见图 5.1）。尽管有的历史时期和文化更局限于建筑细部、曲率、对比和色彩（即建筑由 T 的较低的值来确定）等因素，但是历史上具有较高建筑温度值的建筑物和人工器物往往具有优势地位，这就说明，它们满足了人类的一种深刻的本质需求（Alexander，2004）。

为了用实际的例子来说明这个模型的工作方式，我在表 5.2 中对 25 个著名建筑物的建筑温度 T 进行了估算，这些建筑物涵盖了全世界各种建筑风格和传统，延续了 7 个多世纪之久（Fletcher，1987）。这些数字非常近似，我们将在第 6 节中进行推导。我通过各种发行过的照片，以及我个人对其中一些建筑亲身体验后的回忆，得到了这些估算值。表 5.2 中也包括了建筑和谐度 H、建筑温度 T 以及建筑复杂性

C 的计算数值，本章后面的部分还将对这些推导过程进行探讨。

表 5.2　25 个建筑物以及它们的值。建筑物按照年代顺序排列，第三栏和第四栏是从第一和第二栏计算得出的，$L=TH$，$C=T\ (10-H)$。

建筑物	地点	时间	T	H	L	C
1. 巴特农神殿	雅典	-5C	7	8	56	14
2. 圣索菲亚大教堂	伊斯坦布尔	6C	10	8	80	20
3. 萨赫拉清真寺	耶路撒冷	7C	9	9	81	9
4. 巴拉丁礼拜堂	亚琛	9C	7	9	63	7
5. 凤凰亭	京都	11C	7	9	63	7
6. 科纳拉克寺	奥里萨邦	13C	8	8	64	16
7. 索尔兹伯里大教堂	索尔兹伯里	13C	7	9	63	7
8. 比萨洗礼堂	比萨	11/14C	7	8	56	14
9. 阿尔汗布拉宫	格拉纳达	14C	10	9	90	10
10. 圣彼得大教堂	罗马	16/17C	9	6	54	36
11. 泰姬陵	德里	17C	10	9	90	10
12. 布鲁塞尔大广场	布鲁塞尔	1700	9	7	63	27
13. 奥塔故居	布鲁塞尔	1898	8	7	56	24
14. 卡森比利斯科特百货公司	芝加哥	1899	7	8	56	14
15. 巴特娄公寓	巴塞罗那	1906	8	5	40	40
16. 流水别墅	熊溪	1936	4	5	20	20
17. 华兹塔	洛杉矶	1954	10	4	40	60
18. 朗香教堂	朗香	1955	3	2	6	24
19. 西格拉姆大厦	纽约	1958	1	8	8	2
20. 美国环球航空公司侯机楼	纽约	1961	3	4	12	18
21. 沙克研究所	圣地亚哥	1965	1	6	6	4
22. 悉尼歌剧院	悉尼	1973	4	5	20	20
23. 医学院之家	布鲁塞尔	1974	7	4	28	42
24. 蓬皮杜中心	巴黎	1977	6	4	24	36
25. 香港汇丰银行大厦	香港	1986	3	7	21	9

3. 建筑设计中的随机性与和谐

随机性由熵（无序）来度量。由于熵并不是建筑学中的传统概念，我引入了建筑和谐度 H 来度量它的对立面：设计中随机性的缺乏程度。建筑和谐度是一个与视觉组织相联系的传统概念，但是它从来没有被度量过。（H 和建筑负熵的关系将在第 7 节中进行讨论）。可以通过对设计信息的组织来规避随机性。个体细部和形状彼此相关的地方，建筑和谐度 H 值就会比较高。对称形态和图案具有高度的建筑和谐度。由于在所有不同尺度水平上的部件之间相互关联，建筑和谐度 H 成为了整体结构的特性。

3.1 建筑和谐度的估算

我提出的这个模型取决于对可感知表面和形状的直接度量，如墙体、出入口、通道等等。一提到对称，大多数建筑师马上会去看建筑设计图（von Meiss，1991）。然而对于使用者来说设计图并不能够被直接感知，因此设计图与这个模型并不相关。抛开传统上的以及现在的做法，我将忽略鸟瞰图：因为这个模型不能覆盖空间形态组织；只能反映人类视角对立面图和表面的当前印象。

建筑和谐度 H 由五个要素构成，每一个的值在 0 到 2 之间。同样地，这只是一种权宜手段，给出的是非常近似的数值。我将使用同样的数值范围，很少 =0，有一些 =1，相当多 =2。建筑和谐度 H 值是下面描述的五个要素之和，它的范围从 0 到 10。

表 5.3 建筑和谐度的要素

H_1 = 所有尺度上反射对称
H_2 = 所有尺度上的平移对称和轴对称
H_3 = 不同形态具有相似形状的程度
H_4 = 几何形态间的连接程度
H_5 = 色彩和谐的程度

建筑和谐度 H 是五种要素之和：

$$H = H_1 + H_2 + H_3 + H_4 + H_5 \qquad (2)$$

后面的讨论将说明如何来估算不同建筑和谐度的要素值。

（H_1）——对所有尺度上的对称所规定的平均数值，而不仅是对最大尺度而言。而且，H_1 的量值实际上取决于对称轴的方向，因为重力决定了生物形态和物质的最优取向。反射对称可能的轴线中，竖直方向上的轴线在所有可能的反射对称轴中最能够提升建筑和谐度。在不同尺度上具有大量垂直对称的，我们规定 H_1 的值为 2。如果只在单一尺度上具有轴对称，我们规定 H_1 的值为 1。一些对角线轴对称不能与重力产生的自然对称相互协调，继而产生的不平衡令建筑和谐度降低到1（如：比萨大教堂的斜塔）。对不同尺度上缺少反射对称的情况我们令 H_1 为0。对没有显著要素的光滑表面，H_1 由边来决定；如果这些边是平行的，那么规定 H_1 的值为2。

（H_2）——H_2 度量的是实际的墙体、门和窗的平移对称（以及比较少见的旋转对称），而不是在建筑图上的。如果同样的要素在规则图案中沿着一个或两个方向重复出现，我们就规定 H_2 为2。如果要素的随机出现会降低 H_2，在这种情况下我们规定 H_2 的值为0。

（H_3）——自相似将同一个图形按比例放大到相同的倍数的几个不同的尺寸，然后调节几个放大的图形，从而提升了建筑和谐度。H_3 衡量的是出现在不同体量上的重叠的或在空间分割图形的相似度。例如一组平行线或相似的嵌套曲线通过按比例转换而相互关联，在这种情况下我们令 H_3 的值为2。当窗户与整个墙体或立面具有相同比例时，这个机制就有很有用了，在这种情况下我们让 H_3 为2。具有明显的不同形状的片段与整体不和谐时，我们让 H_3 为0。

（H_4）——H_4 的值是几何连接的估计值。内部和外部连接可以有很多形式：连接线或立柱、中间过渡区域、四围的宽边，等等。分段连接使 H_4 的值从1增加到2。如果边只是接触到中间过渡区域或边框，而未能将其贯穿，或者突出的悬垂部分没有明显的支撑，并且与直线相交，都会使 H_4 降低到0。任何建筑物的主要连接都是与地面（大地）的连接；如果这一点没能通过结构要素等手段得到强烈的表达，那么我们就令 H_4 的值为0。

（H_5）——只有单色或没有颜色的建筑物具有色彩和谐，规定 H_5 的值为2。如果运用了不同的色彩，就需要考虑各种色调混合后所创造出的总体色彩的和谐情况如何。即使是使用鲜艳的色彩，我们也可以得到一个和谐的整体，这种情况下 H_5 的值为2。让我们再来看看绘画作品，一幅画可能含有上千种颜色，然而却非常和谐：不会让人们觉得有什么突兀（除非是画家刻意要这样做）。脱离统一的色彩效果——不平衡、不调和或俗艳的组合——都会使 H_5 的值降低到0。色彩效果的相关性统计发现，人们对于那些色彩组合能够表现出“和谐”的看法都是一致的。

这些量共同为建筑和谐 H 提供了数量值，等式（2）的和。形态的建筑和谐度 H 增加时，建筑物就会变得更为一致（见图5.2）。利用本章介绍的方法。表5.2中给出了25个著名建筑的 H 估算值。由于建筑和谐度可以通过这种方法进行度量，就从统计上排除了人为因素造成的主观判断差异。

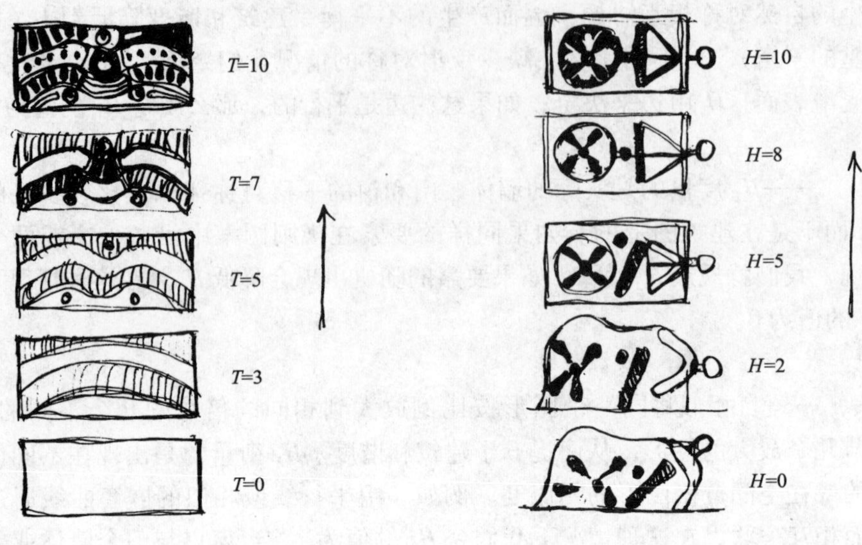

图 5.1
建筑温度从下到上逐渐升高

图 5.2
建筑和谐度从下到上逐渐提升

3.2 建筑和谐与模式识别

建筑和谐（即负熵或缺少无序）与热力学信息之间存在深刻的联系，这一点在建筑学中也得到了延续。设计中的任何对称都可以降低确定形状所需的信息量。一个两侧对称的形态只需要确定一边的形状，另一边的反射也就确定了。具有平移对称或旋转对称的设计只通过一个重复单元中所包含的信息就可以确定。对于一个我们不熟悉的物体，如果它能够包含尽可能多的内部对称，识别起来就大大地简化了（见第4章）。

不同物质的并列破坏了表面连续性，这样会降低建筑和谐度 H。界面上或空白处的位置彼此接近但不连接的形态会产生含糊的效果，因此会减低建筑和谐度。我们便很难去理解这样的形态或它们组合后的结果。当一个形态与其他形态之间缺失基本连接时，我们的大脑会继续寻找能够建立必要连接的视觉信息（Fischer & Firschein，1987）。如果这些连接并不明显，那么整体就会让人感觉不一致。任何时候无论是缺失结构信息，还是结构信息冗余，都会妨碍我们的认识。由于模式识别是一个低水平的大脑活动，我们在智力上可能会对 H 值较低的形态感兴趣，但是我们的视觉反应却是负面的（见第 4 章）。H 值低的形态有时会戏弄我们的情感，它们也能够创造出生动而却具有影响力图像，这个问题我将在第 5 节进行解释。

不是通过对称或比例缩放进行关联的多层结构的建筑和谐度，可以通过分段连接来提升。几何连接可以使两个分离的形态联系起来，并且成为它们的边界。这两个形态分别和另一个中间区域相连接，而这个中间地带本身必须要能够大到使这些连接得以发生，于是便产生了宽阔的界限（从数学角度讲，两个最初形态 A 和 C 的连接，是通过另一个连接区域 B 所建立的最小过渡关系来完成的，也就是如果 A 与 B 连接，B 和 C 连接，那么 A 和 C 也是连接的）。只有当两个主要形态和连接区域共同决定了一个一致的较大单元，这样的连接才是成功的。

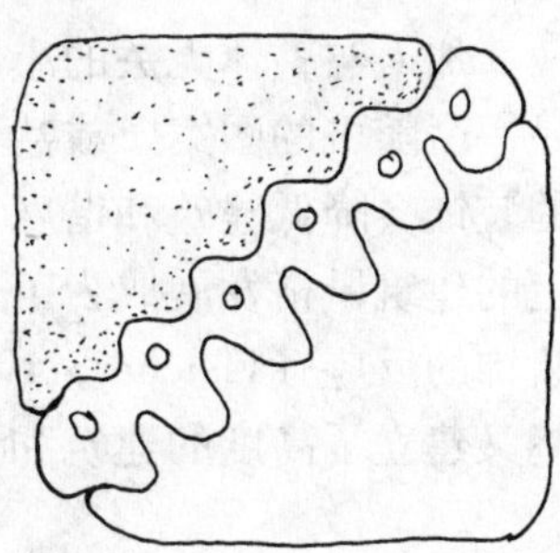

图 5.3
两个形态间的连接通过中间区域实现

3.3　提升建筑的和谐度

在不同的色彩区域内加入某一种颜色可以使这些区域的连接更为和谐，也就是提高 H_5（但是这样做也会同时降低 T_5 和色彩间的对比，因为它也可能使两个区域难于分辨）。但是如果我们想要保持任何色彩间现有的对比效果，操作起来就得非常小心谨慎。在一些成功的案例中，色彩间的关联把有关区域连接起来，使整体效果得到加强而不是变得模糊。然而如果要进一步提升和谐度，就会消除色彩对比，而色彩对比又会影响到建筑温度，从中也可以看出 H 和 T 之间的相互关系。

有两种不同的技巧可以提升随机设计中的建筑和谐度。第一种是，从最小的尺度开始一直到最大尺度，重新安置现有细部，来创造最大数量的对称。这样做可以最大限度地提高建筑和谐度，但要保持建筑温度不变。第二种是去除所有细部、曲线和色彩，但是这样做会降低 T 值。在几乎完全单调的表面上可以做到完全对称，提升建筑和谐度 H。这种方法可以通过去除所有随机性来最大限度地提升建筑和谐度，但是这样做的代价是，会损失掉所有的建筑温度。

3.4　降低建筑的和谐

建筑师卢西恩·克罗尔通过随机地在建筑内安置小尺度和中间尺度要素来降低建筑和谐度（Kroll，1987）（布鲁塞尔医学院之家，见表 5.2 第 23 号建筑）。使用随机数字来作为组合方式的设计决定使作品脱离双向对称或平移对称的单调。但是大多数情况下，人们往往是生硬地加入僵硬的对称，因为缺乏建筑对称的历史建筑通常是由于迁就了功能或结构的需要。因此，有效的脱离对称应当不是故意的随机结果。功能性和形式之间是一种有效连接，这个问题最初由路易斯·沙利文提出来的，并最后由亚历山大进行了论证（2004）。

一些建筑师设法创造随机的要素系列，为的是追求与众不同和独一无二。这种做法在真正意义上并不是随机的，因为每一个“随机”设计中的要素都要经过审慎地考虑和精细地建造，才能叫人看上去是随机的。

加入与整体无关的小尺度结构会降低设计的建筑和谐度。这种小尺度结构可以是一个随机的图案，或甚至是一个不能连接现有图案的规则图案。过度的、不协调的装饰会降低建筑和谐度，并且使整体一致性让人难以甚至是无法理解。许多历史上的建筑风格发展成为了过度装饰的风格，而且常常无一例外地伴随着后一代人反装饰的反应（Fletcher，1987）。经过一个摒弃附加装饰的较平淡阶段，这个循环最终又建立了高度的建筑和谐。

4. 建筑物的建筑“生命”

我们必须对每一个建筑物中的 T 值进行度量并对 H 值进行有意识的估计，而它们的乘积 TH 则没有任何直接量度可以进行。我将稍后在第 8 节中对这个原因进行解释，我把这种建筑温度和建筑和谐度的结合称为结构的建筑生命 L。非常有意思的是，乘积 TH 在情感上能够与观察者相连接。一个“生命”值高的建筑物，与有生命的有机体非常类似，能够与观察者建立一种结构上的亲切关系。下面第 8 节对 L 和生物形态之间的连接进行了讨论。

建筑生命：

$$L = TH, \quad 0 \leqslant L < 100 \tag{3}$$

20 世纪以前，建设者们不知不觉达到了较高程度的建筑和谐和最高的建筑温度，使乘积 $L = TH$ 达到最大（见图 5.4）。然而他们并没有度量过这个值；因为他们从本能上就知道！历史上最伟大的建筑都体现出了极高的建筑生命 L 值，如果不信的话，可以对世界范围内的建筑进行验证（Fletcher，1987）（见表 5.2 和第 6 节）。由于 T 和 H 两个要素的值在 0 到 10 之间，所以建筑生命的值的范围应该是 0 到 100 之间，这是一个非常有用的百分率量表，我们可以用它来作比较。如果建筑生命值较低，这就意味着人们在情感水平上与该建筑的连接比不上他们与有生命的有机体（如一棵树，或一个人）那样紧密。

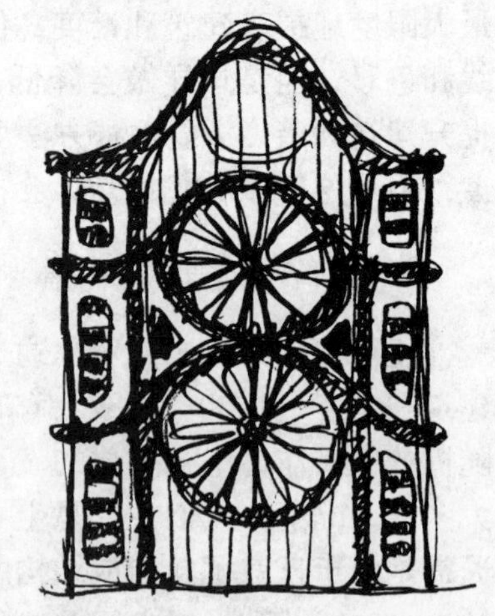

图 5.4
生命值等于温度乘以和谐度

另外一个要点是那些最伟大的建筑都不会完全去除随机性。建筑和谐度的最优值低于它的理论最大值。每一个伟大建筑在某些程度上都带有一些随机性，可以从不同尺度上显现出来。随机性通常需要界定新尺度或者创造新的耦合。如果我们在设计中严格按照形态对称，就总会到那么一个地步——如果你不打破一些对称，就无法使建筑生命 L 再继续得到提高。大尺度的随机性能够与建筑高度有序的对称性以及一直到最小的细部（布鲁塞尔大广场）之间进行对比和耦合。通常，一定比例的建筑材料本身可以注入少量的随机性来进行重排，从而与苛刻的整体对称要求所排斥的要素来进行调和。

我不打算讨论怎样才能设计出提升了建筑生命 L 值的建筑物。这是亚历山大提出的建筑理论的基础（2004）。实现建筑生命并不是轻而易举的，因为我们需要用到的两个量度 T 和 H 实际上是相互依赖的。减少小尺度差别程度和把曲线扯成直线可以提升建筑和谐度 H，但如果不小心的话，就会削减建筑温度 T。这样一来不仅没有提升设计的建筑生命，反而使它降低了。从视觉上来说，T 和 H 之间的联系可以通过在不同 H 值的区域间的对比来表示。我在后面的部分对这些观点进行了总结。

表 5.4　提升建筑生命 L 的技巧

（a）同时提升建筑温度 T 和建筑和谐度 H。这个方法要非常有选择性地增加 T，同时每一步都要很小心地提高 H。要能够完全控制所插入的色彩、细部或曲线，并且要求非常精确，不能与已经存在的图案或色彩发生抵触。不要加入任何可能会降低 H 的东西。我们需要保持原有的几何构型，并在这个基础上进行添加处理，才会使它得到加强。已经存在的结构（如可以产生高 T 和 H 值的结构）是指导所有附加结构的框架。任何可能会降低 H 的随机性，在传统设计中都通过复杂的对称被去除。这个方法在建筑过程中的应用效果很好，人们在对现有建筑的改造中往往采用它。今天的大多数建筑所具有高度 H 值往往还能差强人意，但是 T 值却非常低，所以这个提升 T 来获得较高建筑生命 L 的做法非常必要。

（b）另一个方法是首先使 T 值提升到相当高的程度，随后在保持高 T 值的同时，提高 H。添加大量的 T 可以认为是给设计作品带来生命的必要做法，然后再把所有的东西都重新排序（从而能够更为对称，并能更好地相互连接）来提高 H。第二种方法更具有自发性，但是如果有哪些地方不合适，需要去掉或进行改变，需要在这之后进行调整。对于植入的秩序和规则必须是有目的性的，不可能自动产生。对新建筑物最好使用计算机辅助设计，这样我们就可以在建筑物的物理结构搭建之前，进行大尺度上的改进和估算。

(c) 具有大量对称（T 值高）的建筑物可以通过纳入一定比例高度连接，但不对称的设计来进一步提高建筑温度 T，比如雕塑，有代表性的壁画，或书法等。这些都具有大密度连接的特征，因此具有高度的建筑生命 L。为了达到这一效果，我们绝对不可以仅仅简单地使用装饰而已，需要插入一定比例的具有一致性的高 L 结构，使之能成为现有整体的一部分。真实的装饰品要能与整体设计有机地融为一体，而不要像是后来加进去的那样。雕刻人像在建筑物的一定比例上引入的是复杂的小尺度对称（巴特农神殿和科纳拉克寺，表 5.2 中的 1 和 6 号建筑）。伊斯兰建筑中，书法手迹提供了小尺度连接，有利于将大尺度形态连接到一起（萨赫拉清真寺、阿尔罕布拉宫和泰姬陵，第 3、9、11 号建筑）。由于这一切做的天衣无缝，所以人们感受到的是一个整体，而不是一个个的片段。

很多当代和 20 世纪早期建筑的建筑生命 L 值很低。这很值得我们讨论一下究竟是什么原因使 L 值降低了，并且这与我所提出适应性建筑的必要性刚好相反。不过这种讨论的价值在于，它刚好可以反映出设计 L 值低的建筑物的建筑师们为了达到效果所采用的方法与我所提出的方法正好相反。20 世纪六七十年代的大量代表“国际主义风格的建筑”的建筑物永远不可能出现在我所列出的著名建筑物名单里。目前绝大多建筑都是死气沉沉的公寓楼和商务建筑，采用的都是极简主义设计词汇。与普通建筑相反，比如奥斯曼改造的巴黎：准确地来说，我相信让这么多不同的人都更喜欢的建筑物，是因为它们具有高度的建筑生命。而钟情于极简主义建筑的人们之所以这样做，更多是出于理念而不是他们自身的情感原因。

表 5.5　降低建筑生命 L 的技巧

(a) 尽可能地降低建筑温度或建筑和谐度。保持 H 不变，降低 T 非常简单：去掉所有的细部、色彩、结构差异以及曲线（见第 2 节）。于是我们得到了一个简单而缺乏生气的灰色矩形盒子，就像几十年前的办公楼（西格拉姆大厦和沙克研究所，第 19 和 21 号建筑）。我们在处理过程中去掉原始信息不费吹灰之力，对与设计来说，这并不是一种深思熟虑后的有益做法（但另一方面，如果要去掉无序但同时保留复杂性则需要我们动动脑筋）。

(b) 另一种将 L 最小化的方法是保持 T 值不变，降低 H 值。在去掉设计细部得到比较低的 T 值后，可以通过在大尺度组成上制造随机性来进一步降低 H 值。破坏两侧对称和平移对称，切断几何连接都可以降低 H 值。这样做我们得到的是一种被拆散的、不平衡的而且丢失了细部的不对称大尺度形态。用普通（未成形的）材料建造的大块的弧形片段，它们的表面和体积之间的并列往往是粗糙而不平整的（朗香教堂，第 18 号建筑）。如果有什么颜色，所包含的都是不相关的色调。这样尽管没有使建筑的视觉兴趣消失，但是却非常显著地使建筑物失去了生机（见第6节）。

（c）我们可以通过降低 H 来将 L 最小化，这需要在小尺度上进行操作。我们可以在小尺度上引入随机性，比如完全随机的非结构化装饰、表面图案或开窗设计等方式。降低了 H 值但是也可以提升 T 的值，所以与在大尺度上的随机性相比，这并不是一个可以将 L 值绝对最小化的方法。尽管由于意识形态的原因，当代建筑不接受传统装饰手法，但是这个方法还是在当代建筑得到了广泛的应用。抽象装饰使用少量或不使用内部连接或对称（在一个随机的“当代”装饰性设计中）也是一种降低建筑生命 L 的手段。

如果说每一个不想主动提高 L 值的建筑师都想要使它降低，这也是不准确的。设计也可以有其他的方向，可以去增加建筑复杂性 C，也可以去减少它（这个概念我们将在后面的章节中来界定）。建筑师为了表达一个特定概念，可以在不同的要素之间自由协调。学习过热动力学的读者在以上的讨论中会得出一种类比：调整一个量而同时要保持另一个不变，对于这些量的组合的使用正是研究分析热动力学系统时的做法。

5. 建筑物的建筑复杂性

建筑物或建筑设计的建筑复杂性 C 可以通过建筑温度和建筑和谐度来表达：

建筑复杂性：

$$C = T(10 - H), 0 \leqslant C < 100 \tag{4}$$

$T(10-H)$ 这个量作为建筑物的复杂性可以直接感知，因为这个术语一般人都能理解（见图5.5）。这种感知印象的范围可以从最低的 $C=0$（枯燥），到中级 C（让人兴奋）直到非常高的 C 值（不具有一致性）。物体的复杂性会激发人们的兴致：建筑复杂性是一个与表征建筑物厌烦程度的量相反的度量。等式（4）中 $10-H$ 的量是视觉无序的量度，这就是为什么建筑复杂性的公式的形式会有点特殊，我将在第7节中进行讨论。使用浓烈的颜色和对比色，小尺度差别以及曲线有助于实现建筑复杂性；就像任何随机性和对称一样。安东尼奥·高迪的建筑（Zerbst，1993）给我们提供了一个很好的建筑复杂性的例子（巴特娄公寓，表5.2第15号建筑）。表5.2中 C 值最高的结构是形态怪异的华兹塔，它是由西蒙·罗迪亚（Simon Rodia）用废弃物碎片建造而成的（第17号建筑）。一些解构主义建筑物远远超出了视觉无序的程度。而当代评论家也往往对创作出高复杂性作品的建筑师们给予赞誉，在这样的舆论推动下，兴奋感变成了焦虑感，于是颠覆了情感上的连通性。由于这个原因，过多的复杂性最终会削减建筑物适应人类需求的能力。

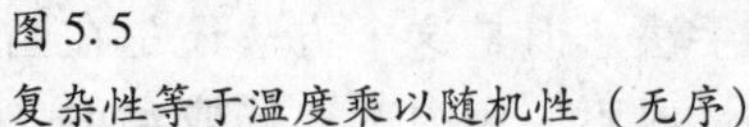

图 5.5
复杂性等于温度乘以随机性（无序）

在这个模型中，对 L 的量我选用了“生命”这个词语，因为我相信它可以立刻被建筑师所接受。对于复杂理论来说，另一个更为合适的术语是把建筑生命 L 称为“有序复杂性”；那么建筑复杂性 C 就是“无序复杂性”。大多数人把复杂性理解为无组织的多样性。生物形态具有高度复杂性，同时又非常有序，这就建立了“生命”和有组织复杂性之间的关系。

不同于任何特殊理论或建筑潮流，我们通过商业领域发现，人们不是与不起眼的灰墙相联系，而是与鲜艳的色彩、细部以及各种对比相联系。把这个应用到实际中就产生了一个由多种多样的彩色标志和表面所共同决定的高 T 值环境。然而，这样的环境通常是不相互关联的，所以它的建筑和谐度很低，但建筑温度值却很高：因此建筑复杂性 C 也就非常高［由等式（4）得出］。这样的环境不具有一致性，而且容易使人产生焦虑感。纵观整个世界，这个过程实际上是驱动建筑实践发展的主要力量，但它会使环境产生视觉混乱，因此同时带有消极后果。

建筑师们很少认真对待商业环境中的建筑物（即标示和广告牌）（Charles，1989；Venturi et. al.，1977）。只要人们还没有认识到这种源于基础力量并表达信息的视觉混乱现象，这种力量就不可能得到控制和引导，那么不一致的环境还将不受影响地进行增殖。通过设置空洞的极简主义风格来简单地禁止信息只不过是取代了信息，以一种更为随机和令人厌烦的表现方式出现在了别的地方。结果，我们大多数人还要继续工作和生活在一种建筑复杂性比瓦兹高塔还要高的环境之中，这给我们的日常生活带来了不必要的压力和焦虑。

另一种极端是，20 世纪极简主义形态的建筑复杂性 C 非常低。当前反对早期低

C 值的建筑师们却创造出了高 C 值的建筑物。20 世纪 70 年的后现代主义建筑师们在小尺度和中间尺度上定义了更多的结构，并且打破了一些现代建筑的强烈整体对称特征（Venturi，1977）。这种做法会在不同程度上增加建筑温度并降低建筑和谐度。有些提高 C 的做法的是，采用大量并不相关的形态来降低建筑和谐度（医学院之家和蓬皮杜中心或称“博堡”，第 23 号和 24 号建筑）。其他方法通常使用互不相关的总体亮色彩来提高 T 值，同时也可以降低 H 值来提升 C 值。

现在另一种建筑趋势是——由经典对称和比例确定的新古典主义风格，这意味着它具有很大的建筑和谐度。从文艺复兴和帕拉迪奥开始，对希腊罗马式建筑词汇的应用和发展产生了无数成功建筑，因为它们的类型都来自于自然秩序（Charles，1989；Fletcher，1987）（圣彼得大教堂，第 10 号建筑）。不过当代新古典主义建筑很少具有带状雕刻或像最初的经典主义建筑那种程度的细部和颜色。因此它们的建筑复杂性和建筑生命在度量上往往比经典建筑或早期新古典主义要低。

6. 建筑生命和复杂性评估

25 个建筑物的建筑生命 L 和建筑复杂性 C 的值在表 5.2 中进行了计算。本章定义的建筑生命实际上与人们对于某一具体建筑“生命”的感受是一致的（即涌现性），而与人们是否喜欢该建筑无关。我们对具体建筑物给出的 L 和 C 的值只是近似值，但是大多数人对于这些数值的相对排序还是比较认可的。通过表 5.2 我们可以得到图 5.6，可以看到不同建筑物具有各自的建筑生命值。借助这些数值，我们可以对建筑风格的演化发展进行跟踪。

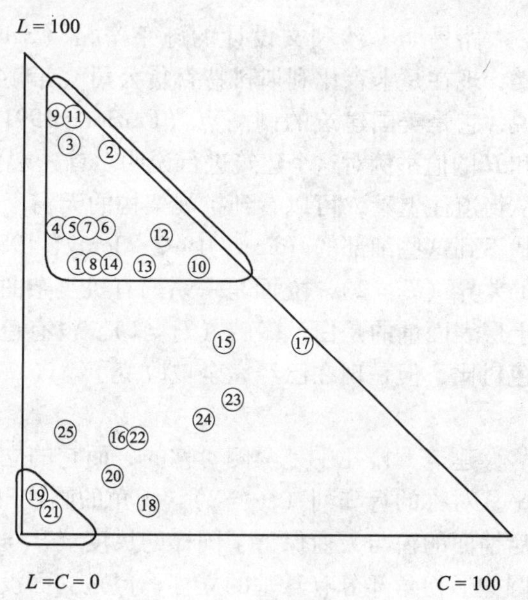

图 5.6
三角分类图。图中的数字与表 5.2 中的建筑物所对应的数字标注在建筑复杂性和建筑生命（C，L）图中。第 15 到 20 号建筑是 20 世纪建筑的代表，注意这些建筑都没有位于图上方的角中——那个区域集中的是早期建筑（第 1 到 14 号建筑）。历史上的所有建筑结构，以及尚未建立起来的结构都可以放进这个大三角中

6.1 估算参数的难度

为了举例，我选择了历史上一些最著名的建筑物。不过，应该说这些资料（T 和 H 的估计值）反映的是一种现状，而且通常是许多建筑物已经改变了的状态。雕塑、镶嵌图案和色彩这些要素在原始建筑中是不可或缺的，但是这些要素现在已经不复存在；建筑的外部和内部已经进行了改动；有些局部已经被过度重建；窗户也已经不再是从前的了。我的估计值是以这些建筑现在的状况为基础，对人们想像中它们的原始形态是一种部分意义上的修正。

如何估计出有意义的 T 和 H 值的关键在于要从人类的视角来观察建筑物的外部和内部形态。建筑教材都喜欢用一种很远的距离来观察，但是使用者很少是这样的，小尺度差别只有处在近处的人才能看到；建筑物的入口和内部，以及可以直接影响到人的区域。确定建筑物对近处的影响非常重要。所以我们需要找建筑内部和外部的可通过区域的彩色特写照片，照片要包含足够的细部使我们能够判断小尺度图案的相互联系程度。出于对这些估值原因，做出判断不需要一定到实际的建筑物中去。

另一个问题是我们要从一个特殊观点来判断——随着一个人逐渐接近建筑物和进入建筑物 T 和 H 的值会发生变化，有些东西的反差会相当大。我在每个案例中选择了具有代表性的 T 和 H 的值。所以这里没有对人在建筑物中行走时的产生变化的体验进行分析。这些值代表了伟大建筑师们小心控制的建筑物的时间范围内，创造出的对使用者的最大情感影响（Fletcher，1987；von Meiss，1991）。

6.2 卡森比利斯科特百货公司分析

路易斯·沙利文设计的施莱辛格（Schlesinger）与迈耶（Mayer）百货公司大楼，现在是卡森比利斯科特百货公司（第 14 号建筑），从原创性和建筑生命角度来说，它是美国建筑的制高点（Frazier，1991；Frei，1992；Jordy，1986）。我通过 T 和 H 的值举例对这个建筑进行说明。首先宏伟的铸铁立面的细部达到 1mm（$T_1=2$）。从街道往上看，可以看到扩展架构的天窗上的细部图案，从直视野拍摄的照片中是找不到这些细部的（Frei，1992；Jordy，1986）。总的来说，建筑物具有相当高密度的差异（$T_2=2$）。立面是一系列有机复杂曲面（$T_3=2$）。大楼颜色是深绿色，建筑上层表面铺的是白色陶砖（$T_4=1$）。没有色彩对比（$T_5=0$）。建筑物原来内部有颜色对比，但是现在已经完全被改变了。

建筑大楼几乎是两侧对称的，而它的立面和窗是分段对称（$H_1=2$）。窗确定了平移对称的行和列（$H_2=2$）。街角的圆柱形亭台与建筑顶层的界墙角相似，同时商店铺面的窗与天窗保持了同样的尺度（$H_3=2$）。立面在内部是相互连接的，建筑的圆柱形拐角部分有悬垂的立柱；但是立面没有和上层的连接（$H_4=1$）。尽管陶砖与暗金属在一起并不十分和谐（$H_5=1$），整体色彩还是比较和谐而悦人的。后来的人去掉了屋顶投影，换上了纯现代风格的棱边，降低了建筑和谐度，这一点可以从原来的老照片中看出来（Frei，1992；Jordy，1986）。

6.3 建筑物间的一些比较

为了证明这个模型在建筑生命和建筑复杂性等方面的实用性，我对完全不同形态但具有相似 L 和 C 值的建筑物进行比较。表 5.2 中德国的德国查理曼大帝时期的巴拉丁礼拜堂（第 4 号建筑）与日本的平等院（Byodo-In Temple）的凤凰亭（第 5 号建筑）具有相同的 L 和 C 值。前者是八边形的拜占庭式设计，而后者是对传统佛教寺院建筑传统的发展。从外观来说再没有比这两者更为不同的建筑了，但人们对两个建筑的反馈则是可以比较的。

同样地，比萨洗礼堂（第 8 号建筑）与新艺术运动时期的卡森比利斯科特百货公司大楼（第 14 号建筑）。路易斯·沙利文的伟大成就在于他对在他之前的建筑没有进行任何的复制，却创造出了具有同等程度的建筑生命。非常巧合的是，巴特农神殿（第 1 号建筑）与这两栋建筑具有同等程度的 L 和 C 值，但是与这些古老建筑现在的状况相比较有失公平，因为大多数的雕塑、墙体和原始色彩等这些可以增加建筑物 L 值的因素已经不复存在了。尽管考古学家和历史学家非常了解这一点，当今的建筑师们对于传统和中世纪建筑颜色鲜艳的特点却并不十分关注。

位于宾夕法尼亚州熊溪河畔的弗兰克·劳埃德·赖特（Frank Lloyd Wright）的考夫曼宅“流水别墅”（第 16 号建筑）和约翰·乌特松（Jorn Utzon）设计的悉尼歌剧院（第 22 号建筑）也具有相似的 L 值和 C 值。两栋建筑都属于自由创新风格，富有情趣，尽管它们有着完全不同的特征，但是却产生了同等程度的积极情感。

在两栋宗教建筑中出现了对比：圣索菲亚大教堂（第 2 号建筑）和勒·柯布西耶设计的法国小镇的朝圣教堂朗香教堂（第 18 号建筑）。它们的建筑复杂性的值大致相等，即能够产生相同水平的原始视觉兴趣——但是前者比后者的建筑生命值要高出了 13 倍（见表 5.2）。这一比较结果与建筑教材中普遍的观点相反，因为建筑教材中认为，相对于勒·柯布西耶的其他作品或其他的宗教建筑，勒·柯布西耶设计的朗香教堂建筑不适合进行系统分析。

6.4 提升建筑生命的普遍驱动力

20 世纪以前的人类一直在非常努力地去提升周围环境中的建筑生命，尽管人们对美的概念完全不同，使用的材料差别也很大，但是在相同的驱动力的作用下，依然能够建造出聚集在三角分类图上角区域内的结构（图 5.6）。而且这些建筑的形态各异，令人称奇。此外，我选择的建筑仅仅是一部分代表：20 世纪前上百个建筑也同样可能存在于三角分类的上角部分。历史上的建筑经历了各种风格的循环变换，有些建筑具有大量的装饰、雕塑、壁画等，有的建筑则所含甚少，然而所有这些建筑到了 20 世纪都被归为三角分类的“传统”角落。

就像动物具有复杂的求爱和筑巢本能一样，我们也有一种通过建筑来体现某种特性的本能。数千年来，人类建造的结构不是为了满足任何明显的功利需要，然而它们是我们文化中的核心地位，需要投入大量的人力和时间。一个简陋的容身之所不需要人们像在实际建筑中那样投入巨大的复杂性。从历史角度来说，建筑反映了人们超越物质局限的愿望和对直接与深层情感有关的物体的创造欲望。

数千年来人类（以及鸟类和鱼类）为了吸引配偶，使用各种技巧来提高它们可感知的建筑生命。动物依赖于漫长的进化过程：鱼通过进化产生了亮丽的条纹，孔雀的羽毛上出现了图案；人类通过时尚和化妆行业快速地实现了这种需求。

那么对与住宅和普通建筑物是什么样的情况呢？这个模型适用于所有建筑物，而不仅是重要的历史建筑。历史上乡土建筑反映了“官方建筑”（即主要建筑和国家支持的建筑）的 L 和 C 值。例如，古希腊和古罗马房屋具有高度的细部和一致性，因此具有很高的 L 值，这一点与当代的寺庙十分相似，尽管这些建筑的形态完全不同。尽管我们这个时代的住宅和商务建筑受到建筑时尚的很大影响，造成 L 值偏低，但是其中的居民通过对内部表面的装饰本能地提升了 L 值。

乡土建筑 L 值的提升可以很节约。人们可以从舒适和实用中创造形状，利用当地材料进行建造。视觉强烈的建筑是装饰性的彩饰设计文化的作品。那些不太富裕的人用鲜艳的色彩来粉刷居室内外，再挂上便宜有时候甚至还有点俗艳的装饰品，但这样做通常效果还是不错的。有钱人则可以用昂贵的古董或民间艺术作品来装点自己的房屋。

6.5 建筑寿限和建筑复杂性

三角分类的方法把所有建筑物纳入到一个大三角中，其中较老的传统建筑和极简主义建筑则分别集中在它们各自的小三角中（见图 5.6）。这是我们从数学角度对 L 和 C 定量的原因造成。把等式（3）和（4）相加，我们得到一个恒等式：

生命和复杂性相互依赖：

$$L + C = 10T \tag{5}$$

由于 T 可能的最大值为 10，等式（5）根据建筑复杂性 $L = 100 - C$，可以确定建筑生命的值的上限。即当 C 值不能决定 L 值时，那么给定 C 值的建筑就存在一个可能的最大 L 值。建筑复杂性过高会减少建筑生命。如果 C 值较高，如 C 为20，那么该建筑物的建筑生命 L 就不太可能与过去的伟大建筑具有可比性。这个关系也可以从三角分类图的对角线边表现出来（见图5.6）。历史上的所有结构，以及所有即将开工的建筑，都可以在三角分类中进行表示（见图5.6）。

这些量度可以说明传统建筑追求较高的建筑生命 L。它们位于三角分类图中上角的位置（见图5.6）是上部的小三角区域。我在第4节已经解释过，为什么具有高 L 值建筑物的建筑复杂性 C 不会消失，正是因为这个原因，包含它们的小三角形与 L 轴之间要有一小段距离。

图5.7
极简主义形态不具有生命和复杂性

极简主义风格建筑跟这种关系相类似但也有所不同（见图5.7）。它们的建筑温度极低，这就可以使建筑生命和建筑复杂性获得最大值。这里包括的最纯粹的现代主义建筑是第19到21号建筑（西格拉姆大厦和沙克学院），它们位于 $L<10$，$C<10$ 的三角形区域内，对角边 $L=10-C$。不论是由美学原则来界定，还是由后来的建筑师作为模型的先锋建筑物来界定，这种产生于现代主义建筑习惯的最纯粹的类型，还是限制在三角分类图中的靠下面的三角形所代表的这样一个非常狭窄参数范围之内的（图5.6）。

6.6 建筑风格的进化

几千年来，建筑师们根据他们自身的生理渴望，创造出了具有高度 L 值的建筑物。所有这些建筑物都集中在三角分类图的“传统”内角区域（见图5.8）。一直以来，人们心照不宣地在提高建筑环境中的 L 值，然而一旦建筑师们感到可以突破这种传统原则，那么分类大三角中的其他部分也可以通过创新型结构来系统地进行探索了。于是早期的现代主义出现了，他们朝各个方向发展并且创造了许多新风格，然而最终都汇集到三角形内的极简主义内角，而且一次又一次地轮回到那里。用数学语言来说就是，极简主义内角对20世纪的建筑师来说成为一个

"吸引子"，就像传统内角是之前的建筑师的吸引子一样。近几十年来，我们还可以看到朝着大三角内第三个角的偏移，那个位置代表的是包含高度 C 的解构主义建筑。

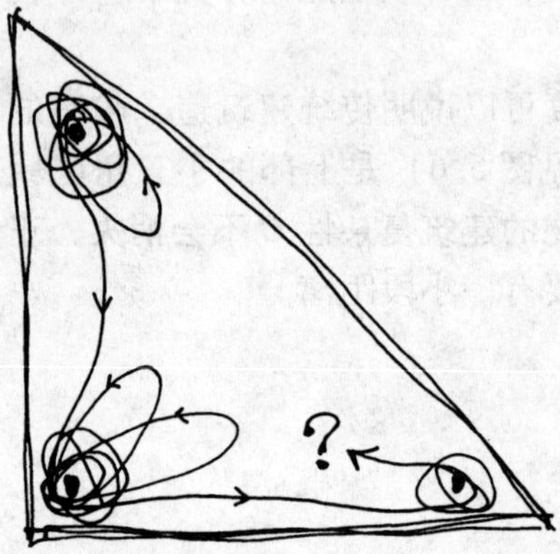

图 5.8
吸引子周围的建筑风格历史运行轨迹

7. 建筑模型的热动力学基础

这个模型的灵感来自于热动力学，通过这个模型，我们可以对建筑学的基础过程获得新知。其中我使用了建筑学中非常熟悉的如对称和一致性等概念，并且把它们合并为一种热力学势。过去人们总是分隔而且定性地看待这些视觉属性，现在我使有关的量可以进行测量，然后把得到的这些值进行综合，得到一个能够提供预测值的稳定的鲁棒模型。

这个模型关键要取决于随机程度，我们用某种建筑熵 S 来度量它（S 是物理学中熵的常用符号）。在这里，熵这个词具有非常特殊的意义，与物理学的热力学熵类似但不等同它。设计图中的熵是由图案中的随机和无序程度来决定的。与我所介绍的建筑和谐度 H 正好相反。于是我用建筑和谐度 H 来间接度量 S，$S=10-H$，尺度从 0 到 10。建筑学熵 S 代表的是对称、连接以及和谐度的缺失情况，这就比 H 所要测量的那些存在的属性更为困难。这也就是为什么这个模型要选用 H。

和热力学熵一样，建筑学熵是一个广义函数或批量函数。这里我所定义的建筑学熵对整体形态而言是视觉和结构无序的平均度量值。它的意义并不完全在于熵本身，而是为了使我们能够对不同体量的建筑物的熵进行比较。如果没有求平均，那么两个建筑物之和的建筑学熵就是两个建筑物各自的熵的和。由于建筑学熵是平均值，那么各建筑物之和的熵就是建筑总体的熵，从建筑学角度来说这是更有用的。

热力学温度是一个度量局部的量的点函数或集约函数。两个分隔的点的温度不是加性的。这里规定的建筑学温度 T 要考虑局部特性和平均特性。T 的每一个要素 T_i 度量的是设计中任何地方的最大点值，以及那个量在整体形态中的平均值。这种组合方法是度量局部差异（细部和对比）的最好方法，既避免了均衡（均匀性）的缺陷，而同时又具有了一定的数量规模。

物理学中，T 和 S 都有不同的单位。在这个建筑学模型中，T 和 S 是无因次数，并相互结合成为其他无因次数，如 H 和 C。在物理学中，系统是以热力学势为特征的，所以，通过类推，我把建筑复杂性 C 规定为 TS 的乘积。这使 C 看上去像是内能或焓（焓是物理学中热力学的量）。那么建筑生命 $L=10T-TS$ 就和吉布斯势能或赫姆霍茨自由能（其他热力学的量）这样的能量就十分类似了。这种组合体现了建筑学系统的状态特征，正是这个模型的关键所在。这说明从基础上相类似的规律可以支配热力学，同样也可能会适用于建筑学。

8. 与生物生命相联系

建筑物的“生命”观念是由亚历山大提出的（2004）。他进行了大量艰苦的工作，并在自己的建筑作品中体现了这种品质（Alexander，1984；Alexander et. al.，1991；Fiksdahl - King，1993）。我的设想是把亚历山大的一些成果整理出来。人类在传统建筑和乡土建筑中不仅仅是为了创造实用的结构，而且努力想要去接近生物形态的内在特性。然而这种成果并不明显，极少有建筑能够真正做到仿效生命形态：要获得这种相似性需要通过建筑温度和建筑和谐度来提升 L 来实现。

从最初的传统主义观点开始，威尔士查尔斯王子也发现了风格独立的规则对于提升建筑生命的价值。凭借直觉和高度的敏感，他提出了几条非常有用的观点，其中包括由他自己命名的“十原则”（Charles，1989）。尽管研究方法和细节有所不同，但是这些发展得到了亚历山大研究成果和本章模型的支持。对生物生命和建筑生命之间关系的研究已经得到建筑界之外的科研人员的正式认可并且也主要是由他们在进行。我们可以看到，来自几个不同方向的思想的聚合，勾勒出一个新的完整的建筑学研究方法。

美丽的自相似分形图案是人造物体模仿生命形态的一个案例。分形的建筑温度 T 值很高；建筑和谐度 H 值也很高，因为它们都是自相似的（即任何部分，按固定的因数放大，看起来和原来是完全一样的）(Mandelbrot，1983)。因此，它们都具有高度的建筑生命 L。众所周知，与自然物体相似的分形图是一种非常理想的表达

(Mandelbrot，1983)，而且这个特性支持当前的模型。

生物生命和建筑生命之间的联系（就像物质的组成和人类的行为能量）产生于生命形态的热力学。生命是大量有目的的复杂化的结果。生物有机体在所有不同尺度水平上令人不可思议地、和谐地连接着，它们以高度的建筑温度和建筑和谐度为特征。生物生命过程是以对生物化学结构信息的组织、处理、和储存的方式来进行的。原始信息与 T 相一致，而它组织的程度则与 H 一致。因此我的这个模型抓住了生命进程和形态中最为本质的东西。那么我们所能观察到的有机体的生理机能是什么样子的呢？只不过是一种框架——我们通常看不到的高度精细化并具有一致性序列的生命机能的框架。生物系统在时间维度上向我们展示了更富有组织性的复杂性。人类认知能力中潜在的联想思考过程是对生命形态的热力学结构和结缔结构等特征的一种模仿。我们渴望信息，但是我们希望信息能够有组织，这样我们便可以理解它并且利用它。这一点有助于解释为什么我们在本能上与具有高度建筑生命的形态较为亲近。

生命体（包括动物和人类）在自我创造时出于本能地对生命系统的固有性质进行复制，这一点我们不必奇怪。那么人类如何对一个建筑物赋予生命的形象？生命是一个高度组织化和结构化的过程。除了象征性的雕像和人像外，可以说我们是在用情感进行建筑：在传统建筑中，为了能够产生积极的心理和生理反馈，人们因地制宜，对结构进行精工细作。这个模型不仅仅是一种合理的假设，它说明人类具有一种提升环境建筑生命的基本需求。

9. 结论

这个建筑形态模型受到热力学的启发。通过测量建筑温度 T 和建筑和谐度 H，并根据热力学势进行类推，我估算出建筑物的建筑生命 L。这样计算出的 L 值与人们对建筑物“生命”的情感感受是一致的。对一个不同的势即建筑复杂性 C 来说，是 T 和 H 的不同组合。同样地，任何建筑物 C 的计算值都可以直接与人们对其“复杂性”的情感感受相一致。这样我们就使建筑形态的固有性质和可计量性质之间，以及与它们在人心里产生的潜意识之间建立了联系。

这个模型是一种对建筑学的定量的分析方法。尽管其结果取决人们对变量的详细界定，但是这种方法的基本原理还是非常坚实的。能够对古老历史建筑和 20 世纪建筑进行严格区分便是这种方法的成果之一。20 栋著名建筑的建筑复杂性与建筑生命的 CL 图就巧妙地说明了这一点。而我是通过历史上人类对自然界中的基本过程的种种模仿来解释这些的。传统建筑都是从物理和生物过程中获得结构，而当代和早期现代主义形态则通过自然界中没有的形态来寻求创新。

这种对建筑学的定量描述以建筑物本身为基础。我把建筑物隔离出来进行分析，并且在尺度上对它进行定量。亚历山大的方法是整体性的，认为建筑物与环境是一个整体单元。这个模型遵从克里斯托弗·亚历山大的理念，也同样适用于分析建筑物对环境的影响。并且建筑和谐度的计量方法特别适用于对建筑物与邻接建筑物、自然风景、天空和大地的并列情况的研究。即使是一个具有内部和谐的建筑物，当它的边缘与环境发生抵触的时候，也一样会产生相反的效果。因此具有高度建筑生命值的建筑环境把所有结构彼此连接了起来，并使它们与周边环境相连接。

第 6 章　建筑学、模式和数学

1. 引言

数学是一门关于模式的学科，环境中是否存在模式会影响到我们掌握和它有关的概念的难易程度。到了 20 世纪，建筑学和数字之间的传统密切关系发生了变化。现代主义运动不再使用建筑模式的某些表达方式，这种变化从整体上给社会带来了深刻影响。那些建筑师们推崇单元重复（创建一种非常基本的模式）的手法，但是正如我这里所说的，这种重复不过是类型学的一部分，其数学内涵极其贫乏。20 世纪建筑学对复杂模式的排斥，影响了我们的大脑对于模式的处理和解读能力。于是数学以及它所体现的智力模式，就只能暴尸于带偏见的当代建筑反模式的世界观之外了。

人们对数学越来越没兴趣，学生们的数学能力变得越来越差，面对这种现实，数学教师感到惋惜。建筑系学生最多只需要掌握有限的一些数学知识，这与我们所看到这个时代的技术的不断进步形成了鲜明对比——甚至可以说是一种矛盾。而非常荒谬的是，随着建筑学教育越来越专业化，反而限制了学生去接触那些有助于他们更好地理解世界的数学知识。除了自身原因之外，一个可能更为严重的问题是：当代建筑学和建筑设计给人们的大脑中灌输了反数学的观念。

我认为当代建筑环境对我们社会数学水平的整体下滑可能起了推波助澜的作用。这种想法是我在对不同时期、不同地区建筑风格背后的理论基础发生兴趣的同时而形成的。本书第 1、2、3 章讲述了传统建筑如何遵从内在的数学规律。这些规律对建筑的影响是，不论它们的形态如何，都能在不同程度上体现出多种多样的以信息组织为基础的数学性质。20 世纪的建筑实现了新颖性，然而与以往建筑完全不同的是，它们严格地排除了那些原来的特性。我将通过为什么设计中不再采用复杂模式来对这个问题进行论证。

图 6.1
通过线性平移和反射形成的模式

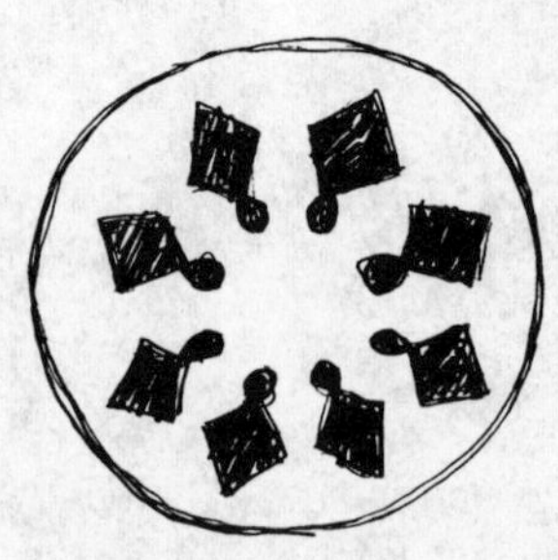

图 6.2
旋转重复形成的模式

模式从广义上讲是指某个尺寸上的规则性。最简单的例子是按照平移（线性）对称或旋转对称排列的重复性视觉单元（见图6.1和图6.2）。模式也存在于缩放尺寸当中，在不同的放大倍数上会出现相似的形态。如果尺度层级中确定了几何自相似结构，也就创造了自相似分形（见图6.3）。模式概念也可以延伸到解空间，因为对相似问题的解决方法本身就是彼此相通的，并且可以确定一个单一的重复模板——而且每次这样的问题得到解决之后，新确定的模板都会发生一些变化。不论是用重复视觉单元来生成一个二维花砖图案，还是对建筑问题重复使用通解，或是在数学中对一类微分方程重复使用通解，其中潜在的理念是，对信息进行重复利用。

图6.3
通过重复在不同尺度上创造了模式

环境心理学家们知道，环境不仅可以影响我们的思考方式，还会影响我们的智力发育。树木和植被不像我们原来认为的那样随机生长，而是以一种分形模式的方式生长。环境里有序的数学信息能够产生积极的情感反馈（第4章和第5章内容）。如果我们在一个不断削弱对数学兴趣的环境中成长，我们对数学概念的理解能力以及对世界的理解能力都可能会被严重削弱。一辈子生活在缺少模式的世界中是否会极大地削弱我们形成模式的能力，甚至是会让它丧失殆尽呢？尽管我们还不知道这个问题的明确答案，但是它的影响力是惊人的。尽管人们对于当代建筑提出了强烈批评，因为其难以适应人类需求和感情（Alexander，1979；Charles，1989），然而现在人们将批评指向了更深层的问题——不是针对于设计偏好或建筑风格的探讨，而是对人类心理被培养出的功能性的追问。

2. 模式科学

数学决定了关系和模式（Steen，1988）大脑感知概念和思想间的连接和相互关系。创造模式的能力是我们的神经发育适应环境的一种结果。数学理论解释了有序逻辑结构的模式关系。人类心理的模式和人造模式是对自然的模仿，这也可能是人类为了能够理解和研究数学所获得的进化方式。只有智商达到一定水平的才能识别模式。人类出于一些基本的内在需求制造了模式：模式是人类心理生成的连接结构的一种外化。这就解释了为什么视觉模式会在传统艺术和传统建筑中普遍存在的问题。

时间模式对人类的智力发展来说同样重要。日常活动是根据人类节奏来组织的。一年一度的事件成为了社会的固定模式。此外，这些模式有助于社会对季节和季节效应等这些周期性自然现象的新兴科学进行理解和认识。其实数学也是因为人们需要对空间和时间领域所观察到的模式进行记录才产生的。我们所知道的那些解释世界起源的神话在很大程度上都依赖于模式，认为世界的产生是无序模式组合的结果。在较小尺度上，重复的姿势和动作可以构成威吓，也可以形成舞蹈，其中还融入了神话、仪式和宗教等人类活动。而人声和音乐也是人们需要对节奏模式和信息进行组织并赋予含义的结果。所有这些活动都属于出现在人类时间范围的模式。

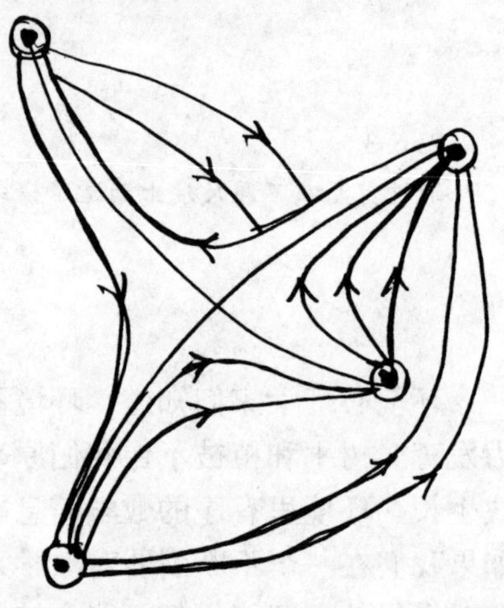

图 6.4
动作产生的空间模式

人们知道复杂物理和化学系统能通过自组织方式在空间和时间上产生各种模式。在宏观尺度上，系统有组织的复杂性表现为可感知模式。不仅自然界中无数的统计模式是这样，模式也代表了集体运动或其他形式的有组织行为（比如：对流单体、洋流、和河流漩涡）。对动力系统中稳定状态模式的观察往往表明：耗散系统具有能量传递的最佳状态（即漩涡能比随机运动更高效地释放多余能量，这也是飓风形成的原因）。相比之下，均匀态中的运动则很少是有序的。

大众教育时代之前，甚至是对今天的很多人来说，建筑模式是人们能够同数学接触的少数主要渠道之一。花砖和视觉图案是数学的“视觉末梢”，没有它们，人们就需要掌握一种特殊语言才能理解和欣赏数学。数千年来，建筑环境中的几何模式是世界上大多数人学习数学的惟一渠道。虽然现在已经不是这样了，但是我相信这种对数学信息的潜意识同化有助于人们更好地处理生活和环境中的复杂性的问题。模式表明，所有人对数学都拥有与生俱来的创造力和天赋。视觉环境里的各种模式在儿童成长过程中非常必要，这一点已经得到了儿童心理学家的认可。

东方地毯是传统物质文化中的一个具体实例，它是人类几千年来创造和复制视觉模式的一种古老方法（见图6.5）。地毯是一个人世界观和身份的缩影，以织物和自然染料作为记录媒介，通过编织传统祖祖辈辈传承下来。地毯花纹和数学规律在组织复杂性方面是紧密联系着的（Alexander，1993；Salingaros，1999a）。另一个实例是西方建筑中的地板铺地，它是现在人眼中的知识宝库——因此也是一部关于那个时代数学知识的教科书（见第7章；Williams，1998）。

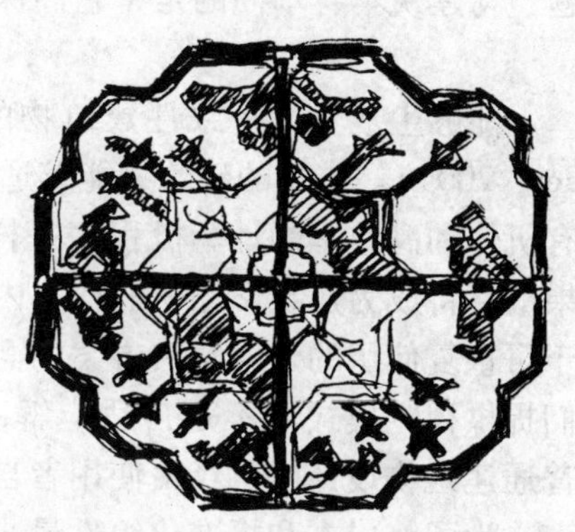

图6.5
空间模式中包含了数学信息

3. 亚历山大模式——传承而来的建筑解决方案

为了确定解空间模式，亚历山大和他的同事们在《模式语言》一书中对重复出现的建筑和城市解决方案进行了收集（Alexander et. al.，1977）。当相似的解决方案在不同时期和不同文化中分别独立出现时，它们很明显地体现出了一种或更多种的不变式。这些亚历山大"模式"将永恒的建筑原型提炼为：房间能够获得两侧的采光，入口明确界定出，实现人行道和机动车道的相互作用，住宅内不同的房间具有隐私等级，等等。亚历山大《模式语言》一书的价值在于，它并不是关于具体的建筑类型，而是探讨原型的建筑模块。每一个建筑模块代表了一种经证实的解决方案（即一种模式），这些解决方案可以有无数种组合方式。这一点也告诉我们，在一般设计中，可以有更多的数学组合方法（Salingaros，2000）。

亚历山大模式代表了和时间和空间中重复出现的解决方案，因此与变换到其他抽象尺寸的视觉模式近似。每一门严肃学科都是将已发现的规律纳入其方案库从而构成了它的基础。科学（因此人类）的进步在于对自然过程里发现的规律进行分类，发展出不同主题的有秩序知识。

然而，亚历山大模式不应该与严格意义上的视觉模式相混淆（Salingaros，2000）。一个模式/解决方案连接了社会和几何要素，并将使用和实践相连。纯粹的视觉模式可能会很吸引人，但和人类的具体需要和活动并不相关。那些通过纯粹视觉思维定势来进行设计的人们不能理解亚历山大模式的完整要义。不过视觉模式和亚历山大模式之间确实具有共同的概念基础。稍后我们将讨论：消除环境中的视觉模式，会造成人们只注重独特而难以复制的案例的思维定势；这种做法的后果是所有的模式——包括视觉模式以及解空间中的模式在内，都将被去掉。然而幸运的是，建筑师们所依赖的具体的结构解决方案（也同时是模式），部分上仍然是工程学问题，与建筑本身不同的是，它们保留着积累下来可以进行重复利用的各种知识。

能够生成具有一致性建筑物的基本法则遵从于亚历山较近期的成果（Alexander，2004）。成功的建筑物能够适合人类使用并满足人类的感情需求，它们和复杂有机体和高效率的计算机程序一样，都服从于系统法则（见第3章）。这些理论成果最终将成为建筑学知识的核心内容。人们可能会忽视但始终回避不了实际当中对于可重复使用的建筑解决方案的需求。如果建筑学科没能给出这些解决方案（给我们提供视觉模式而不是自适应解决方案），那么别人就可能会给你劣质的替代品。普通建筑物设计就已经由使用者自己来接手了，比如住宅建筑的住户或商务楼承包商。为了将成本和标准化组件最小化，而不是为了将人类适应性和连接程度最大化，建设者们形成了他们自己的各种建筑模式（通常不具有适应性）。而建筑师则越来越多地设计“陈列窗”式的建筑物，这类设计的图片占据着建筑杂志的显要位置，但真正建造出来的却越来越少。

建筑学教育往往更注重发展“创造性”。对称和有序的经典模式受到排斥，因为人们认为它们已经过时，而且不合适建筑学的发展脚步。他们一味地鼓励学生们去发明新的设计——而不会告诉他们如何积极地利用过去的东西，也不会教学生如何来判断解决方案的好与坏。这种做法忽视并压制了所有设计方案的空间中都可以找到或发现的重复出现模式。当代建筑学只是把设计如何能够紧密地符合某些主观的创新理念来作为评价标准。避免使用传统建筑模式的惟一方法是——切断能够使原因和效果之间相联系的推导过程，这一做法在实践中不断涌现并且屡试不爽。正是由于刻意忽视这种设计所造成的后果（即原因和效果），建筑错误和城市错误一再上演，而每一次都会造成灾难性的后果。

4. 数学和建筑学

从历史角度看，建筑学是数学的一部分，过去的很多历史时期中，这两个学科是难以区分的。在古代世界，数学家就是建筑师，那时候的建筑物——金字塔、塔庙、神殿、露天运动场和灌溉项目等，在今天看来都依然无与伦比。古希腊和古罗马时期，建筑师们必须同时要是数学家。拜占庭帝国查士丁尼（Justinian）皇帝让建筑师建造圣索菲亚大教堂的时候，想让它能超越以往所有的建筑物，于是他去找了两位数学教授（几何学家）：依西多罗斯（Isidoros）和安提密奥斯（Anthemios）

来做这项工作（Mainstone，1988）。这个传统一直延续到伊斯兰文明中。运用数学思想来创造伊斯兰世界最令人难忘的建筑物的那个时期，伊斯兰世界的数学为世界数学做出了杰出贡献。早在西方数学具有完整分类的几百年以前，伊斯兰建筑师们就已经创造出了大量的二维花砖图案（Grunbaum & Shephard，1987）。

中世纪的泥瓦匠对几何掌握的非常好，这使他们能够根据数学原理来建造出伟大的教堂建筑。他们用实验方法来创造新的结构类型。认为中世纪建筑缺乏数学内涵的说法并不十分公平：因为那时的数学知识不是写下来的，而是构筑到建筑物中去了。令人遗憾的是，西方社会在那几个世纪中读写能力明显丧失，但很明显，视觉或建筑模式并没有因此而丧失，这是因为模式（与手稿的抽象再现相反）反射出了人类心理的内在过程。每一种传统建筑中都蕴含了数学。

而我所感兴趣的是20世纪究竟发生了什么。奥地利建筑师阿道夫·路斯（Adolf Loos）在他1908年发表的荒谬、未曾获支持的言论中说到："文化的进化与从实用物品中褪去装饰的意思相同……不但制造装饰的人是罪犯，而且装饰本身也是一种犯罪，会给人们的健康、国家预算和文化进步等造成严重的伤害……从装饰中解脱，是精神力量的标志"（Loos，1971）。

这种敌对的种族主义情绪也同样可以从瑞士建筑师勒·柯布西耶那里找到："装饰是一种感官的和初级的秩序，就像色彩，适合简单的种族、农民和粗人……农民就喜欢用装饰品来装点他的墙面"（Le Corbusier，1927：P. 143）。

这两个建筑师所谴责的是整个世界几千年来所积累起来的人类物质文化（其他建筑师则相信他们两个的论点是毋庸置疑的）。尽管可能看上去这只不过是风格兴趣上的行为，但实际上，这种思想会间接地产生严重的后果。消除装饰等于除掉了从5毫米到2米或近似范围内的所有有序的结构差别。而那些结构差别恰恰是和人体一致的结构尺度，即眼、手指、手、胳膊和躯体等的体量。如果按照现代主义设计规则，那些尺度上是不能确定模式的。再看看20世纪的建筑物，人们很难从任何几个不同尺度上发现视觉模式。的确，它们的建筑师竭尽全力在人类尺度上掩饰模式，然而这一点是无法逃避的，因为人类会在建筑物中活动，而且由于结构稳定性和结构风化的原因在材料中自然会凸显这个问题。

视觉模式可以被直接感知的时候，具有最强的情感和认知冲击力。对建筑设计图中的抽象模式以及建筑立面、墙体、顶棚以及路面等处的可感知模式进行区分非常有必要。只有后者可以直接地影响人类，因为人们可以直接看到和感受到它们。过去的几十年里，建筑师和城市学家醉心于在建筑设计图中加入原始模式和对称。但那些模式并不总是可以观察得到的，由于人们的视角、所处位置和自身体量等原因，即便结构是一个开放式的广场也往往会产生这样的结果。通常有围墙的建筑中，设计图的模式大部分隐蔽在建筑结构中，是看不到的。使用者要在大脑重建一个建筑设计图；也就是说，人类在智力上是可以感知的，但前提是需要人们“劳神”。这与设计的正规做法一致，都是要用思维官能中的意义来置换我们感知官能中的意义。

比率可以包括在我们只能间接感受到的建筑属性之中。黄金分割 $\Phi \approx 1.618$，5：3，8：5，和$\sqrt{2}$等比率在建筑学中处处可见，这个课题给我们提供了广阔的研究空间。不过，对于具有必要的总体比例的房间或建筑立面，没有具体的数学信息可以传达给它们的使用者，而且这种效果依然是一种惟一的较为次要的美学影响。而实际上，在传统设计规则中使用比率也可以对形态进行细分，从而确定相互一致的尺度（即尺度层级中的次单元），创造出具有强烈积极效果的层级一致性（见第3章）。

5. 建筑学的反观点

建筑历史方面的书籍强调20世纪建筑是理性的，并建立在数学原理的基础之上(Von Meiss，1991)。然而早期关于现代主义的作品却没能够反映出任何真实的数学基础。而将纯粹几何固体如立方体和圆柱体作为“数学”的建议也实在过于简单化。如果你看得足够仔细的话，就会从建筑物本身推导出一些未曾说明的原则。其中一条操作惯例是层级倒转的：“大尺度的建筑结构只有在小尺度上才是自然的，它们因为在整体体量上会显得很不协调，多数会让人觉得十分新颖”这种推论产生了纯柏拉图立体的巨型金字塔和矩形盒子。利用反自然的形态来给人的印象深刻的手法可以追溯到古埃及时代，而不只是局限在20世纪的建筑师。

勒·柯布西耶的尺度“模度”系统在相当程度上成为了现代主义建筑师和数学之间的联系纽带。使用黄金分割 $\Phi \approx 1.618$ 的倍数，固定在“标准人”的高度上，即6英尺（183厘米），某种意义上说这是一种混乱的尺寸法则（Von Meiss，1991）。仔细研究“模度”会发现，模度并不是而且人们也从来没有指望它能成为一种产生模式的方法。勒·柯布西耶本人也没有用它来进行表面设计，而是更加喜欢原始的即所谓的“野兽派”的混凝土视空表面。当他在设计拉·图雷特修道院真正使用模度时（和他的助手，希腊作曲家雅尼斯·泽那基斯）(Iannis Xenakis)，产生的不是模式，而是随机的建筑立面。

从这个时期开始，城市规划加入了过于简单化的几何形态，忽视了传承而来的城市模式。弯曲的街道被拉直，非均匀分布的建筑物千篇一律，都排得整整齐齐。城市尺度丧失了大部分数学内涵。像这样缺乏复杂数学秩序会造成长期的灾难性后果。由于战后规划向城市形态中加入过于简化的几何结构，使丰富的城市环境中所包含的数学复杂性遭到彻底削减（Batty & Longley，1994，Salingaros，1998）。也许这与在 n 维把旋子群（相关元素的数学群）削减为最简单的阿贝尔群 Z_2（只包含 1 和 0）的情况类似。按照等级逆转的原则，由现代主义街区和街道所决定的单调模式只能从飞机上才能看得出来。20 世纪早期的城市规划专家并不懂得复杂系统，所以他们热衷于将人类的相互作用尽可能简化。他们去掉了伟大的历史城市中的重要模式（不仅是空间模式，而且更重要的是有生命力的人类活动模式），创造的只是空无的郊区和单调的办公大楼。

拥有丰富模式的建筑传统可以产生人类特性，在这整本书中，我一直认为，当代建筑没能像过去的老建筑那样达到这种水平。这一章要对重要数学特性进行论证，我不再对传统建筑和城市类型的丧失进行探讨，而要讨论一下数学信息的缺失问题。我们失去了这些信息的原因在于我们没能充分地理解蕴含在数学信息中的建筑类型学。

建筑师们抱怨新建筑很烂，因为它们既廉价又寒酸，言外之意是说，这些建筑可以通过追加预算来进行改善。人们可能听到过这种说法："现在建不出美丽建筑的原因在于材料和人工的成本太高了"。这种说法其实掩盖了一个事实，那就是多姿多彩的民间建筑所使用的当地材料其实并不昂贵。建筑物是关于创造模式和空间的学科；过分注重材料只会掩盖更多重要的问题。不论预算的情况如何，使用那些经过时间考验的规律——如按照亚历山大推导出的规律（Alexander，2004；Alexander et. al.，1977）以及本书中所探讨过的那些设计规律，建造具出有丰富数学结构的建筑物是完全有可能的。那些出于避免空间一致性的目的而建造起来的新建筑物通常确实是很烂的——特别是那些大预算项目的建筑。

自然材料体现了 5 毫米以下的尺度上的组织复杂性。并因此可以通过它们的微观表面结构为观察者提供数学信息。然而建筑师滥用了这种性质。让人从感觉不舒适的建筑物，是从奥地利建筑师 J·霍夫曼（Joseph Hoffman）位于布鲁塞尔的斯托克莱住宅（Stoclet house）(1906～1911）开始的，设计师通过使用昂贵的材料来弥补中间尺度和较高尺度设计过程中在数学方面的不足之处。人们被吸引着去关注材料的丰富的细部，从而忽略了对设计中对几何一致性的蓄意破坏。这也是德国建筑师密斯·凡·德·罗厄（Ludwig Mies van der Rohe）所采用的主要方法，从而使透明的极简主义盒子变得生动起来。而比较极端的例子是他在 1929 年巴塞罗那博览会上德国馆的设计，巨型彩色石灰大理石砖转移了人们的注意力，使人们不去关注所有其他数学信息的缺失问题。身处巴塞罗那厅里你有一种十分愉悦的感觉，除非你能意识到它其实并不是一个封闭空间：对于实用功能来说它并不够格。但受到视觉线索的引诱，使我们无法注意到设计师采用的这个巧妙的技巧。

6. 经典数学和现代数学：是否具有建筑相似性？

核心数学课程包括微积分和它的选修课程（三角学、代数和几何），但是不包括较新的课题如分形学和混沌学。微积分是17世纪的艾萨克·牛顿（Isaac Newton）爵士导出的，可以说当今的世界是非常坚实地建立在牛顿学说的基础之上的（Steen，1988）。同时，比较新的数学让许多学生非常感兴趣，比如分形，因为它会产生非常美的图形，而且很多教师在努力想办法将分形吸收到必修课中。分形存在于使不同层级的尺度相互连接的层级空间中，并且自相似分形在尺度层级上可以对模式进行重复。如果一个人在接受形式教育的早期可以接触到有关分形学的理论，会有助于他去发现当代建筑和城市规划学中的内在缺陷，而这些缺陷都是非分形的。

古典建筑和新古典建筑都努力去模仿希腊罗马传统的精神和风格，按照矩形几何结构进行排列。这种几何结构最初包含希腊神庙精妙的弧线——“柱微凸线”所造成的复杂的非欧几里得校正（Haselberger，1985）。乡土（民间）建筑代表了世界范围内的传统文化风格，它们往往不是大量采用弧形，就是很少采用这种形态，甚至有时候过于精雕细刻。某些时期的形态建筑运动会把曲度和装饰融合成为一种流行的风格；例如：伊斯兰和远东风格建筑，16世纪葡萄牙曼奴埃尔式建筑，以及巴洛克建筑和新艺术建筑（Fletcher，1987）。

建筑师们采用古典建筑中的矩形几何构型，但却抛弃了它的细分和次对称结构（即体现在立柱、挑檐、和雕带上的细部）。从自愿接受的风格规则到把细部当作“额外的”部分减到最少，建筑学的发展偏离了分形性质，这也就是为什么很多建筑看上去不自然的原因之一（Eilenberger，1985）。另一方面，包括古典主义风格建筑在内的传统建筑往往具有很明确的分形结构（Crompton，2002；Goldberger，1996）。我们可以从各个时期和风格的建筑物中找到分形细部和比例缩放关系，并且这也是将当代建筑与许多以前的建筑物区分开来的最重要特征。那些想要与人行道分离的老建筑是种例外，因为这通常是为了表现权力和威吓力。这类建筑包括纪念法西斯的建筑，以及它的“前辈们”如故意建造出来（但却死板而难以亲近的）庙宇、宫殿以及防御军事建筑等。

最近有人提出现代主义建筑和牛顿数学之间具有相似性（Halliwell，1995），但这种观点其实是建立在一种误解之上的。空无矩形形态的词汇过分简单，其中所含有的数学内容非常少。当然，某些现代主义者确实也建造曲线结构、复杂的次结构和拱形结构（例如埃里希·门德尔松和弗兰克·劳埃德·赖特）（Erich Mendelsohn and Frank Lloyd Wright），那些建筑的数学内涵要较为丰富一些（并且也显得更为讨人喜欢）。然而现代建筑学中的极简主义运动甚至不能反映出牛顿数学内涵，但它比止步于简单正方形和矩形的古埃及数学的建筑（这种类型的建筑能够达到的最大限度是可以服从一些比例，如黄金分割）出现得要早。那么周期函数、导数、曲率和泰勒级数等数学结构能够适合空无矩形吗？它们不能。是否存在模式——是不同建筑风格之间所具有的惟一可以明确的数学相似性。

7. 反分形运动

极简主义建筑风格从我们的环境中除去了分形体。柏拉图立体无法与分形相提并论，因为前者只存在于单一尺度水平上。分形体的一个定义是在每一个放大水平上都具备有序次结构（即有组织的复杂性）。按照一个固定的因数放大一个分形体，如 $e\approx2.7$（见第3章）。会得出一组放大到1、3、7、20等倍数水平的模式，每一个水平上都体现出了结构和复杂性（见图6.6）。“自相似”的结合体具有其他性质，那就是所有这些模式都是通过几何相似性来相互关联（只要是使用分形体所固有的尺度比例）。勒·柯布西耶和密斯·凡·德·罗有意忽略了他们的建筑物中的这种规律，并试图从自然形态和传统建筑风格两方面来区分它们。一些例外的情况我们将稍后进行讨论。

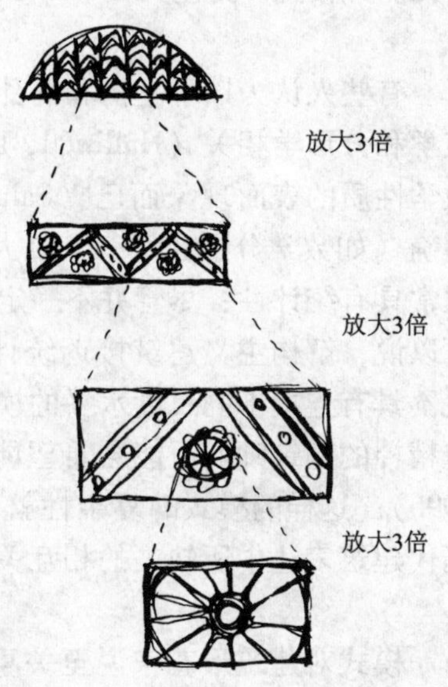

图6.6
复杂结构在每个放大倍率上都非常清晰

最近使用渐小的矩形网格方法对弗兰克·劳埃德·赖特和勒·柯布西耶的建筑分布而进行了分形尺寸计算（Bovill，1996）。结果显示，无论是从远处的视角还是指尖大小的体量细部，赖特的建筑物（至少有一些）都能够在很广泛的尺度上体现出自相似特征，所以这些建筑是内在的分形体（Bovill，1996）。在这方面，赖特仿效的是他的榜样也就是他的老师路易斯·沙利文，这两个人都从自然当中寻找信息和灵感。沙利文的建筑作品从各个尺度直到材料细部可以吸引观察者的兴趣。相反，勒·柯布西耶的建筑仅可以在分别与遥远视野相对应的两到三个最大尺度上体现出自相似特征（Bovill，1996）。靠近一点看，勒·柯布西耶的建筑平坦而且笔直，因此不具有分形的性质（分形尺寸在1和2之间，表示一个分形设计具有无数多个自相似尺度水平，而勒·柯布西耶建筑的分形尺寸则一下子降低到1）。在对中间尺度和小尺度的分析中我们可以得知，勒·柯布西耶的建筑物不具有分形性质。

8. 后现代主义风格和解构主义风格

反对“国际主义风格”的建筑师重新在他们的设计中引入了曲率和细分结构。使用曲线能给环境增加数学信息。然而很少有不产生模式的情况。一些具有曲线结构的现代主义、后现代主义和当代建筑（如朗香教堂、悉尼歌剧院、丹佛机场和毕尔巴鄂美术馆）等著名案例的总体形态是由简单的数学函数来决定的。很明显数学在这里可不仅仅是直线而已，但只是对最大尺度而言。这些建筑物与像圣彼得广场或巴特农神殿这样的建筑相比，在数学方面还是比较简单的，准确地说，是因为那些古老建筑具有直达材料微观结构的有序次对称的连接层级。除了通常情况下非常复杂的整体形态，新建筑的中间和较小尺度往往不是缺乏信息，就是呈现出整体的空无。即便并不是空无的，那么他们也是无序的，继而因此缺乏信息组织性。

有些人认为以不平衡和混乱形态为特征的解构主义建筑风格与现代数学如：混沌学和分形学相关（Halliwell，1995）。这是一种误解，只是容易混淆的词语和真正数学性质的表面现象而已（Salingaros，2004）。而纯粹分形体的自相似性往往非常精确（如数学分形在每一个放大倍数下都呈现出同样的模式），自然和建筑自相似通常具有统计性：尽管并不一定是同样的模式，但复杂程度在不同的尺度上重复着。可以说，解构主义建筑接近统计分形，但是它们在任何单一尺度上都不具有模式，也不具有连接不同尺度水平的模式。为了探究组织性和混乱之间的复杂性，富有创造精神的建筑师们可能会希望能创造出分形节奏，并与其他的节奏相连接（Bovill，1996）。这样的模式的复杂性就不再是简单重复了，然而模式的基础在于它建立了当代建筑表达中所缺失的相互关系。

模式对建筑形态来说至关重要，解构主义建筑故意地在避免各种类型的模式。建筑师用混沌这一数学术语来为解构主义风格辩护，但是对于他们来说，混沌还意味着其他的东西，如：随机性（Salingaros，2004）。数学混沌研究的是系统中只是表面上混乱的隐藏模式。从牛顿到混沌模型，数学的基本目的没有变——那就是要发现模式。尽管以创新的方式在建筑形态中应用分形具有很大潜力，但解构主义建筑只是制造了随机构型而已。对于空无的极简主义模型——从空无极简主义模型到随机形态，解构主义案例从一个极端跳到了另一个极端：完全越过了有组织的复杂形态——因为它们看上去“太传统了”（见图6.7）。

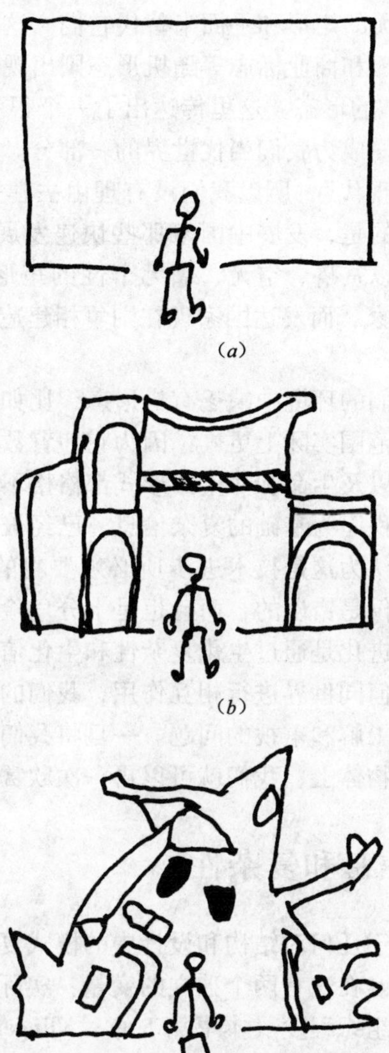

图 6.7
从 (a) 到 (c)，越过了 (b)

我们在第 5 章中讨论过，只有在许多不同尺度上存在有组织的信息，才可能具有一致性。然而很明显，这并不是建筑师们的本意。当代建筑中的任何建筑细部不是被简化到几乎看不到就是人们有意地让它所在的较大尺度秩序变得混乱和支离破碎。于是细部总是分离和不连贯。到目前为止，解构主义建筑师一直在避免模式和有组织的复杂性，而这些恰恰是数学的主要的理论基础。

9. 人类环境的数学模板

过去几十年里，建筑环境消除了有序分形结构（树木、岩石、河流和老建筑），并用空无的矩形和平面来替代它们。这种分型结构的反面，包括解构主义建筑、城市扩张、和商业标志等随机形态则出现在风景当中，并且逐渐替代了有组织复杂性（模式）的形态。这里传达出了一个很强的信号，即复杂模式不属于——或者不被允许——成为我们当代世界的一部分。人们的潜意识认为，体现有序复杂性的物体并不“现代”，所以我们没有理由去建造或去保护具有这些性质的建筑物。然而值得关注的是，发展中国家那些快速发展的城市消除了他们最美的建筑和城市区域，而代之以贫瘠、空无、毫无个性的矩形结构；这些都是为了能从表面上模仿“发达”国家。而发达国家现在则争相建造体现了无序的“展示窗”建筑。

我们的环境中缺乏有机形态，比如树木，很多人为此感到遗憾，然而这种威胁涉及的范围实际上更广：因为它违背数学的基本性质。我们的文明与这些有组织的复杂性以及生命和非生命形式都格格不入。学校和媒体告诉我们的案例中所含有的以数学秩序为基础的复杂信息，已经被人为地从我们的环境消除了。我们被误导了，甚至还认为这是技术进步所必须要犯的错误，我们的数学观念于是也发生了变化。但这不仅是错误的，而且也是十分危险的。空无缺乏内容，随机性则让人感到不安。人类的进化是通过生化复杂性和生化信号的组织来实现的。在生物水平上我们是谁；我们如何同世界进行相互作用；我们的世界是如何组合在一起的，这些都是我们应该先要了解和重视的问题。一旦将我们的首要任务转移到理解和重视具备有组织复杂性的物体上，我们就可以再一次欣赏和领略自然和人类伟大的成就。

10. 信息和复杂性

对于任何对结构和设计中的模式复杂性进行定量的做法，我们都要考虑它的信息含量。在这有两个独立的变量：实际信息和它的表达（Salingaros，1999b）；以及信息的组织程度（本书第5章；Klinger & Salingaros，2000）。没有门窗的墙体除了它的框架不能传达出其他任何信息。不论是有序模式，还是混沌设计，其中都含有大量信息；只是这两种情况中的信息组织方式非常不同而已。复杂而有序的模式含有大量紧密地组织起来的信息，具有一致性（即人类可以把握，而且这些模式对人类来说具有意义）(见图6.8)。混沌形态具有太多内部不协调的信息，所以增大了大脑处理信息的负荷（见图6.9）。随机信息之间不能互相关联因而不够一致，不能对它进行编码（Klinger & Salingaros，2000）。

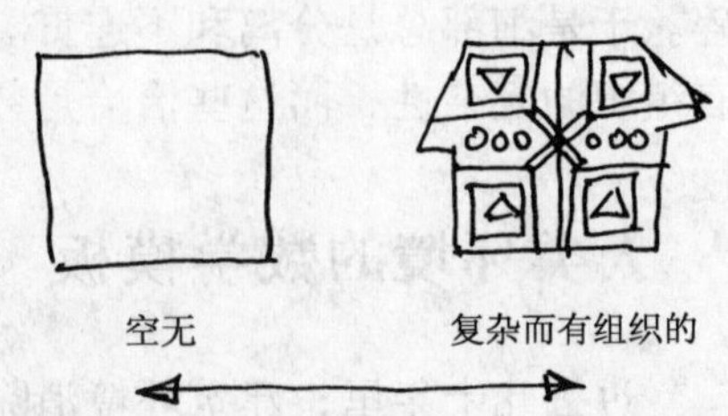

图6.8
大量信息有组织而且具有一致性

图 6.9
等量的信息缺乏组织而且不具有一致性

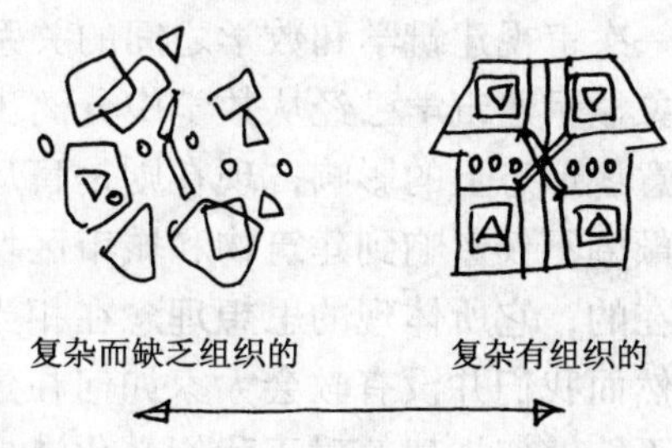

尽管单调的重复确实也可以包含一些信息，并且具有很好的组织性，但也只能提供很少量的信息。空无模块的重复（使用平移对称或其他对称）并不是一定能够创造出内容丰富的模式；还需要进行对比（Alexander，2004）。应用内部对称会在较大尺度上生成对称，这一点对于组织性是必不可少的。复杂模式在不同尺度上以及尺度间的内部链接上包含有更多的信息（本书第 3 章；Klinger & Salingaros，2000）。然而没有次对称的单调重复，在单一尺度水平上只能呈现出一种极简模式。

尽管我支持模式的各种优点，但还有必要解释一下，人们如何滥用简单模式并减少环境中有组织复杂性的问题。模式合并后包含几个不同尺度时可以产生几何一致性，组织性取决于几何一致性。另一方面，如果空无模块的重复妨碍了较大尺度的出现，那么重复就会降低有组织的复杂性。利用大量的重复性设计，可以在许多尺度上消除复杂性和信息（或者相反地，可以用来强调单一尺度），因此可以简化建筑环境。所以只在大尺度上进行的重复会消除这种重复作为可观察模式的价值。其实重复更适用于较小的（人类）尺度范围。

建筑历史告诉我们，现代主义注重诚实结构，反对"华而不实"；但是很明显，他们已经偏离了主题。例如：如果铺地瓷砖不能与建筑结构的使用紧密关联，人们就会削除掉上面的对称模式。装饰类型的这些对立要素显然是曲解了图案铺地瓷砖的功能（见第 7 章《分形心理意义的体现——路面》）。借助信息来与人行道相连，整体空间都会变得更加紧凑、更为实用，同时对于整体建筑的各种附属功能也是一种支撑。然而让人难以置信的是，勒·柯布西耶完全忽视了建筑信息的这种基础性作用，并将两种情形等同起来，他令其中一个的有组织复杂性指数（第 5 章中建筑生命）接近 100，而另一个接近 0："圣马可广场巨大墙体上的无数清一色的窗和房间光滑的一面具有同样的效果"（Le Corbusier，1987：p. 69）。

11. 结论

建筑是否会影响我们的文明？答案是肯定的。要认真评估这种效果，我们就应该再一次审视建筑学和数学之间的关系。过去，这种连接是双向的，是互惠互利的。有迹象显示建筑学已经从数学中分离出来，最先是受到过度简化和具有政治动机的社会意识形态上的影响，现在则是盲从于反科学的解构主义哲学家。这种数学价值观的颠倒不仅影响到建筑物和城市区域，还决定了人们普遍的审美品味。建筑是普遍存在的，它所体现的思想理念在相当程度上能够影响到我们的日常生活和思考方式。然而我们并没有教会大家如何在建筑环境中去认知数学信息的重要性。同时我们也不能够忽视建筑对于我们文化造成的影响，特别是它极可能带来的消极后果。

第 7 章　分形心理意义的体现——路面

（与特里·M·米奇顿和余庆生合著）

1. 引言

这一章提出了人类心理的分形理论，根据这个理论，可以对我们与环境相互作用中一个方面的原因进行解释。我们的心理通过处理信息与环境建立联系，对信息的处理是我们大脑进化的一个重要过程。关于如何在分形系统范围内储存思想和信息，我们将进行一些非常有趣的类比。我们在讨论中特别强调建筑物的地板图案和人行道、街道以及广场路面在连接人类和环境的过程中扮演了重要的角色，它们是传递信息的工具。成功的路面设计可以将环境中的信息传达给我们的意识。有方向性的图案可以引导行人。这样的连接如果设计合理，可以唤起一种积极的心理和生理状态。我们认为带有图案的路面的成功之处在于，它们的连接具有层级，从而可以产生积极的情感。

如果我们希望我们的智力能够永久地保存下去，而不至于像生物神经组织的电脉冲那样转瞬即逝，我们可以把我们的想法转移到书本上；或者雕刻在一个物理介质上，比方说石头。然而我们也可以在开放空间这样一个比书面语言更为基础的层次上留下（压印）反映内心类似信息结构的几何图案。有图案的路面的信息内容是实实在在的，而且耐久不容易损坏；因此路面是一种不需要花太多精力去编码到某个结构之中的智力符号。相对来说它具有永久性。此外，几何设计不需要口语来传达信息，所有它具有普遍性。即在某种意义上，它可以被所有发现它的人的心理所理解。所以有人说几何形式是一种具有普遍性的视觉语言。

有一些观点超出了之前对人类如何与环境互动的讨论（Padron & Salingaros, 2000）。对公共空间的感知与路面设计相关，人类理解力是人类心理过程的一个自然的部分。心理可以自动建立起连接。这个过程在各个物理尺度上出现，各种图案样式或质地可能会促进也可能会妨碍它。地面的作用对于我们理解周围空间会产生类似的影响。我们将就观察者和部分取决于视觉图案的开放空间之间的心理联系建立起一个案例。我们认为环境直接与我们的意识相联系，并且通过路面图案与开放空间连接。最后我将就如何设计路面来实现这种连接给出了一个大致的指南。

2. 分形和层级连接

一个分形结构在每个放大水平上都表现出了非平凡几何次结构（Lauwerier,

1991)。分形决定了一个在每个放大水平上都具有复杂性的尺度层级。"自相似分形"的特殊案例具有额外属性：结构反映出在每个放大水平上都通过尺度相互关联(Lauwerier，1991)。也就是说，当放大到合适因子倍数时，所有的次结构都彼此相似。自相似分形在数学上很简单；因为它们的结构在不同的放大倍数上进行重复从而创造了整体，它们的生成只需要具有一个基本对数（设计）。一个基本设计在不同放大倍数上进行重复，这使自相似分形中的尺度都能够连接到一起（见图7.1)。

图7.1
分形将层级中的不同尺度衔接起来

生物形态多数是分形的（Weibel，1994)。而且很多形态是明显的自分形，但是包括复杂结构在内的一些有机体却不是。例如：哺乳动物的肺在几个较大的水平上是自相似分形体（Weibel，1994；West & Deering，1995；West&Goldberger，1987)。肺的气管细分产生了一种清晰的树状（树枝状的）结构，而这种结构也使气管细分保持了一种最佳的状况（图2.2)。当我们深入到较低的气泡水平，精确的自相似性就消失了，这是因为由于气体交换和血液循环的物理需要，产生了不同的复杂结构。根据更为广义的"统计自相似"来看，肺的自相似特性一直延伸到分子水平。在"统计水平的自相似分形"中，结构复杂度的程度（尽管并不是形态）在每一个尺度上都是相似的，仍然连接着不同的尺度水平。

分形连接了几个不同的尺度水平。不论是通过每一个尺度上形态的相似性，还是通过一些其他的共性，如材料结构、对称等，所建立起来的分形体的尺度连接特性都可以创造一种层级衔接。环境中的层级衔接将形态和材料结构与不同尺度水平上的几何构型以及观察者连接在一起。在这样的系统当中，从小尺度到大尺度的衔接是非常容易的。但是对于空无形态则无法实现层级衔接，因为在这种案例中，次结构缺失造成次尺度太少，以至于无法将它们连接到一起。

一个层级衔接的系统可以用一种简单的方式对复杂性进行编码。我们可以在复杂性和生成模式或视觉信息片段所需的算法长度（一种数学法则）之间建立联系。如果算法很短，那么可以说模式是简单的。例如，如果有人希望用分形算法来画一片蕨叶或一棵花菜（通常认为它们是复杂结构），那么算法就会非常短，因为那些图案体现了层级尺度。算法能够画尽所有的尺度，一直到微观结构。很多作者已经对分形编码进行过描述（见第 3 章第 4 节；Lauwerier，1991）。我们目的在于通过这个概念来提出——看上去的复杂的人类思维过程以及人类思维与环境的之间的相互作用，从分形角度来说，可能实际上是非常简单的。分形过程和分形设计可以为思想、记忆、建筑以及城市元素提供连接的基础（Padron & Salingaros，2000）。

3. 心理的概念

我们知道大脑是由具有层级组织的解剖学模块构成的结构系统。这些相互作用的模块彼此之间相互沟通。同时模块内部还包含彼此间相互沟通的次模块（在较大模块内部)。这种模式在几个不同的尺度水平上重复着，最终会出现一种由相互作用和沟通系统所构成的分子分形和生物化学分形（Alexander & Globus，1996）。尽管看上去并不是树枝状的，但大脑的机能同样体现了和肺一样的一种具有衔接的尺度层级。

相似地，我们可以设想心理（我们的思想和情感）是层级排列的模块所构成的自相似复合体构成，模块能够根据各种刺激和想法不断变化，这是它们衔接到一起的方式。心理和大脑的关系可以定性为一个找出心理（感知、意识、和理解过程）和大脑之间以何种方式相互映射的问题。

对于心理这个概念，大脑可以看做是周边感受器生成的神经冲动与外界进行沟通的一个相对独立的系统。我们的五种感官负责提供输入，与所有这些图像和记忆相连接。大脑不同要素之间的主要过程是实现对进入信息进行综合处理，并在内部生成我们所说的“意识实相”。通过对大脑中层级组织的解剖学模块进行类比，我们可以得出，作为心理特征的组织系统，在本质上至少也是分形的。也就是说，每一个都包含了一种以连续功能活动水平之间的算法的连续性为特征的层级排列系统。看来我们的心理是对思想层级进行处理，而不是针对相当于孤立单元的单一思想。

连续层级水平之间的连接是不是必须一成不变呢？也就是说，我们的心理是否代表着某种自相似分形呢？未必。我们可以想像在一个层级系统中，一些不同水平的集群可以根据一种算法连接，而其他的则可以根据另一种算法来连接。人类大脑最有趣的地方在于，大脑能够根据需要生成新的层级。各种想法的综合可以形成许多新想法。在这种机能条件下，一种概念的层级排列可以产生另一种概念的层级排列。例如，当我们注意到两个或多个现象当中的联系时会产生科学发现，这种成果就是一种新的思想。

我们的基本命题是当一个分形系统生成了一个新的系统，这个新的系统与生成它的系统之间具有相同的属性和特征——特别是具有相同的层级衔接。因此，对于精神联系，可能最初看上去需要很长的描述性代码（因此被称为是复杂的），但实际上可能只需要非常简短的代码就能够处理。如果确实如此，那么人类大脑就可能会使用分形编码来作为一种标准，对大量的相关想法链条进行编码，从而成为单一的分形实体。而分形实体作为一个单元就容易处理了。我们与计算机程序的文档来进行一下类比：写标题，标题附小标题，小标题附注释，等等。所有这些构成了提纲。这些证据可以反映出我们所看到的思想与思想内部之间如何自然而然地彼此衔接的情况。一种设计模式很可能就是一个建筑师的思想链条的有形的自然表达方式。

4. 记忆和分形心理

明显的平行特性存在于神经和思考过程中。心理与精神活动一样，是神经过程的一个子集（Alexander & Globus, 1996）。由于大脑中包含个体的非自主与自主活动神经元，我们的心理也知道这两种过程类型。认知取决于信息的储存、检索、修改以及翻译为指令的情况。记忆过程是神经功能的核心，并且是连接大脑和心理的一种基本映射反映。来自于记忆的信息有助于我们进行感知和对意义进行理解。

神经系统有一种“大规模平行建筑”妨碍它在计算机科学中的应用。多尺度组织具有不同的连接电路同时工作，它们以神经元为基础（大量的简单处理器）。记忆取决于由神经元构成的网络。人工神经网络能够对记忆功能的原始形态进行模拟，因此可以说明这是生物性记忆的活动方式（Rolls & Treves，1998）。连接大脑皮质的神经细胞线路与长期记忆构造有关（Rolls & Treves，1998）。通过大脑连接图式我们可以很明显地看出，结构层级之间存在彼此的投影（Alexander & Globus, 1996）。这些突出的回归连接的存在与神经网络作用下的联想记忆是相互关联的（Rolls & Treves，1998）。

联想记忆对于建筑设计非常重要。当我们对于早已知道的东西表示认同，或记忆中的某个东西被唤醒时，我们会产生的强烈的感情体验。我们可以对细小的线索产生反馈，快速地对一系列具体的联系起来的记忆进行选择性检索，这个线索可以很微小，可以是一个特定的装饰、一种色彩或是一股短暂的气味。其实一种气味就可以勾起我们对过去的某个情景的回忆，而且我们回想起的是一个完整的复杂记忆，带有过去的活动场景和当时的感情，以及事件的物理环境、空间、色彩、声音等等细节（见图7.2）。所有这些信息像是静止了，很像计算机硬盘上的压缩文件，一个触动可以让它突然扩充起来。很明显，神经网络的系统结构天生具备从多处储存的记忆中快速检索信息的能力。

另外，一定还存在一种弹性机制，可以在不完全丧失原有信息的前提下，允许新的信息被添加到记忆中去。之前我们已经提到大脑的多层结构可以为联想记忆提供框架（Marr, 1982）。我们认为与分形相类似的神经系统结构好像是一种过滤器，可以对要储存在稳定的层状结构中的记忆进行筛选。因此让我们感到舒适的想像记忆可以通过这种分形机制体现出来。

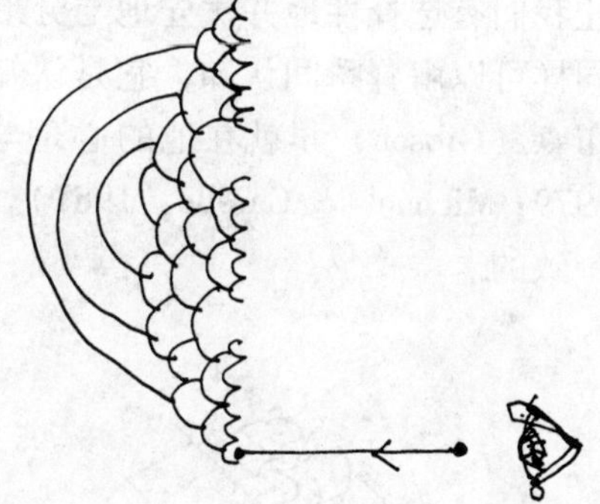

图7.2
联想记忆从一个细节可以回想起一个系统

5. 分形调节与沟通

分形系统产生了以分形为基础的沟通信号。它们进而沿着按分形进行组织的渠道流动。生物系统内的沟通可以很简单的说明这一点。这个完整的系统是以分形为基础的：生成沟通信号的器官，信号以及接收器（接收器官），这些器官从性状上来说都是分形的。其中一个重要理念是机体具有“受体部位”的这一概念，也就是“受体部位”实际上经过“调节”，只会识别某些化学信号，而不对其他的信号进行识别。例如，当垂体释放促模拟甲状腺激素时，甲状腺会对这种激素发生反应，而机体的其他器官则不会产生辨别反应。腺体产生激素，激素通过血液最终到达目标器官，从而对距离较远部位的器官产生影响，接收的器官以一种生物的方式来体现它们的行为。所有这些过程需要在不同水平上对信息生成和信息接收进行微调，才能够对所有生理过程进行平衡控制，并与神经系统相互和谐（Yu，1996）。

机体内的系统通过“调节”一般可以识别不同种类的分形层级。我们认为大脑中具有专门按照这种方式进行过精确调节的特殊系统。大脑在神经模式的作用下能够对具有层级组织的结构复杂系统进行识别，在这种层级组织中，层级中的各种水平以一种系统化的算法方式来界定。这种识别对于个人（或高等动物）来说具有情感价值。总之，当一个系统对环境中的结构实体进行识别时，就对该实体附加了“意义”。有机体创造了具有特殊结构的沟通信号，也就是说，它们具有共同的语言。语言是以决定句法和语义的规则集合为特征的。如果一个系统中具备以分形为基础的沟通，那些规则就相当于分形结构各个层级之间用于沟通的算法连接。

我们用无线传输来进行类推，对接收器的调节取决于与单一频率的匹配时，分形调节代表了一种更为复杂的过程，并且这一过程与具有相似层级结构的复杂信号相匹配。大脑机制特别易于接受这样信号的，并会对其他不同算法结构的信号——任何不能表现出构成要素层级衔接的信号来进行筛选。这就像是一个“过滤器”，让我们有选择性地并优先地与分形形态连接（见图 7.3 和图 7.4）。大脑的这种机制同样可以解释瞬间认知，它是认知系统的外部结构与内部结构之间的一种共鸣。吉布森（Gibson）早就在他的心理学模型“直接感知”中提出过这种机制（Gibson，1979；Michaels & Carello，1981）。因此现在关于分形编码的理论与吉布森的成果是一致的。

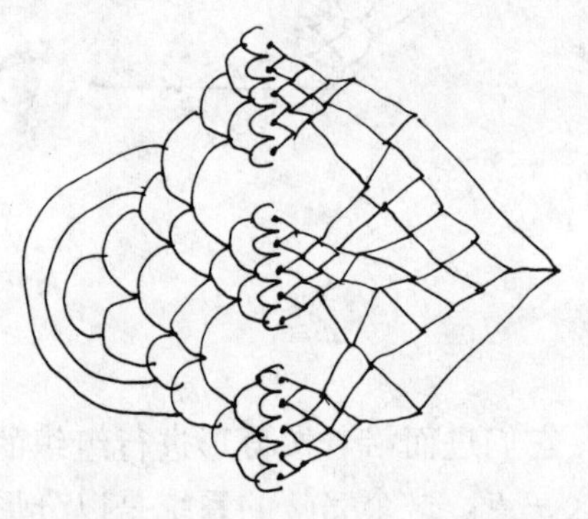

图 7.3
分形接收器可以识别另一个分形结构

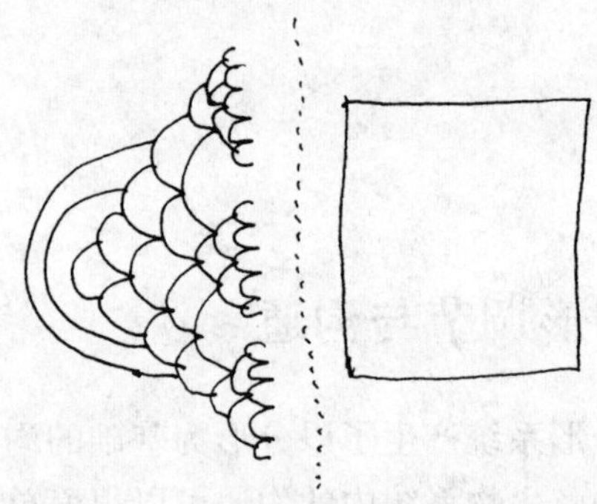

图 7.4
分形与非分形之间不具有连接

6. 错误理解造成的问题

从人们将隐喻作为一种沟通方法，可以看出交流中结构度的意义。隐喻结构对人们在复杂思想的沟通方面具有影响（Lakoff & Johnson，1999）。隐喻的方法使用词语来触发一种连接和联想系统，并在这个过程中生成新的思想和意义。我们可以将这种隐喻的效应解释成为从一个层级意义到另一个非常不同的层级意义的转移。

这里搭建的模型确定了连接层级是沟通过程中的核心要素，隐喻代表的是一个通过解释的方式来完成部分结构的含义的行为。我们抓住我们掌握的部分，然后以（对我们来说）最为明显的方式来完成剩下的部分，然而这种方式对于其他人来说可能并不是明显的。面对一个复杂概念，个人可能只会使用结构中的简单要素（包含一系列沟通要素）来对它进行说明。而很不幸的是，不论特定环境是否合适，在这个对话当中，听众还是会更倾向于整个概念，但整个概念并没有明确地给出。因此隐喻会给人造成含义上和“真相”的错觉，这是因为隐喻也会带来结构完整性的错觉。当沟通渠道使用分形结构时，各种规则很有可能会应用在不同的层级水平上。这样的结构在沟通上会产生歧义。

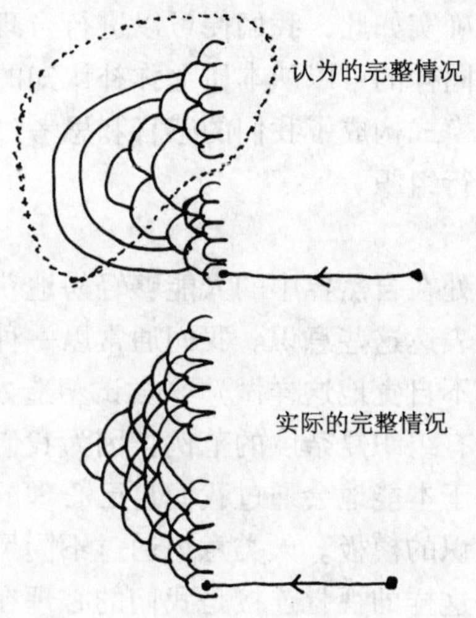

图 7.5
重建可能不会达到预期中的分形

经常造成错误理解的原因在于一方想当然地认为完全理解了对方所说的话。某个人所提供的一个信息片段可以促使另一个人回想起心理中的一个分形结构（见图7.5）。然而由于不同的分形编码可能会有共同的交叉点，所以经常是完成后的分形并不是说话人真正指向的意义。于是这种结果就是错误理解。问题在于完成分形的这个过程本身，它可以使人产生一种满足感，因此也会使人产生错觉，认为自己已经理解了谈话内容。与完整思想的分形编码相关联的情感（通过与层级的不同水平相衔接来完成）有可能与理解事物后产生的感受完全相同。这种想法与研究发现的确定的心理（情感）状态和精神状态如“理解”之间相互关联的结论是一致的（Lakeoff & Johnson，1999）。由于思考过程是从感观系统和运动系统进化而来，大脑仍然使用那些用于像思考这种的高等功能的网络，所以思考也是一种“感觉”。

分形编码的短路（要穿过不同层级或意义结构）会让我们不自觉地就接受了不良思想和错误观念。那些推广这些思想的人是有意这样做的，如：广告、政治说教和宗教教化等。这种方法包括寻找知识和关联中分形字符串的交叉点。随后一种自私的想法（损人利己）会依附于那些交叉点上。自此，大脑中带有调整后电路的个体——尽管可能被某个消息所迷惑，但他们会体验到一种情感的满足，通常这种满足是真相的特征。这就是广告业、政治说教以及心理灌输存在的基础（见第 10 章《建筑学中的达尔文过程和模因：现代主义模因理论》）。

7. 塑造建筑环境

建筑环境反应了人类思想的结构，而思想是人类心理的产物。我们的思想在概念之间建立连接，创造概念化结构和观念。我们认为自然界中的分形结构在进化过程中影响了心理机制的发展，其中进化过程可以自动地进行编码和解码。如果真实情况确实如此，我们便可以进行合理的假设——心理通过使用这些心理机制，寻求根据同样的可以从本质上弥补认知的结构连接性法则来塑造建筑形态。神经网络的内在模式构成了我们的感官和思考过程，并以一种可以反应外部世界的相似组织模式进行组织。

处在自然界中的人能够轻易地获得一些意识，同时他们有一种基本的需要来向环境表达这些意识。我们通常以一种可以与之连接的方式（或者至少是工业革命前我们不自觉地这样做）来尝试塑造人工环境。这可以解释为什么我们建造大教堂来作为有组织复杂度的范例：因为我们不能与过于随机或简单的物体或环境相连。我们出于本能地会通过我们自己心理的有序复杂性来作为向我们机体之外的世界来表达意识的模板。人类意识通过不同尺度上的层级结构得以与我们建造的物体进行衔接。这样的视觉连接是我们的心理在物理环境中的表达。

我们提出心理运作的理论模型之后，我们现在将这个模型应用于建筑和城市设计领域的不同的视觉结构。大脑的被动输入产生了意义，进而生成了情感。原则上说，除了行为，我们是无法控制输入的，对于一个可以生成消极情感的来源，我们可以接近它，也可以避开它。如果我们愿意的话，可以通过设计来控制人造环境。在传统意义上，建筑师根据自己的经验知道什么样的输入是最为有益的，可以以此为指导来建造能够生成具有最佳情感反馈的结构。但矛盾的是，我们的智力允许人们忽视消极情感线索并且建造排斥我们的结构。

8. 人行道和层级

过去的建筑师认为路面上有图案或者路面可以表现形象艺术是十分必要的。通过设计，我们对于空间的感知建立在与地面连接的基础上。建造为人类提供居所和活动场所的房屋的人工建筑环境过程中，人类一直非常注重在视觉上与地面之间的连接。不论是在建筑内部还是在一个外部的开放空间当中，可以通过路面、瓷砖、质地、镶嵌图案等方法实现行人与地面的连接。金姆·威廉姆斯（Kim Williams）

(1998）最早对室内路面进行了研究。中世纪教堂具有丰富细部的路面非常有助于使用者形成对建筑整体的体验，而这与结构本身无关。我们完全赞成威廉姆斯的见解，路面是人类建筑和智力发展的核心要素。但大多数20世纪的路面是简单而空无的，它们的建筑理念认为路面不具有任何功能需求也不能体现任何模式。我们认为恰恰相反：路面具有连接观察者与所有视觉环境结构的主要职能。这种连接对于更大的空间来说更为重要，所以这种效应在室外路面应该是最为引人注目的。

从1毫米到1米之间的人体视觉尺度，可以满足日常经验的要求；这种日常经验是分形层级的基础。如果我们同墙体之间足够接近，那么墙体给我们的视觉和触觉信息就可以和我们产生必要连接，因为同眼睛等高的墙体要比地面与人更为接近，而且我们可以很轻易地触摸到它。在一个很大的房间或开放空间当中，我们在视觉和心理上与我们脚周围的区域相连。这个区域决定了路面设计的第一个分形尺度，而且这些外部尺度逐渐与我们潜意识中的内部尺度衔接起来。如果没有专门在我们脚部周围的地面进行设计，在大空间环境中我们就可能找不到连接体验。不论所应用的最小单元是什么：一片瓷砖、一块砖或一片瓦，大多数城市广场——事实上20世纪各种类型的砖墙和石墙，都故意通过单调地重复单一单元来掩饰最小尺度（例如，创造了均一表面的所谓的咬合砌砖），而不是在不同的尺度上决定模式。

空间一致性需要从连续较大尺度到整个视觉区域的体量上进行内部界定。有图案的宽阔区域需要界定几个不同的尺度来创建层级衔接（见第4章中的讨论）。因此，具有细部的模式可能在最小尺度上与使用者相连，由于仅仅是对图案设计的不断重复，而没有运用中间尺度，不能实现使用者与较大空间的连接（见图7.6）。成功的路面设计应该包含相似但并不完全相同的区域。由于尺度的跃迁过大，缺乏这种层级衔接的城市空间永远不能与距离较远的周围建筑相连接。为了实现这种连接，建筑物必须在同一层级内确定一种附加的最大尺度。因此路面的纹理、色彩以及图案有必要与周围结构达到相互和谐。路面与建筑物之间的相似性使尺度与尺度相互关联。

图7.6
一个图案应该用来确定一个更高的尺度

9. 关于城市空间中铺装路面的意义结构

关于城市空间的特性，以及有图案的地板如何有助于对城市空间的界定问题在(Salingaros，1999b) 中进行了探讨。关于当代的案例，我的看法是：

“人行道、城市街道以及街角。由于使用平坦无趣的表面（甚至是昂贵材料)，整个世界错失了使行人与路面相连接的极好机会。标准混凝土人行道不具有任何视觉信息…甚至用砖路面通常也可以避免可感知模式。然而，人行道表面上的模式之间可以有很大的差别。让我们回想一下，比如，罗马世界美丽的马赛克和瓷砖路面。在这之后的著名历史范例是圣马可广场，以及葡萄牙建筑传统的生动的人行道设计。现代最著名的一些带有图案的人行道在巴西，而巴西过去曾是葡萄牙的殖民地”(Salingaros，1999b：第44页)。

地板设计，比如在开放广场空间，必须要服从的原则与历史悠久的设计如东方地毯是一样的。本书第5章的复杂度模型已经对如何将不同的尺度连接起来的方法进行了概述。不论是在距离上还是尺度上相互分离的单元，要将它们衔接起来，其基本的机制是纹理、色彩和形态的相似性。相似性通过平面上的平移、旋转、反射和尺度对称等方式来发挥作用（Washburn & Crowe，1988)。那些追求建立视觉与情感和谐的艺术家和建筑师们对此都十分清楚。这种协调可以使需要进行复杂排序的整体产生视觉一致性，而不是简单化的对齐。设计图中的对称排列并不能跨越尺度实现要素之间的连接。

伟大的城市空间都是在20世纪之前按照传统设计标准建造的。由于丢弃了这种经过几千年发展起来的连接人类与建筑环境的技术，今天的建筑师们的设计使人们与环境表面相互分离（Salingaros，1999b)。这种设计关注的是形式和特定的视觉风格，但却忽视了人类的需求。因此由英国艺术家和城市设计师特丝·贾雷（Tess Jaray）成功建造出的当代广场算得上是一个意外的惊喜（Wlliams，2001)。贾雷的路面从几个不同尺度上给人们带来了一种满足的体验。在她的设计中，最小尺度上界定得十分精确，并且在不同尺度上具有独特而相互连接的设计图案，与周围建筑的融合也颇费心思（Williams，2001)。使用本章所简要介绍的思考与记忆的分形模型，我们不难看出为什么她的设计会如此成功。

从信息的观点来看，一个开放性的广场与完全封闭的屋顶空间相比，从围墙所能提供的输入信息大大减少。然而，最为伟大的城市空间给人的强烈印象往往是这样的，它们不仅包含并且能够欣然接纳使用者。因此关键是要通过几何构型与地面连接起来，因为只有通过地板我们才能与开放空间建立起最强也最为直接的联系。

因此，最具有表现力的路面总是从世界上的传统公共开放空间中找到。当成功的路面完全与行人连接起来时，可以让人产生一种愉快的心理，让人感到一种生机，并愿意到处走走逛逛。这正是决定一个开放空间成功与否的原因，它与方位、周边门面以及交叉路径的密度等因素无关。

10. 连接所产生的心理状态

我们假定分形连接的强度与人们直觉上认为一个空间或设计有意义或“有生命力”的程度之间是直接对应的。于是这个模型就确立了设计和结构与观察者情感状态之间的视觉连接。通过神经生理学研究，我们越来越清晰地认识到人类的概念系统和推理形式在相当程度上是由我们的大脑布线塑造出来的（Lakoff & Johnson，1999）。而且心理活动过程也有情感的参与，也就是说，实际上心理活动很有可能可以感觉到我们的各种想法（Lakoff & Johnson，1999）。

潜意识过程存在我们的大脑中，我们相信其中包含了以上所探讨的分形连接。当我们站在一个宏伟的历史广场上时，与环境建筑相互和谐的路面设计会使我们非常兴奋（实现这种和谐效果的法则见后面第 12 节）。这种分形编码模式就有助于解释其中的缘由。如果所有的要素能够在一起相互连接而且相互融合，我们自己也就成为了广阔空间中一个不可或缺的要素，因为在层级上我们与这个空间是衔接的。正像我们可以通过一个细节回想起联想记忆层级那样，我们也可以通过一个细部来与一个大而复杂的空间相连。对于一个观察者而言，这是一种最可能的建筑审美体验。

这里的推论也很有趣。符合当代设计标准（视觉上令人不舒适的极简空间的设计标准）的城市空间正在走向消亡，因为它们不能够同使用者之间建立起一种积极的情感连接。可能有人认为这样的效应并不是故意造成的。但是身处这样的地方，人会觉得不自在，并且会设法避免接触它。如果一栋建筑物由于它缺乏有组织的视觉复杂性而让人觉得冰冷而严肃的话，我们会认为它缺乏舒适性，而且不能给人带来安全感。这不仅仅是关于选择的问题；正如本章中所提出的，非分形结构与我们的感知过程是冲突的。我们的环境会因为信息的减少而变得苍白单调，而且生成这种环境的设计法则也会对分形连接进行否认和抑制。一种被广泛接受的设计文化忽视了这样的需求——我们需要创造一种结构，能够让我们意识到我们身处的是一个有意义的地方——因此我们情感体验的范围被严重地压缩了。

所谓环境与我们不是分离的，并不是说环境仅仅给我们提供一些物体和外部感受而已：它是我们存在的一部分（Lakoff & Johnson，1999）。大自然与人类情感息息相关，要想有一种平衡而健康的心理状态就需要对它有一定的认识。人类心理比计算机更强大；还能够处理和构成情感内容。那么，我们如何来理解我们从属于一个更大整体的这种感觉呢？在本章中，我们探讨了人们对于环境意义的体验，然而与神秘主义文学和宗教文献中更为精确的（更富有情感地）描述相比，我们的解释还是非常有限的。与一个更大的包罗万象的整体连接可能会令人欣喜若狂地参与其中，或者会使人获得一种精神体验。这种状态通常被人们描述为超验性。

11. 意义的本质

我希望能集中对环境中视觉复杂性所传达出的意义的感知。连贯图像或编码模式等视觉信息能够以直接的方式获得认知。物质结构和心理结构之间具有一种函数映射关系。当这种映射符合层级衔接时（即保存着映射信息以及相互连接，而不是任何总体形态），它就创造了一种意义经验。神经结构通过连接性方面的信息来创造意义，作为一种内部状态：在我们的模型中，外部形态并没有被赋予意义。保角拟合度或一致性程度决定了意义和情感体验的强度。从它最简单的方面来看，意义与积极或消极的情感相对应。当两个或更多个有意义的结构以一种有意义的方式衔接起来时，我们对信仰系统的构筑就开始了。

如果一个图像是不连贯的，它所含有的信息就不能作为一个整体被轻易地感知到。它所具有的意义也被削弱了，因为尽管其中可能含有相当的信息量，但是信息难于被综合起来。这便进而生成了一种消极的情感。而观察者们更乐于接受的信息是以与他们能够紧密连接的模式表现出来的。这种结构的信息通常被称之为“自然的”或“直觉的”。以前人们曾经有过争论，认为直觉实际上是一种包含了有条理的推理在内的过程（Mikiten，1995）。相反，如果信息以一种不能够和人们建立起紧密连接的模式出现，观察者们则是不太乐于接受的。我们相信，只有分形的环境结构才能够满足人类大脑中的深度连接过程。

我们的理解力源于我们心理形成概念结构的方式。想法的集合具有一致性并且元素之间具有关联性，我们可以感知它的结构。当我们对思想、观念的结构的感知是一个一致性整体时，我们可以得出结论，它们是正确的，而且它的构造是有根据的（Mikiten，1995）。我们会记住它，并把它作为未来思考的指引。同样我们也会用它来指导我们的行为。整齐连接在一起的思想具有一致性结构，人们认为它们是有效的，或者说是“真实的”。也许我们可以把直觉的本质理解为将现状结构与以前曾经经历过的问题的结构进行匹配的一种能力。直觉代表了一种根据不足够得出结论的信息来得出结论的一般能力（Mikiten，1995）。

12. 结论： 路面设计准则

关于创造令人难忘的开放空间的法则，我们可以从对历史案例的研究中总结出来（Salingaros，1999b）。分形编码模型的经验告诉我们，环境中复杂结构和心理结构之间存在一种基本的相似性。要想设计出成功的开放空间，需要听从我们自身对于装饰、细部以及使不同的设计水平之间相互连接与相互和谐的基本直觉。因此，从原则上来说，如果一个人遵从自己最深刻的情感，其实真的不需要拘泥于规则的条条框框。建筑师对空间和结构的感受直觉与最终创造的直觉表达之间越接近，空间对于观察者的意义也就越大。从某种意义上来说，建筑物成为建筑师心理结构表现为观察者心理结构的一种工具。

不过，由于存在过多地面结构和城市空间的负面案例，有些要注意的问题有必要指出。在本书后五章中也将进行探讨，建筑师对于空间的直觉由于非适应性心理图像的作用而被损坏（我们不能够像人与人那样与它们进行连接），所以那种直觉不再可信。尽管我们对于模式和表面的本能是与生俱来的，但它仍然能够被任意偏好所替代。因此那些人想要的其实是一种人工版本的现实：他们需要学会如何用一种能够与人类感观相适应的方式来进行设计。我们需要重新学习如何与我们的环境相连，使这个过程再次成为一种习惯性的过程。尽管按照工程原理修筑起来的最好的路面，也需要平衡和综合多方面的因素，所以最后的建筑成果几乎都可以看成是“艺术作品”了。成功的路面应该具有以下特征，这些特征可以满足层级衔接的需要。

表 7.1　路面设计的原则

1. 人类尺度直接与使用者相连。

2. 利用对比和对称来确定最小的元件。

3. 最小设计尺度与人类维数并不矛盾。

4. 设计尺度序列应达到开放空间的完整范围。

5. 设计的不同中间水平需要通过相似性紧密连接。

6. 较大尺度应由有序结合的较小尺度要素构成。

7. 要在所有区域和尺度上平衡：每一个要素都是其他要素的连接头。

8. 通过模式和色彩在远距离上实现和谐，将所有尺度与周围建筑相连。

如果这些条件可以满足，那么使用者一进入到环境中就能够体验到有意义的感受，因为视野当中所有的尺度构成了一个统一的整体。与整个空间具有分形（即层级）连接。每个单个连接强度决定了整体的一致性。而在不良设计中，最小的要素不是对称的，但是却表现出无组织或模糊的状态，以至于我们无法与它们连接。连接过程从小尺度开始，然后经过较大尺度，最后是最大的尺度，其中最大尺度是由周围结构决定的。我们对于连接过程的描述是顺序的，实际上通过感知进行的连接是瞬时的。这种体验通常会让人印象深刻，并且会创造一种明确的、有时候是强烈的积极的心理和生理状态。

总的来说，我们提出了一种模式感知理论，这个理论可以解释环境中的模式如何生成意义的问题。尽管这只是一般性的理论，但是在这里可以用来探讨路面：地面模式以及街道铺装模式、人行道和广场。处理路面问题的急功近利的做法，不需要明确的目的地或者给建筑形态和建筑空间附加意义。我们相信这种做法会使人类的物质和情感体验变得贫乏。当环境变得越来越复杂，路面应该保证使规划的环境能够体现出目的地和连接性（见图 7.7）。在设计上具有意义的路面遵从于以上所说的 8 条法则。路面对空间的界定代表了建筑结构与人类心理可以理解的主题之间的最高程度的映射秩序。因此路面的意义在于可以让我们在一个地方不需要看到路面的整体，就能够同样地“了解”它。

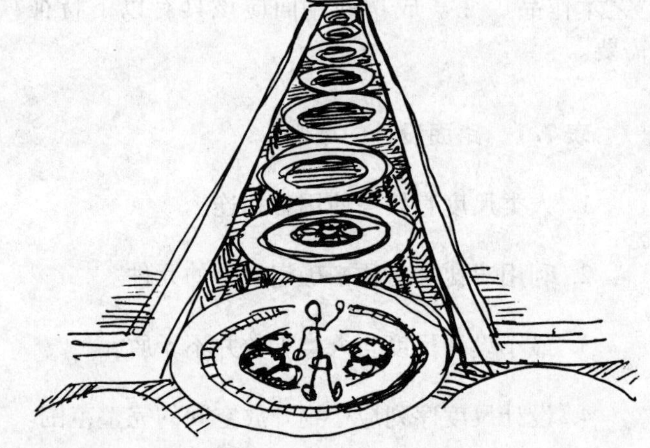

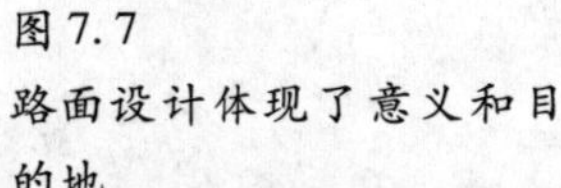

图 7.7
路面设计体现了意义和目的地

第8章 模块化和设计选择的数量

（与德沃拉·M·特哈达合著）

1. 引言

本章对不同设计系统的设计选择数量进行了比较。与僵硬刻板的设计系统相比，对于自由的非模块化设计系统中的设计选择的相对数量，我们可以通过简单的模块进行估算。与模块化系统相比，非模块化系统具有无限多的设计选择。

对于接近给定的自由（非模块）设计，如曲线，我们还比较了它的精确性。为了让总体设计变得更容易理解，我们打个比方来说，要表现一个复杂曲线，就需要批判地根据具有不同尺度的几何结构（与固定模块的条件相反）来实现。但是从惯例上说，建筑师们希望能获得大量可能的解决方案，从而创造出无穷多的不同形态（即新颖的设计）。所以他们对使用模块的工业标准和审美标准表示默许。然而在模块设计系统范围内进行操作（不论是否带有补充条件，如模块中的内部结构），会严重限制可能产生的结果数量。使用空无模块（指那些包含很少或缺乏结构信息的模块）所产生的限制去除了在视觉和功能上能够与人类相联系的设计方案。而且使用空无模块违背了人类处理与自然之间的联系基础的古老做法，我们会就这一问题进行探讨。

一个“模块”可以是半自动的设计要素；可以是重复的片段；也可以是按照标准体量产生的要素。在建筑文献中，人们普遍理解的“模块”指的是在设计和建筑中使用的模块或模块系统。我们要分析模块化其中的一个方面——不论是哪种建筑风格，关于使用较大的构配件的问题，这些构配件可以是普通的矩形平板、各种结构单元、或具有同样体量和形状的表面。不论这个想法能否适用于确定建筑物的立面图，或某个结构在地面上的布局（设计图），以及城市区域的规划图，通常在一个规则网格中，每一个模块单元，都要遵从于前一个固定维数。这个方法的核心有两点：首先，建筑材料的各种体量和形状的数目是有限的，而且需要是预加工好了的；第二，人们采用的是令设计屈从于空无矩形模块的基本原理。

模块化设计方法之外的其他方法通过细分或几何区分来创造形态。因此结构和结构要素可以具有任意的维数或形状，这个结构能够同时使用各种体量和形状的材料。对建筑物的构配件进行细分可以使设计获得自由，达到空间的一致性，这是由人体机能、运动、对空间的心理感知和一致性等因素决定的。而生硬的将人体机能插入到主要由预制的构造板材或构造单元的几何框架中与以上做法完全相反。今天我们不得不把自己装进由建筑师随意设计的几何结构中去，而建筑师们并不会去考虑我们的空间和情感需求的复杂性。

建筑形态或建筑材料的模块安置（使用包含高度视觉信息的复杂模块）通常决定了一种“风格”的美感。面对建筑过程中采用哪个模块设计系统的问题时，人们会考虑生产节约的因素：设计单元要能够被容易而快速地复制。几乎所有的建筑行业都是如此：包括各种乡土传统建筑，这种风格是由已经获得了一定发展，并形成了自己的设计规范的成功模块系统所决定的，比如古典建筑秩序。例如，当木质结构成为一种成功的寺庙建筑系统之后，早期希腊建筑出现了从木质构造向大理石构造的转变。于是所产生的风格颠覆了最初比大理石模块更为敏感的木质模块，尽管建筑效果令人叹为观止，但是这种做法却并非总是非常实用的。

2. 模块应用有好有坏

古典建筑、罗马式建筑以及哥特式建筑以大型几何模块为特征，如壁龛、支柱和窗等。这些要素具有内部次结构：如装饰、凹槽、边界等建筑细部。尽管一些用在经典和传统建筑中的最小模块——如普通的砖块和打磨了的石块可以说成是未经装饰的，然而在建筑物的其他地方尺度或更小的尺度上依然存在着装饰。于是结果是在大量的不同尺度上达到了视觉平衡，结构中相对子元素数量遵循了的基本的“多样性”法则——体量分布（Salingaros & West，1999）。

定性地来看，“多样性法则”（Salingaros & West，1999）可以这样表述：层级存在次结构，它们遵循反比例规律；更小的子元素量大，中间子元素较少，较大子元素最少。这个“多样性法则”来源于物理世界（如生物、地理、物理和电子系统）的一般复杂结构，这可以解释为什么模块设计的当代应用总是感觉存在缺陷。通常来说，在整个较小尺度范围内都是缺失的。

然而这种批评并不只是单纯针对现代主义建筑。例如当代新古典主义建筑并不总是可以达到古典建筑的视觉冲击力。它们的形态基本是古典建筑形态，但是它的体量分布倾向于大尺度，通常更加接近早期现代主义者的偏好，如密斯·凡·德·罗和勒·柯布西耶。这是因为次结构在较小尺度上缺失了；或者甚至是当较小的要素存在时，它们数量上不足以达到与原来的古典建筑一致的视觉平衡效果。尽管在形态上尽量仿古典建筑原型，一些近代的新古典主义建筑仍然倾向于与它们所要进行对比和竞争的现代主义建筑具有神似的效果。

看看20世纪建筑和城市一个个败笔，我们需要对模块化进行严密的监督。许多在这个时期内建造的建筑物看上都是一样的，因为它们大多数都是由大型空无矩形板拼接而成或暴露着未经修饰的混凝土，缺乏装饰和色彩。体量的分布在空无模块的体量上（大尺度上）被切断，所以比例调整无法延续到更小的尺度上。因此结构尺度（大尺度）与人类感知和运动尺度的层级连接，一直到自然材料的微小尺度，都是缺失的。而人们所犯的最糟糕的城市错误的特征仍然是城市规划图上精确地按照模块对齐排列的同质矩形块。这样的建筑物或模块重复得越多，他们就会创造出越多的非人类的生活环境，这种消极的影响程度与模块所覆盖的区域大小成正比。

缺乏统一性在城市尺度上变得更加显著。要适应几个完全不同功能，通常会产生共用一个模块的混合用途楼群，然而工业化生产的同质模块鼓励建筑师和规划者们创造相似的建筑物和单一的城市区域。另一种做法是，抛弃那些会在这样的大尺度上导致同质性的没有意义的严格模块化。然而我们为了不这样做，去掉了混合用途和多样性，一部分原因是为了在城市规划图上保持视觉几何模块。这种简单地应用模块化的方式会使各种功能集中或者分离。进而去除了每一个城市要素的较小尺度，例如工厂只存在于可能的大尺度上，从而否定了任何与居住要素耦合的可能性。我们现在的城市是将它们的形态构建在视觉模板之上，对于人类感知、人体机能和活动来说，这是完全不能够相互融合的。

系统理论已经发展成为一门科学学科，然而它的成果还没有被建筑师和规划者们所了解（Salingaros，2005）。真正从生物和人工系统的运作中观察得到的模块与现在建筑师们所理解的模块非常不同。研究复杂系统分解为模块的过程可以让人明白究竟是什么因素决定了一个半自动的模块。一个真正的模块所包含的复杂度（结构和相互作用）相当于一个较大的复杂系统中所包含的一个子集或要素。一个真正的模块应该将它与其他模块的外部相互作用削减到最小；也就是说，它应该包含尽可能多局部复杂次结构。一个复杂系统的模块本身具有很大程度上的内部复杂度。一个模块的边界应该是位于不能减少/不能不可分解的子系统周围，这种状态本身也不能再被划分（分割）。这意味着内部复杂度决定了模块的边界（即它的物理界限），而不是边界决定了内部复杂度。

此外最重要的是，没有将复杂系统以一种独特的方式分解成模块过程，这与以一种片段来建造结构的想法相违背。很明显，这种模块概念与建筑师们对于固定在某种标准体量水平上的空无建筑要素的想法完全不同。

不受模块化限制，并同时考虑大量细分存在的自由设计过程，在许多不同尺度上允许几何次结构。除了空无模块，人们可以获得以更为丰富的设计手法为基础的解决方案，这些设计手法创造出了在视觉上令人满意的建筑物。新艺术派建筑师如安东尼奥·高迪使用小模块元素（如标准的砖块）来创造弧形大尺度结构。形态的自由与那些对空无矩形模块形状进行复制的建筑物案例相反，小尺度可以通过数学的角度连接到大尺度，这是因为设计中的尺度相似性正是我们实现感知的连接机制（见第4章和第7章）。因此，材料确实可以影响大尺度形态的概念，而且模块越大，影响力越强。人们选择使用大的空无矩形板，必然会影响到总体建筑；通常这也意味着最终产生的将会是一种单调而空无的矩形立面。

3. 克利斯托弗·亚历山大的办公室设计系统

1959年，克利斯托弗·亚力山大撰写出了一篇模块化和建筑比例领域中最有见地的文章（Alexander，1959）。很长时间后，他又向人们介绍了一种更加人性化的办公室设备布局设计系统（Alexander et. al.，1987）。这些理念在为家具制造商赫曼·米勒（Herman Miller）公司完成的一个项目中得到了进一步的发展［Alexander（2004）中介绍过］。对办公室环境中的建筑元素与个人需求的之间的相互适应问题的考虑让亚历山大得出这样的结论，标准体量的家具和办公设备的模块系统的局限性太大。他意识到永远不要指望这样的系统可以满足办公室（或任何其他的）环境中的个人需求。而这种解决方案则是一种有弹性的体系，它能够突破模块化的局限，并且能够让每个人进行选择，特别是根据不同的空间，来选择他们自己需要的设备的尺寸。

在对他发明的实用布局设计过程的描述中，亚历山大说道：

“必须要强调的是这个过程与使用模块构件的计算机系统的规划过程完全不同。虽然这些系统允许使用者对模块进行排序和重新排序。但我们的研究显示，任何排序和重新排序过程从根本上来说都是受限的，不可能产生那种深刻却简单的感受——同时这也正是我们一直在寻找的那种舒适感……只有有关构件都能够胜任非常精细的维数变化状况，才能达到这种深刻的适应性，其中事物之间能以令人非常舒适的状态相互连接……实现这种非模块化的效果所必要的布局过程本身是一种分化过程（与胚胎发育过程相似），各个部分会逐渐从整体开始分化——而不是由模块部件来组成整体”（Alexander，et. al.，1987）。

亚历山大意识到这个结果对于所有设计来说都是最最根本的（而且不局限于办公室布局和设施），他在作品中对这个问题进行了充分地介绍（Alexander，2004），其中还详细地讲解了建筑秩序的综合理论。我们在这里更详细地引用了亚历山大描述他的办公室设计系统的一些注释。

“人们通过这种方式创造出的排列确实是非常个性化的，能够真正地适合各个房间的要求……从本质上来说，所有这些排列与按照几种刚性数列来对标准构件进行排列是不同的，后者的效果往往死板而且通常不具有操作性……我的方案能够对空间进行区分，并且允许不同的物体根据它们的特殊作用，按照它们所需的形状和体量从空间中表现出来……为什么我相信我的系统中通过分化所产生的布局无限性要比标准构件的排列和重排所生成的几何排序的无限性更广更丰富呢?”（Alexander，2004）。

下面一节的推论回答了亚历山大的问题，并证明他的直觉非常正确。当然，这一章我们利用某些简单模块来理解更多的一般性结论，重点是为了探讨模块化问题。这个概念同样也适用于普通建筑材料和具有标准体量的构件，而不只是对于办公室设备而言。

当和其他某些有缺陷的设计相比较时，人们确实可以体验到响应设计。但也很难指出某个特定建筑中到底少了些什么，然而实际上，人们在一栋伟大的历史建筑中本能地获得的那种积极的情感体验却是不可否认的。我们要说的是，在设计中设置限制就像一个模块化系统的作用效果，很可能会去除掉了该项目中的几个（在人类适应方面的）最佳设计方案。特别是世界上绝大多数最受欢迎的建筑物——那些出现在不同风格传统和地理区域内的各个建筑时期的代表作——如果我们按照局限于空无单元的模块化系统来进行设计建筑的话，这些建筑恐怕都是不可能“问世”的。

4. 与非模块设计系统相比，模块设计系统中的设计选择数量

把自由非模块化系统与所有具有可比性的模块系统进行比较，通过前者所获得的设计可能性数量要比后者要多得多。这是十分明显的。然而，随着模块的体量趋于无限小，这个结论依然成立——这是一个违背直觉的结果。人们一直认为，非模块化系统的设计自由是通过渐小的模块的极限来得到补偿的，这一点我们已经证明是错误的。而且随后的部分是针对这种我们已知的违反直觉的结果的第一个证明。我想那些想要一味接受并对这个结果进行应用的人恐怕会想要越过第4、5、6节的内容了，因为其中包含了对这个问题的非常翔实的论证。

面对大量的不同物体和无限多的不同物体这两种情况，当我们的眼睛和心理不能够对它们的差别进行感知时，设计方法取决于可以产生的解决方案的数量。我们主张从所有可能的设计解决方案中进行选取。正是基于这个原因，我有必要确切地知道每种设计系统究竟可以产生多少种设计方案。

算出设计中模块单元所有可能的排列是一种直接的训练。于是在不会损失任何一般情况的前提下，我们构建出了一个一维的模型，遵循着这个模型就很容易进行证明了。设想一条直线的长度与某个由构件组成的系统的线长度相等。那么该直线

的长度就与建筑物或城市集合的体量相一致。我们想像 n 个设计单元或要素排成一排并填满这条线（不留空隙）。每个单元标为 i，长度为 x_i，所有要素长度 x_i 之和等于 1（直线的长度）。这种排列可以认为是对这条直线的特殊细分或划分（见图 8.1）。

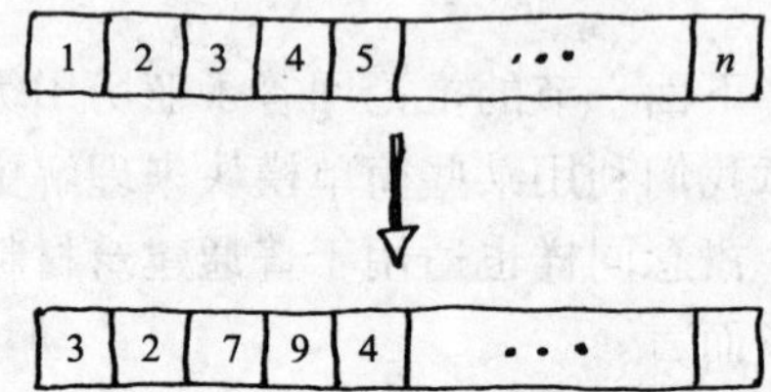

图 8.1
一个一维模块。每一个独特的模块设计相当于直线上 n 个数字的一种特定排列方式

那么这 n 个元素有多少种可能的重排方式呢？也就是说沿着这条直线有多少种不同的方式可以调换这 n 个元素的位次呢，这些元素不一定都具有相同的长度？组合学可以告诉我们答案，结果等于 n 的阶乘，阶乘记号 $n! = 1 \times 2 \times 3 \cdots \times (n-1) \times n$（例如 $3! = 1 \times 2 \times 3 = 6$）。如果有 5 个不同的要素构成这条直线，那么可能的排列数目是 $5! = 120$。很显然，可识别的构成直线的单元的数量越多，可能的组合数目就越大。

我来打个比方说吧，构成直线的单元的每一种重排列相当于一种特定的设计方案。而且可能的重排列总数与设计系统内在的设计可能性的数量相等。然而在实际操作当中，利用模块设计工作的建筑师们通常会只确定一种基本单元，即单一空无模块，所以所有单元都无法进行区分并具有同样的体量，$x_i = 1/n$。如果我们有 n 个同样的单元，那么所有可能的重排列数就等于 1——因为所有重排列都会产生的结果都相同——所以只会有一种解决方案（见图 8.2）。

图 8.2
基于单一空无模块的设计标为 1，这种设计限制了成为独特案例的可能性，因为所有重排列都产生一样的效果

5. 非模块可能性的数量

如果不被局限在预先确定的单元范围内，我们在设计过程中就可以发挥充分的自由来创造各种构件（我们可以证明，与模块设计系统相比，这样的设计系统具有无限多的可能性）。在已确定的较大维数范围内进行细分或调整，我们可以把要素做成任何想要的体量。为了能够在一个一维的模块中说明这一点，我们令一条直线长度为 1，然后把它细分成 n 段。用一根整齐的线把将它一分为二的节点标记出来。于是第二个标记将直线分成三段，按照这个方式继续下去，一直到第 $n-1$ 个标记，

我们就得到了第 n 段。这 $n-1$ 个节点把直线划分成了 n 段，这与上一节所讲的划分是类似的。要想在自由设计方案中得到不同的划分结果，我们只需要选取（某些）新的点来细分就可以了（见图 8.3）。

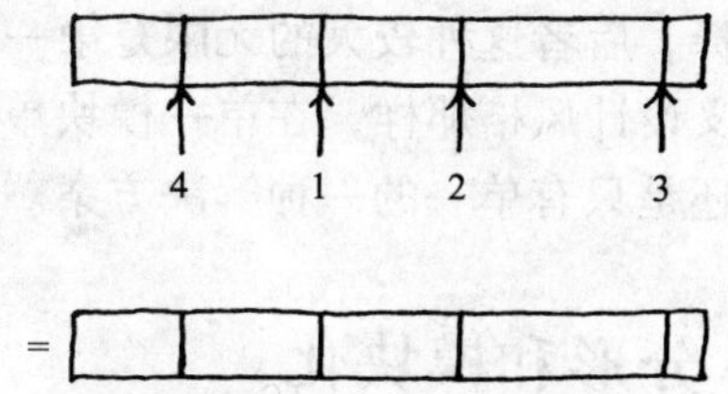

图 8.3
自由非模块设计与把直线细分解成 n 段相一致。数字表示细分的顺序，切 $n-1$ 次可以将直线划分成 n 段

我们现在来算算影响这种划分方式的可能因素数量。从哪里标注第一点，这种可能性有无数多个，因为你可以标在线上的任何位置上。我们一旦开始，第二点以及随后的点的位置也都有无数多的可能。因此加在一起，把直线分成 n 段的每种分段方式的可能性等于 $n-1$ 的幂的无穷，等于无穷大。把一条直线划分成 n 段的各种方式的数量有这么多。在非模块设计系统中，形状可以自由确定，而且我们可以有无限多种解决方案。

6. n 趋向无穷时的极限

使用工业体量预成型构配件是一种实际约束，对建筑设计造成了严重影响。建筑师们可能会被吸引着去使用尽可能大的模块来实现模块设计系统所预期的经济效益。虽然这种做法对于设计自由来说没有什么积极作用，但是模块理念依然深入人心。那么他们是如何来为模块化系统进行辩护的呢？模块化的支持者们“投奔”到了与理论上的小模块的相对的方面——在这种情况下，模块 n 的数量增加了。作为对模块设计的支持，他们认为模块设计系统的使用局限会随着模块的变小而逐渐消失。这种观点具有误导性，原因有两方面，首先，经济的原因会迫使人们使用较大的模块而不是较小的；第二，即使是一个小模块，也能严重地限制设计自由，虽然到目前为止我们还没有找到足够的证据。

基本单元的体量缩水使不同单元的数量增加，设计可能性也随之增加。不过，不论模块的体量如何，非模块设计系统中总是会有更多的选择。我们的一维模型的重排数量随着 n 的增加而增大，但是人们却永远都不能从中获得一个非模块系统那样的设计自由。我们可以算出模块设计选择数量与非模块设计选择数量的比率。一个普遍的错误是认为由于趋向无限大，一个无限大可以和另一个无限大相互消掉来得到结果 1（$\infty/\infty \neq 1$，但是在这种情况下等于零）。实际上，对所有 n 值来说，模块化选择数量对非模块之间的比等于 $n!/\infty=0$，所以随着 n 趋向于无穷大，极限就是序列的极限 $\{1/\infty, 2/\infty, 6/\infty, \cdots\}$，等于 $\{0, 0, 0, \cdots\}$ 这个序列的项从来都是零，所以这个比率计算得零。

根据数学的超限数理论，模块系统的理想状况是具有无限多的不同的无限小的单元，从而允许存在无限多种选择，但是一个非模块系统允许更高秩序的无穷多的选择。后者这种较大的无限是第一种较小的无限的指数。就像一种走向极端的极简主义设计风格那样，在单一模块单元的情况下，相对于无限多的解决方案，人们依然还是只有单一的一种解决方案。

7. 分形和模块化

空无模块决定了一个特殊尺度，其中没有比这个模块更小的尺度。这种决定单一尺度的做法与各个尺度上具有次结构的分形结构相矛盾。人们习惯于看到多种颜色的分形图案图片，比如计算机生成的曼德尔布罗特集合。但这种流行的概念忽视了一个事实——分形是自然界在构造生命形态和无生命形态过程中的无可替代的工具。分形模式无处不在：包括树木、动物、雪花、民间艺术、乡土建筑、过去伟大的宗教建筑、传统城市和人工器物。分形不仅不是罕见的，而且自然界大多数结构都是分形的（Ball，1999）。分形涵盖了所有的有生命体和大量的无机物。而刻意地带有非分形性质的主要是20世纪的人造物体。

分形的次结构在每个放大倍数上都十分明显，所以没有一个尺度上的结构是空无的（见图8.4）。分形结构与简单矩形块的几何构型相反，矩形块结构通常是由模块本身和建筑总体体量这两个尺度来决定的。而对所有分形体都很重要的一个特征是，他们的体量分布（很少的大体量、一些中间体量，和大量的小体量）满足“多重性法则”（Salingaros & West，1999）。自然过程中产生了一些与自身体量成反比的子元素。材料应力产生了断裂，表现出规则或不规则的图式，于是防止了该形态整体的进一步排序。随着时间推移，光滑物质在应力和风化的作用下会形成分形结构（Ball，1999）。光滑和空无非分形物体无法在风化作用下继续保持原来的状态特征，这就是为什么我们在自然中很难找到这样的结构。

图8.4
简单的自相似三角形分形中包含了五个不同尺度的三角形

设计中的模块化与下面这种使用非风化材料的方式相关。上面已经解释过，自然力和风化作用产生了次结构，于是摧毁了尺度统治（Ball, 1999）。如果我们通过强调某个特定尺度来创造一个人工非分形结构——比如一个普通的空无模块的尺度（体量）——那么我们就忽视了自然过程。要想在视觉效果上保持原始意图（即保留这样的模块希望达到的纯粹性），那些结构必须要能抵御风化作用，但这是不可能的。正是由于这个原因，模块、几何纯粹性和非风化物质等课题之间紧密相连而不可分割。为了避开分形结构，人们专注于对发光、光滑和透明材料的应用。众所周知，早期现代主义建筑师在他们寻找永不风化的“新”材料的过程中形成了他们新的建筑风格。

从微观尺度水平向上看，自然界中相似体量的元素倾向于加入到更高秩序的分组中。更高秩序分组内部的各种力的作用分布在许多不同的尺度上，这样就保证了构成整体的各个要素之间的更高效连接。更高尺度的出现与另一个过程是一致的：那就是促使地貌形成和创造复杂秩序并使随机性最小化的过程。牺牲一个尺度上重复单元的分离状态，是为了保证更高尺度上一致的成组结构。但这种生成过程被空无模块所逆转——开始是使用空无模块，然后保持原始模块的空无性。这种空无类型的建筑模块通常用来建造比例增大版本的空模块（即普通立面），但结果造成建筑物只有极少的视觉次结构。

一个非生命物体可以有不同程度的有组织的复杂度。有一个过程可以产生并保持这种复杂度。我们对建筑物和城市结构进行改造，给它们穿上衣服，再撕破，然后是自然衰退，这与喂养有机物和保养机器设备是类似的。人工系统与生物系统的区别在于，人工系统的维修过程是由人来完成的而不是主体本身。一个不会被风化的结构在人类看来是非常奇怪的。对于风化得很好的建筑来说，它们必须允许分形结构产生，最初在对它们的设计中就带有分形的尺度层级，否则风化作用所产生的不可避免的图式会将原始的设计初衷切断。所以解决这种矛盾的惟一方法是提前在原始设计中使用分形形态。

8. 设计自由的象征——逼近曲线

这一节对模块设计的各种局限进行了完全不同的说明。尽管在本章开始时我们设定的模块是以直线为基础来进行细分，现在我们要试着以不同类型的模块来逼近一个自由画出的曲线。我们将用图解的方式来说明内模块化逼近的各种内在局限。还是那句话，我们的解读认为这些结果能够给一般设计提供一些借鉴。

以次结构水平为特征的有序复杂性与设计自由是相互联系的。这一点从最简单的设计问题中就可以看出：建造一个曲面，来提供人类活动空间和心理空间，或者来容纳其他可以将人与建筑物之间的物理和情感相互作用最大化的因素。我们可以证明如果我们不抛弃前面所讨论过的简单模块化类型，就不能构建出非平凡曲线。随着设计要素系统数量的增加，中间结构水平的数量也在相应增加。在不同尺度上增加要素的过程使结构复杂度也随之增大，并且所有这些要素以及所有尺度之间具有相互连接和耦合。这与去除所有次结构后达到的空无和单调效果正好相反。

任何曲线都可以通过相连的直线段逼近来得到。不过精确的逼近效果取决于应用的基本线段的长度。在一个包含几个不同元素的模块系统中，其中一个具有最小定长。最小元素的体量限制了可以逼近的曲线的曲率。让我们想想单一模块的情况。比较一下这三种逼近半圆的情况（见图8.5），我们发现要精确地再现一条给定半径的平滑曲线，模块线段的长度越短效果越好。

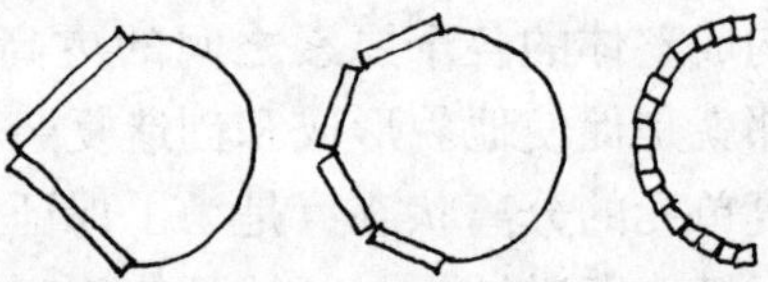

图8.5
直线段模块越小，逼进曲线的效果最好

可能有人会认为引入带有曲率的模块会使逼进曲线的效果更好。因为那样我们就可以得到不同长度和曲率的弧。然而与直线段的情况相反，曲率较大的曲线并不需要通过最小的弧模块来达到更好的逼进效果。逼进仍然受到模块线段的长度和形状的制约。这里用于比较的任何一种逼进（见图8.6）都不能让人特别满意，这反映出任何模块设计系统自身都存在缺陷。我们可以将曲率不同的大单元与小单元结合起来进行修正。不同的单元适合曲线的不同位置，并且能够明确地建立起与使用单一模块相反的机制。到目前为止，这些成果通过编码方案能够对连续图进行最为精确地再现。我们因此也不必再局限于严格的模块化，可以利用分形逼进的方法在很多不同尺度上同时发挥作用。这些实物演示只是以一种琐碎方式来地说明一个数学家们都知道的道理：像傅里叶和泰勒级数这样效果好的逼进在几个不同尺度上都需要有它们的项。

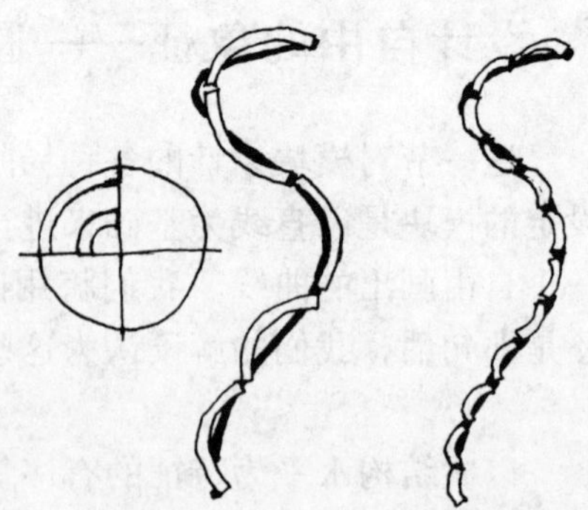

图8.6
利用曲线模块逼进曲线（见实黑线）不论模块体量如何结果都不太理想。这里使用的是不同半径的四分之一圆模块

我们的结论具有直接而深远的影响。适应性设计需要具备各种不同尺度上的单元。尽管这种思想适用于一般设计，并不仅限于曲线，但仍在拟合曲线模块中得到了印证。同时，我们也证实了模块化设计具有内在的局限性。

经过以上简单的分析，我们可以看出为什么模块化建筑要抛弃较小尺度上的曲线设计：这是因为使用相对较大的模块在数学上是行不通的。复杂设计要求不同尺度上的元素——必须得是“定做的”。空无模块限制了设计自由，它与具有丰富数学含义的设计水火不容。因此矩形模块建筑消除了自然形态这种主要要素。我们认为这种排斥的做法是产生缺乏生命统一性的矩形盒子建筑的首要元凶。近期的建筑，如丹佛机场和毕尔巴鄂美术博物馆，则采用了更为坚固的材料以及计算机辅助设计和制造方法，目的是为了突破在对相同构配件有局限性的机械化复制过程中所产生的形态僵化问题。不过这一次模块化制造所具有的美感与曲面模块有关，而且还依然保持着它的魅力。

与逼进复杂曲线的类比说明，我们需要在不同尺度上允许不同结构单元的存在。一栋建筑物并不是一定要有弧度，但它最好能够遵从于尺度那样的设计自由。如果使用者需要有弧度的形态，建筑物的几合构型就必须要根据这些需求来弯曲，所以一般说来，几何构型必须要根据细分来产生，而不是根据模块化并列来生成。因此我们对能够更好地适应和人类的物理和心理需求设计进行了类比。要想实现这些目标，在设计过程中，我们要利用我们的设计自由根据复杂的输入信息来对建筑形态进行调整。这种做法在模块化美学范围内受到严格地限制。人们的需求难以预计而且非常重要，如果我们过于忠实地追随那些僵化的视觉形象，就无法创造出能够为这种需求服务的设计作品。这种矛盾的根源在于，人类与建筑形态之间的影响和相互作用无法衡量，而且我们也无法提前预知。

9. 模块化和大批量生产

设计模块化受到制造业大批量生产技术的推动，目的在于使生产过程简单化并且压缩建筑成本。美国的大批量生产最早出现在轻武器生产行业，然后发展到家用机器设备业。1931 年，亨利 · 福特（Henry Ford）引进生产线对汽车进行大批量制造。19 世纪初，建筑行业也进入了模块化机工业化阶段，人们建造起铸铁仓库、气囊框架房屋等。到了 20 世纪 20 年代，建筑师们开始研究是否可以在建筑业中效仿福特的办法。不过，除了一些住宅体系、活动房屋和大篷车，再也没有见过成功的建筑生产线。二战后预置装备式住宅建筑的大尺度试验最后也以失败告终。

然而，模块化理念却一直被沿袭下来，并且对 20 世纪的世界建筑设计产生了强烈影响。尽管人们不能够对整体建筑物进行大批量生产，但是建筑师们感到他们再也不能接受那种为了满足个别的使用需求和形状需求而对建筑的每个部件进行定制的传统做法。这就在实践问题（通过标准体量来获得结余）和对社会问题的关注（为大众提供可以负担得起的住房）之间形成一种汇合。在这种意识形态的作用下，人们对很多建筑量度和零组件设置行业标准：如板强和胶合板的体量、公寓低矮顶棚的高度、门和窗的固定体量、卫生器具和照明器材标准、护墙板标准等。尽管在商务建筑物中没有批量成产的全套装置如浴室，但是其中的模块化已经发展到了相当高的水平。

模块化建筑被战后建筑社区所接受，成为未来建筑的必要部件。勒·柯布西耶想用他的专利——“多米诺”系统来既经济又快捷地建造房屋。我们继承了经过“淡化”的模块化设计理念，产生的是最枯燥、最不能令人满意的结果。今天的公寓和地区性住宅倾向于在整个区域内按照标准规划进行建设；它们不能像乡土建筑那样，能够根据家庭生活模式和气候条件来做出最佳的规划设计，而只是早期现代主义迅速发展时期的那些非常平庸的平面设计图。住宅的“发展”通常只不过是对某种单一的难以适应人类需要的房屋规划设计进行重复，并稍做改动，这更多是模块化建筑为数不多的一点优势而已。非常讽刺的是，这样的房屋仍然得靠手工完成，并且使用的也尽可能是最为便宜的材料。

矩形网格大量充斥于战后建筑物和结构当中。我们这里所提到的是英格兰赫特福德郡学校体系所使用的 3 英尺 4 英寸 ×8 英尺 3 英寸的设计网格和康斯坦丁·道萨迪亚斯（Constantine Doxiades）建造阿拉伯世界的几个新村时所采用的 3 米 ×3 米设计网格。密斯·凡·德·罗在 1950 年范思沃斯住宅设计中采用了 24 英寸 ×33 英寸的空无模块。人们仍然认为这种限制当中一定有一些极其具有优势的东西，所以这是毋庸置疑的。也许落实在纸上看更有效率，但是在建筑环境中它却并不能够带来生命。勒·柯布西耶最后曾在他的个人报纸《新精神》中通过极其丰富的论据探讨了关于笛卡儿网格的假定优势问题。其绘图笔法之清新，已经足以在建筑师和规划师的心目中牢牢确立模块正交网格的地位。

在少数这些以原则为理由拒绝在建筑中采用模块设计建筑师中，有一位是阿尔瓦·阿尔托，据报道他曾这样说道：“我的模块就是毫米”。甚至有机后现代主义的卢西恩·克罗尔曾因为采用了由荷兰的建筑研究基金会组织开发的 10 厘米模块而备受赞誉。然而克罗尔说：“……即便是 10 厘米都显得太大了；如果是 2.5 厘米或 1 厘米的话就更为理想了”（Kroll，1987：P59）。但是空无矩形模块不应该与老建筑里通过平移对称组织起来的复杂模块相混淆，因为这两者的设计目的是相反的。约瑟夫·帕克斯顿（Joseph Paxton）1851 年设计的水晶宫所使用的结构框架是 24 英尺 ×24 英尺，也取得了不错的效果。按照现在的定义来看，如果我们说 13 世纪的亚眠大教堂是模块化产物可能会对人产生误导，因为它有界限明确的框架 23.5 英尺 ×23.5 英尺。但显然它并不是一个空无模块，而且这个建筑在小尺度上包含了相当丰富的深层结构。

10. 结论

还有一些支持模块化的观点没有谈到，但是所谓支持并不是针对模块化在许多建筑中的应用方式而言。如果我们要表达大量的视觉和几何信息，那么模块设计就能够对这些信息进行组织，从而可以防止随机性和感官超载。在这种情况下，模块便不是空无模块了，而是一个丰富而复杂的，并且包含了大量次结构的模块。这样的模块可以组织起建筑的内部信息；而不是消除它们。另一方面，空无模块消除了内部信息，并且它们的重复消除了整个覆盖区域内的所有信息。所以，模块化只有在具有可组织的次结构的情况下才发挥其积极作用。某些建筑设计中的错误理解会给人一种印象，那就是应用矩形模块在某种程度上说明技术水平更先进。但其实不是那样。本章的一个目的就是为了要纠正这些错误理解。总之，我们以数学为科学依据，反对空无模块。

第9章 几何原教旨主义

（与迈克尔·W·梅哈菲合著）

1. 引言

我们可以把20世纪建筑师和规划专家们所采用的几何形状设计哲学看作是一种教条主义。后工业化设计师有目的性地将几何抽象手法应用于建筑环境，十分有效地抹去了过去时代的设计传统、建筑传统以及重要的社会城市文化网络。20世纪初引进的这种抽象手法给我们的城市结构、人文素质和个体建筑带来了灾难性的后果。明白这些信条的数学核心，可以让我们全面地了解它们所造成的破坏，并为未来建筑的繁荣发展打好基础。

人们将几何原教旨主义规定为：滥用简单的几何形态作为建筑环境的主要类型的做法。这种做法不仅影响到大尺度（例如城市规划和总体建筑量），而且在相当程度上决定了我们日常环境中的细部。对于巨型摩天大楼来说，由于其非人性化的尺度，不论它的形式是什么样的，它们都是几何原教旨主义的表现。这正是问题最为严重的地方，因为这种做法通常消除了最小尺度。

我们认为，依附于几何过度简单化的秩序和美感具有一种人为和孤立的本质，并且让我们的社区产生了一种与环境疏离的形态。人们每一天都可以本能地感觉到当代建筑和城市化脱离于甚至是违背他们所尊重的传统人类价值。在工业化世界中，城中区域的退化为抽象几何（即现代主义）街区替代传统城市结构提供了机会。对城市结构的摧毁导致了人们的内向性心理，以及缺少社交的生活方式，并进而使人们的生活退回到郊区。在发展中国家，这种反应使人们对那些积极推行这种破坏进程的国家产生了一种极度仇视（而其中的根本原因不一定为人们所了解），而工业化国家则把这一进程看作是对传统文化的破坏。

最简单的体是球体、圆柱体、圆锥体、棱锥体、立方体，而摩天大楼建筑则更喜欢采用矩形板或方柱形式（见图9.1）。我们经常可以听到人们将这种结构被描述为“像雕塑一般”，但这种说法其实是一种误导。处于世纪之交的设计师们，追求一种“机器时代”的形态，他们对光滑平坦的机器进行复制，但是在当时，这种机器特征本身只是某些艺术圈子里流行的对于光滑平坦效果审美的一种表达。这种审美表达进而影响了更多的工业形态，然后再反射到建筑设计中，诸如此类。工业设计、建筑学以及艺术之间的这种自指反馈将20世纪20年代的“机器美学”同现代主义连接起来。然而这种连接与雕塑毫无关系，雕塑本是积极人类情感的来源之一，在这里，连接只适用于那些已经满足了这种审美要求的雕塑作品。模仿简单立体的建筑物只可以在某些人自己定义的狭隘美学范畴里被认为是“雕塑”。

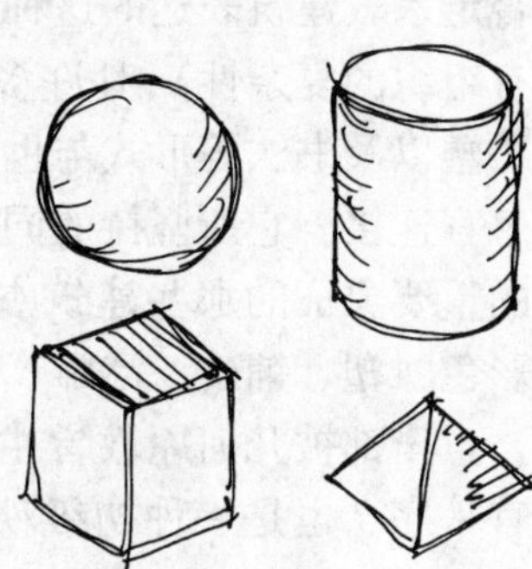

图 9.1
基本立体既不是雕塑模型也不是建筑模型

雕塑是可以让观者参与的高雅艺术结构。虽然这种需要观察或需要“理解”的形式的概念只是建筑的一个方面，但它却是能够最终抑制建筑物创造性的一个方面。建筑是人类的生命之舟，并协调着人类的需求——人与人之间、人与自然之间需要以一种复杂的模式相互连接；然而人们很大程度上却沉迷于功利思想的审美之中，反而成了建筑的首要考虑因素。哲学家和心理学家指出，我们对建筑环境的体验取决于我们与生命更深层次内容之间的相互作用，而不仅仅是依赖于意识经验。然而我们这个时代中的建筑已经被简化为一种巨大的极简主义雕塑，而人们却不得不毫不知情地居住在里面。

表面质量在人们对建筑物和城市环境的进行感知和相互作用的过程中具有深远的影响。设计师们着迷于平坦光滑的几何构型，切断了我们同周围环境的联系，于是我们无法通过感官来与周围环境之间建立行联系。现实中，人们削减了蕴含在表面设计中的信息，于是意义被剥夺了，而在历史上，表面设计的作用恰恰在于通过精神关联性将人类个体与结构连接起来。人类与世界进行连接的一个主要途径被破坏了（见图 9.2）。

图 9.2
空无抽象形态替代了复杂结构

2. 宗教竞争

否定宗教建筑表达的这种做法（不仅是对于宗教建筑，还包括否定整体建筑环境的有组织的复杂性）对许多宗教来说是一种冒犯。它违背使个人通过色彩、图案、雕塑以及书法等形式与世界——与上帝进行连接的基本原则。几何原教旨主义否定感官连接。它所坚持的同质化表面只能传达出最少量的信息，而对于作为人类信仰的重要象征的那些建筑杰作，它对这些建筑的持续有效性表示质疑。比如说，通过彩色雕塑、铺砖、浮雕、壁画和镶嵌图案来传达意义的寺庙、清真寺、教堂等建筑，也全部被几何原教旨主义所否定了。用勒·柯布西耶的话来说；“装饰是一种感官秩序，也是一种初级秩序，就像色彩适用于简单种族、农民和野蛮人一样”（Le Corbusier，1927；第 143 页）。他的这番话似乎显得对雅典卫城建筑一无所知，因为他曾声称让他极为赞赏的雅典卫城建筑，其实最初也是刷着明亮的对比色彩的。

几何原教旨主义也禁止在建筑环境中使用神明的词汇（和神明的名字）。古典伊斯兰书法作为一种主要的艺术形式，经常在建筑中发挥重要的作用。阿拉伯字母的每一个笔画都可以产生丰富的变体，比拉丁字母和希腊字母更要适用于具有内部尺度的视觉连接。建筑物表面装饰性的伊斯兰书法所表达的信息意义并没有引起非伊斯兰人的注意。但懂得这种语言并关心其中信息的人们能够透过这些文字中的信息与建筑物立即相连，建立起一种深层次的情感连。而对于这笔迹所赋予建筑物的巨大意义，那些不懂这些笔迹的人们就只能靠想像了。书法通过设计词汇所实现的意义可以达到令人难以置信的程度，而且我们所有人都可以观察到这一点。对于中文书法和日文书法也是同样如此。

随着几何原教旨主义与宗教表达之间在建筑结构和表面信息含量等方面进行着正面竞争，单就这些方面而言，几何原教旨主义是能够替代宗教运动的。当然它具有自己的道德戒律，它直率地承认野兽派艺术（使用粗糙混凝土表面）建立的基础是伦理观念，而不是审美观念。它的教义强调“诚实”的建筑物不应该隐藏它的结构：然而却从未对建筑“诚实”做出过明确的界定，也没能给出任何根据来说明野兽派艺术为什么具有价值。而我们得到的只是关于教义中其他部分的一些理由。甚至那些真正想要通过新建筑来让社会变得更好的早期现代主义者们也没能注意到这些消极的后果。

传统文化远比现在西方工业化国家带有更为强烈的宗教意识，然而它们却惧怕几何原教旨主义中所隐含的盲目崇拜。当代建筑师对于他们所采用的几何抽象手法是十分敬拜的，并且准备通过他们的职业生涯来捍卫这种手法（为了能够分享他们的愿景，建筑师们将这些理想施加到那些建筑的居住者身上）。尽管人们很少探讨这个话题，但是建筑师们对几何抽象手法近乎疯狂的拥戴所代表的是对于远远超越建筑风格范围的事物的一种信仰。一般人可能认为这只不过是和建筑方法是否高效、或是和新经济压力有关，或是能证明全人类新品味等的一个问题而已；然而真相其实与基本信仰的生存竞之间争更为密切（见图 9.3）。宗教通过有组织的复杂性以建筑环境的形态表达出来，但是几何原教旨主义除了它自身，不允许任何其他的表达方式存在。

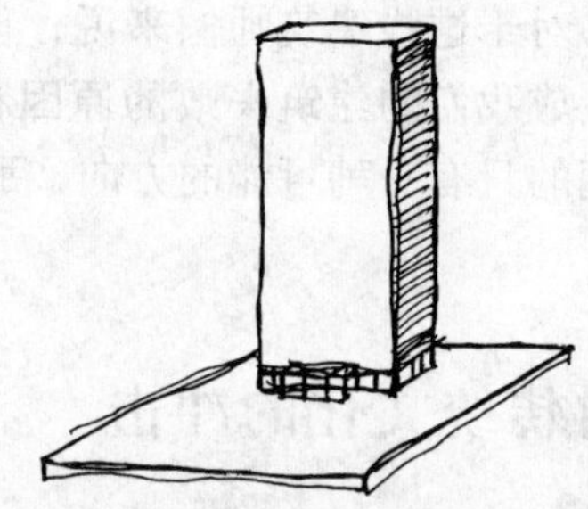

图 9.3
它更像是一种宗教崇拜的象征

英国建筑历史学家詹姆斯·M·理查兹（James M. Richards）的措辞背叛了早期现代主义的宗教愿望："纳粹曾试图制止福音的传播，但现在在大西洋两岸都有先知书的存在，而且美利坚突然变成了一块具有惊人建筑能量的地方"（Norwich，1987：第 233 页）。他对战后意大利建筑师的批判有失公正，他将所有（真正的或伪装的）宗教进行吁求所依赖的社会关怀与对叛教行为的容忍相提并论，而叛教行为是狂热的邪教以及最黑暗时期的有组织宗教的特征。"随后，就在最近的时期内，每当与其他欧洲国家进行比较时，意大利的建筑师们总是会因为意大利不能拿出与重要的社会问题紧密相关的建筑项目，而蒙受耻辱。而且还有一种主动脱离正统的倾向。"（Norwich，1987：第 242 页）。

很多建筑师相信简化的几何形态具有改善民生和道德的能力。他们对这一观念深信不疑，所以人们对它能够毫不质疑的全盘接受。老师通常不会去教建筑专业的学生们去探究任何设计理论的基础假设问题。学生们也不可能在真实尺度上去验证他们自己对于世界和对于设计的种种假设。在以媒体为主导的建筑权威之下，一套简单的信念驾驭着建筑设计的发展。甚至由于人们无法对最终使用者的反应进行预期，在当代设计当中，使用者的反应就变得无足重轻了。这种方法论以严格的几何指令为基础，与宗教小说十分类似，因为它们都是以自身存在的有效性为标准。一个故事就是一种创造的法则，只能通过它的效应进行证明。而社会就是由这些故事串联起来的，这些故事试图同自私、贪婪和暴力等人类的真实一面相抗争。然而，认为几何构型特别是那些不连贯的几何构型能够具有这种凝聚作用的想法是大错特错了（见图 9.4）。

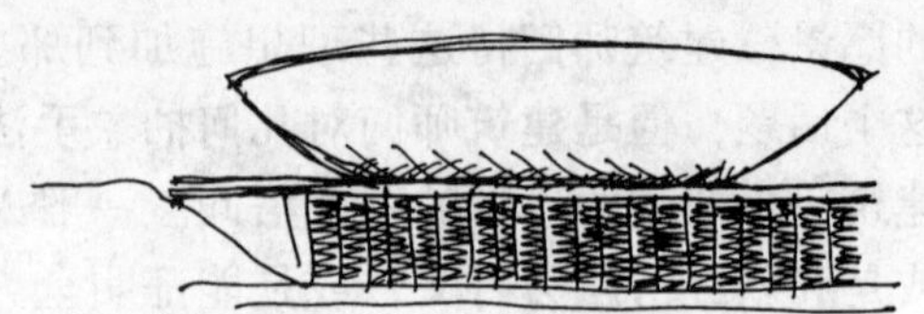

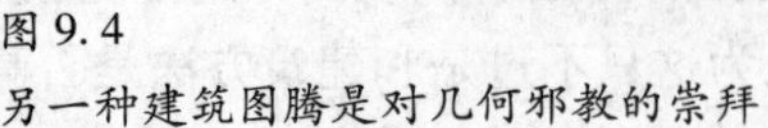

图 9.4
另一种建筑图腾是对几何邪教的崇拜

一种表达几何原教旨主义与宗教原教旨主义之间密切程度的是：它们对于观察到的错误如何反应。当几何原教旨主义被强加于人类社会后，它们的肇事者会不可避免地看到这种灾难性的后果——人们同建筑环境相脱节并同他们的传统相割裂。不过，对于这些建筑师们来说，他们既定的反应只是种惋惜而已："我们还不够纯粹；造成我们的建筑失败的原因在于我们偏离了正确的路径"。教化在思想上灌输给人们的只有一种可能的方向，那就是追求纯粹几何形态和表面的核心原教旨主义信仰。

3. 对传统文化的冲击

西方工业化国家对世界保有一种战后愿景，那就是现代性，将工业繁荣同人们想像中合理的艺术和科学乌托邦相结合。在一些情况下，它们的影响可以大到将现代性强加到传统文化中去，因而破坏了几个世纪以来的传统。我们现在知道这种现代性愿景其实存在严重的缺陷。结果造成我们不得不应对一种世界范围内的情绪反弹。尽管这种反应并不是空穴来风，但它却往往被误导，而退入到各种不同的原教旨主义形态和部落文化形态中去。需要我们去营救和恢复我们文明中最为珍贵的成就：多元论和民主的精神，以及科学与学习体系的开放性和自我修正能力。

许多人文主义建筑师和城市规划者认为几何原教旨主义具有破坏性。没有任何建筑权威的理论研究能够掩饰这一点。战后认同包豪斯风格的美国、欧洲、日本，以及许多其他国家希望能够把这种"先进的"形象照搬到世界其他地方。他们对于先进的理解是模仿迪斯尼世界里"未来世界"的平整光滑的形态。俄国选择的是超大型的非人类化结构。工业化世界的人们意识到他们的文化遗产正在遭受破坏，但是他们接受一种（错误的）辩护的安慰——他们认为这种破坏是他们为实现技术进步和经济繁荣所付出的代价。惟一的例外是我们的年轻人——在他们被环境变得麻木之前。然而发展中世界的人们并不接受这种官方的宣传：他们看到自己不仅没有收益，而且正在失去他们古老的文化。

正如宗教原教旨主义被西方看作是对政府民主方式、开放性社会以及尊重人权等问题的威胁一样。几何原教旨主义被发展中国家看作是对传统文明的威胁。世界上的普通人不会把几何原教旨主义看作是一种抽象的哲学思想——学术建筑师和媒体玩的一种智力游戏——而是根据它对社会的直接作用结果来看待它。人们认为它是巨大的经济和军事实力的同义词，并认为当代建筑和规划是对城市机理、人际连接网络以及紧凑的社会网络等这些决定他们生活方式等因素的一种机械化的攻击。

公司化美国——以及它在全球经济和工业综合系统中的扩张——体现了几何原教旨主义。我们不是要批判经济全球化，而是要关注那些我们可以感受到的——将全球经济与排挤传统形态的哲学相连所产生的后果。全世界的人都可以看到他们的建筑传统和社会城市传统被划分为抽象的类别（即非必要的实践），继而被当做原始、落后、缺乏现代气息并且阻碍发展的东西而遭到排挤。其中许多拥护发展进步的人转而开始反对他们的文明，而其他人则开始厌恶那些推广这种哲学的国家。这种冲击不仅对城市机理和建筑环境造成破坏，而且更令人担忧的是，它也会对危及文化的根基。

社会城市交互网络决定了特定的文化，人类的各种思想方式与这种社会城市交互网络紧密连接，并同人类一起进化，然而它们却被几何原教旨主义所抹杀。我们非常难过地看到，所谓的“城市环境改造”，分明是对传统住房模式的整体大规模破坏。发展中国家的居民脱离了他们的文化根基，被强制搬进高层建筑。与此同时，他们的政府为了能“跟上”工业化国家的脚步，被诱惑着去建造最新的铺张怪异建筑——尽管不全是，但大部分是几何原教旨主义类型的建筑物。疏离陌生的形态被植入城市，往往取代的是人们历来所钟爱的建筑地标。不经过审慎思考地大兴土木，对于那些具有难以估量的文化和考古价值的地方来说，简直是一种亵渎。而西方式教育极其成功地将一个国家的管理人才和建筑精英们转变成为反对本土艺术和建筑传统的人。

当今的建筑丧失了它们的责任。发展中国家把一栋自命不凡并赢得广泛宣传的当代建筑的落成当作是一种建筑学术的成功。这栋建筑的照片可以刊登在精美的建筑杂志里，学识渊博的评论家们会对它的建筑师（通常是一个西方人）大加赞赏。而“明星建筑师们”把又一个象征着他们无所不能的建筑带到世界上以后，也可以心满意足了。但是，另一方面就糟糕得多了：对很多人来说，这种做法是在呼吁人们反对传统文化的“象征性入侵”。比较敏感的人会对这种情感挑衅非常不满，并会准备抵制更糟糕的事情的发生。人们的价值观和信仰都是以他们的文化为基础，而在梦想世界中自我感觉良好的建筑师们不会认识到他们的这种行为对于其他人所造成的影响。他们既看不到西方表达方式在当代建筑形态中处于支配地位，也不会去考虑这种现实情况会造成什么样的影响。

4. 几何构型简化与连接性的对比

科学可以关注正在进行中的事物，并提供重要的见解，有利于加速当前范式所不可避免的危机和指出实现一个更新更先进的范式的方法。当然，危机已经迫在眉睫。在尚未理解如何来有效应对几何原教旨主义的非人性化本质的情况下，人们反而去关注许多不同随机方向上的各种反应。但非常幸运的是，如果能够将最先进的科学与一流的传统艺术相结合，我们还可以有很大的选择余地。除了构建一个新型社会——后现代主义的社会，我们别无选择。的确是这样，这个新型社会需要表达的是新的“连接主义”原理，并能够将历史与传统文化的智慧与最新的科学和数学发现相结合。

与几何构型过于简化的情况相反，连接性的核心理念在于——它是一种优越结构与良好建筑的确定性状。这个理念与网络理念是相连的，一个连接的结构与简单抽象是对立的。连接性是人们在分形结构、互动过程、涌现性等几何新发现的基础上所取得的成果。在不同尺度上（较大的和较小的），大量要素之间互动作用，产生了自然和生物结构。有机体、人类的自发创造，以及我们过去最伟大的建筑成就都是分形的，也都是复杂的，并且具有不可思议的内部连接程度（见本书第5章和第6章）。

这样的结构表现出了许多自然结构的连接特性，这些特性只是近期才在数学分析当中被描述出来。其中包括：通过模式和基于简单规则的过程来迭代生成复杂形态，在不同却相关的尺度上对形态和纹理进行分形重复，大量要素对一个复杂生物模式的多种适应方式，一个具有一致性的总体模式的涌现过程，以及在对环境简单而直接的反馈过程中相对自主的要素所具有的美感。

让我们把一栋建筑物或一座城市尽可能地作为纯粹的数学结构，来分析一下它们的几何构型。在各个建筑单元之间以及单元到公共区域之间的通道数量和连接关系决定了建筑结构的“生命”。具有生命力的环境——那些能够让我们从感官和深层情感水平体验到“活着的”，以及让我们自己从中也能感觉到更有“活力”的环境，它们表现出了一个网络所具有的经典结构特征（Salingaros，2005）。各种表面通过无数的数学对称和数学相似性直接与使用者之间连接，并实现彼此之间的连接。迭代过程可以通过相当有限的材料品种和形态产生丰富的多样性，建筑物就是通过一种迭代过程在视觉上形成物理连接。于是整体结构在许多的尺度水平上就都具有了丰富的连接。

我们今天的建筑物与以上所说的建筑物之间的差异是非常惊人的。各种形象往往是在建筑物中加入了巨大的抽象元素而生成的，这是原教旨主义的最终极的做法。每一栋建筑物的外观几何构型都很类似：僵硬而且绝对化——极其生硬地与相对简单的直线、网格以及平板概念糅合在一起。连接关系也进而严格地限制在一种强加的早期现代主义所遗留下来的简单而基本的几何体中。20世纪的主导性假设认为，简单的几何构型结构实际上要比以前的建筑作品更复杂，更具有“现代感”。但是现在我们知道，这种观点的反面才是正确的。技术天才不应因为文化的进步而感到迷惑。我们需要利用这些发现来创造（或者说为我们时代重新创造）一个更具有连接性的建筑世界。

5. 新千年的建筑

近年来，许多著名建筑师和城市规划专家曾明确地宣布了现代主义的灭亡。然而今天大多数“明星建筑师”似乎并没有跳出20世纪的原始风格，甚至是在他们号称的先锋派时尚中也不过如此。当他们要求避开简单性，并开始尝试复杂性理论时，他们依然在玩一种同样的不具有连接性的抽象雕塑游戏，他们对于复杂性的理解是肤浅而有缺陷的。而且到了最后，这个过程并不能够为人类需求进行考虑。它仅仅是公众的时尚狂想和开发者自我所参与的一场游戏而已。新的设计师们仍然生活在缺乏几何构型连接的环境中。在这样的建筑中，人们不会真正考虑：建筑对于人类体验是否能够真正有所裨益，我们的建筑是否能够与日常生活相连，是否能够提供用户所需的深刻的日常互动等等。如果有的话，我们自然会在几何构型合理的复杂性中找到它们。

那么为什么会有这么多的建筑师仍然对于这些过时的原则与空无美学情有独钟呢？为什么他们认为毫无生命力的几何建筑是美的呢？我们建议大家去从认知科学中寻找答案。建筑师们所追求的秩序是由他们内心中的形象来决定的，这与建筑物当中那些真实、复杂而具有连接性的地方的数学对称方式无关。这种内部参照问题在抽象领域里可以具有相当大的吸引力，当然也可以是非常美的。设计者在内心当中搭建起各种几何构型，并且沉迷其中。因为心理图像不需要融入建筑文脉，于是设计人员不用去考虑和处理实际当中对人们的形态体验所造成的多种影响。当这种形象真正出现在现实中时，设计者所看到的依然是简单纯粹的心理形态。而我们其他人看到的则是另外一幕，自然文脉往往被强加的建筑切断和破坏了。

原始几何构型在设计中的绝对优势的主导地位是哲学家艾尔弗雷德·诺思·怀特黑德（Alfred North Whitehead）所说的“关于误置正确性的谬论”的一种产物。其中不仅包括直线、网格、盒状、圆锥体、棱锥体以及圆柱体这些比较简单抽象的形态，还包括取决于独立存在的要素的一种基础几何构型。相比之下，20世纪数学史和科学史向我们揭示了自然结构的特征——存在于许多尺度水平上的大量要素的网络模式、重叠连接、相互作用以及分形重复。

有些人认为这些思想本身是完整而完善的，原教旨主义就是以这种坚定信仰为前提的一种哲学。这是一种极具诱惑力的想法。我们可能会认为我们的思想在内心当中是相当完美的；但是它们一经检验，却发现完全不能产生良好的人类环境。而且一旦被建造起来，它们会切断各种微妙的相互关系，并摧毁当地的生命力。然而，很多人开始相信纯粹性并不那么重要。这样的建筑不具备产生适应性的余地，也不具有尺度之间的衔接。于是建筑物失去了抽象理念与物理结构之间的差异。他们相信这种理念就等于真实建筑，真实建筑也等于理念，这两者是可以划等号的。也许我们将这种想法称为现代主义自负最为恰当，而以上所说的正是其精髓所在——危险的抽象崇拜会导致人们忽视有组织复杂性——但这种后果却存在于随后所有的从现代主义派生出的建筑趋势之中。

几何原教旨主义留给后人的是一个更加广泛的“遗产”的一部分，一种朝着更高级别的抽象手法发展的历史潮流，以各种方式表现出的与经济发展过程相脱节的现状，毫无意义的时尚，以及越来越肤浅和越来越“弱智化”的文化。就像怀特黑德所说的：“人类与动物生命不同的地方在于，人类可以运用抽象过程……而人类的退步与进步之间不同的地方在于，人类脱离了美学内容后，对冷漠的抽象化的操控状况。”或者说，我们要补充强调的是——脱离了自然美学内容，并且越来越受到脱去了美学特征的抽象化过程本身的迷惑。要结束这种最基本的对于几何构型的误用，我们必须要从一个更广泛的框架范围内来实现，那就是要终结一个错误的设计哲学时代。

6. 抽象化和较小尺度的损失

一个复杂层级系统是由许多不同尺度上的要素和过程构成的。所有这些尺度之间相互作用，通过相互依赖的部分创造了一个整体。通过复杂系统理论我们知道，所有较高尺度都依赖于较低的尺度。层级一致性是通过不同尺度之间相互连接来创造复杂系统所产生的结果（见第 3 章和第 7 章）。根据生物系统病理学，层级中所有较高的尺度都取决于相互之间默契配合的最小尺度。一个微生物可以通过攻击细胞来杀死动植物。人们通过几何原教旨主义来消除环境中较小尺度上的连接性，这些破坏方式是十分相似的（见图 9.5）。所以不论较大尺度看上去什么样子，我们永远也不可能与这种类型的建筑环境产生连接。

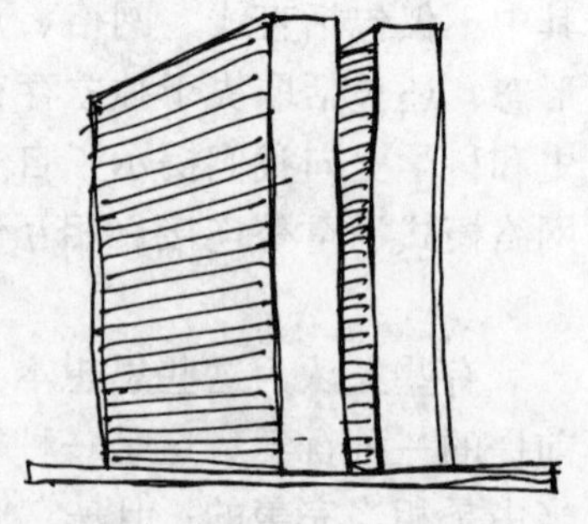

图 9.5

几何原教旨主义消除了人类尺度

在相反的复杂系统当中，几何原教旨主义失去了相互连接的尺度层级，消除了最大尺度之外的所有尺度。抽象过程只关注一个单一尺度——通常是最大尺度——并且会消除所有其他的尺度，而通常这些尺度之间通过合作原本能够建立一个复杂的相互作用的系统。这正是这种还原性抽象过程的危险所在：由于没有理解生命系统不能存在于单一尺度上这一重要问题，导致系统丧失了一致性。数学结果否定了这种抽象化的认定，产生了相反的结果，并且这个数学结果与按照建筑和城市规划这样的原则来执行的做法也是矛盾的。

在一个社会系统中，几何的过度简化问题主要关注的是作为一个（不相互影响的）单元的人群，而忽视他们的差异、需求和惟一性。它将个体从考虑当中剥离，这是一种及其危险的抽象形态，我们将在后面部分对这一点进行解释。在建筑系统当中，同样的数学误差消除了结构中的较小尺度，并且只是集中到了最大的尺度上。这种类型的抽象化是在一种对于结构的“纯粹性”需求驱使下产生的，这种抽象化导致了过度简化并摧毁了复杂系统——无论是一个社会，还是一栋建筑物抑或是一个有生命力的城市。

已经有大量资料对城市改造计划所产生的消极影响进行了探讨，二战后现代主义统治时期的标准做法是将贫穷的社区推平，在原地建立起人们心中认为美好的混凝土高层公寓楼。另一种做法是让穷人搬走，将空置出来的土地用来建造能够产生丰厚利润的建筑。这个过程里包含着一系列的抽象。第一是人们是一个“群体”可以不用多考虑就将他们的住所推倒，而且作为一个“群体”，也可以让他们搬走，搬到规划者指定的地方去。要做到这一切并且不受良心谴责，必须把这群人当成一种抽象集合来对待——在这种抽象当中个人不复存在；人们变成了一群，失去了他们的本我。这种情况即使到了今天也没有任何改观。

我们该如何证明这种把人们逼进高层建筑的做法是正确的呢？因为这对他们有好处，这是建筑师们的信仰（即：居民将从我们施加给他们的几何构型理念中受益）。至于环境心理学家根据广泛的实验数据对这种假设质疑，那就更不用管了。这种城市类型反映出了建筑师们运用另一种抽象手法（对建筑物）来对第一种抽象（对人）中人们的无家可归和离乡背井进行辩护。规划者们认为高层建筑物是可以抽象为群体的人们的理想居住和工作地点：穷人和蓝领阶层应该在公寓塔楼中居住，而中产阶级和上流阶层则应该在办公塔楼中办公。尽管人们通常用经济效益来进行辩护，但是这种以简单的几何抽象原则为根据的错误想法忽视了城市形式的原则（Salingaros，2005）。

我们已经了解了产生和拥护这种抽象化的思维定式，并将对它进行关注。这种思考是原教旨主义中最狭义的应用中的一部分，而且并不局限于建筑学或城市规划等领域。因此，要想对20世纪建筑环境中最为明显的方面进行说明，我们需要对极权主义哲学，宗教极端主义以及对犹太人大屠杀背后的力量等进行探究。不可避免的，一些读者会反对进行这样的比较。不过，我们确信这些思维定式之间存在着重要的哲学联系。

7. 勒·柯布西耶的几何原教旨主义

建筑理论史中，有一篇文字像一场论战一样拥护着几何原教旨主义：勒·柯布西耶1923年的作品《走向新建筑》（Le Corbusier，1927）。这是现代主义几何构型的一次最为淋漓尽致的表达，也是造成战后如此热切地实施的城市无计划扩张的根源所在。在这里，宽阔的高速公路，庞大办公室“公园”，鞋盒式的混凝土塔楼，远离街道的四四方方的零售中心都用详细的草图和慷慨激昂的观点进行了描述。

毫无疑问，《走向新建筑》是20世纪建筑学和城市规划领域里一部具有里程碑意义文献作品。它几乎成了所有大学的建筑理论教科书。我们建议不要将它当作一本严肃的教科书来读，而把它作为一种破坏建筑和城市一致性的宣传手册来看。同样地，阿道夫·希特勒（Adolf Hitler）所写的《我的奋斗》在大学里也有很多的读者，但人们并不是将这本书作为一本研究政治和政府的理性的参考，而是（且不论人们的反感）为了通过它来了解书的作者是如何做到通过操纵一个民族来毁掉欧洲和实施大屠杀的。

勒·柯布西耶的“伏瓦生规划（Plen Voisin）”（在他的书中称为塔楼城市）中表现了巴黎市中心被摧毁后将由巨大的高层建筑所替代。简单强大几乎是带有强迫性的抽象理念（塔楼，表面上消除了噪声、异味和尘土）成为了城市的纽带，构成城市机理的连接网络将它纳入到人类生活当中。尽管建筑师想要清除昏暗偏僻的小巷子的意图是好的，但是这种巨大的改变完全没有经过检验。然而大规模的实验还是没有得到控制地在成千上万的人中（许多其他的城市中）实施。其中拟建的整体几何构型在应用时，消除了复杂的连接网络，并且用一种宏伟的简单的非层级替代了它。这种做法的结果是，既摧毁了复杂性，又扼杀了建筑生命。

瑞士建筑人类学家诺尔德·埃根特尔（Nold Egenter）对我们自己的评价进行了适当地总结：“想像一下，如果勒·柯布西耶所规划的巴黎真的变成了现实，那该是什么样子！一个死寂的沙漠。再也不会有人来巴黎观光了。”非常巧合的是，希特勒也是一个鼓吹建筑伪装的大师，他曾想在1944年摧毁巴黎。

这种巨大的抽象（加速了非连接）是现代主义的基本理念，也是它最终的缺陷。它存在于所有的水平上，从城市规划到建筑规划，一直到个别的装饰和细部。在这种制度下，生命和世界之间复杂的有机关系完全隔断了。1923 年，勒·柯布西耶完全被过分简单化的极权主义哲学所影响，而在当时，这种哲学思想已经在社会中扎下根来。他从周围的还原主义机器中接受了简单抽象的几何构型，他说道："工程师的审美与建筑师是相互匹配和相互模仿的两个事物：现在其中一个达到了顶峰，另一个则处在一种不愉快的衰退境地…工程师，受到经济法的启发，并在数学计算的支配下，让我们与普遍规律相一致。他实现了和谐"（Le Corbusie，1927：第 11 页）。

乍一看勒·柯布西耶的言论像是支持本书的观点；但是他对于建筑和城市规划的建议所产生的效果却正好相反。按照所有的宣传者的策略，为了达到目的，他所说的听上去都是可行的，甚至十分具有吸引力的。一种粗糙原始的几何构型迷住了他：当然不像文明开端时的数学和科学那样复杂。他将技术方案肤浅的外在与过程相混淆。几何原教旨主义并不是像某些人想像中的那种摆脱了愚昧的进步，而是人们对于欧几里得、毕达哥拉斯，以及古埃及人的创造的纯粹几何抽象的一种被动地接受："哥特式建筑从根本上并不是以球体、圆锥体和圆柱体为基础的。只有教堂中殿是一种简单形态的表达，但它具有二阶的复杂几何构型（交叉拱形）。正是由于这个原因，大教堂并不具有很强的美感，因此我们要从中寻找造型艺术之外的主观补偿。大教堂能够引起我们的兴趣的地方在于，对于这样一个难题，由于它的必要条件不是由伟大的主要形态生成，所以规定得非常糟糕，但即使如此，它仍旧给我们提供了巧妙的解决方案"（Le Corbusie，1927：第 30 页）。

那么也就是说大教堂并不十分美丽了？那什么建筑是美的呢？勒·柯布西耶解释道："因此我们有了美国谷物升降机，这是新时代的第一个最伟大成果。美国工程师用他们的计算压倒了我们正在走向衰亡的建筑"（Le Corbusie，1927：第 31 页）。

这就是"伟大思想"——清除所有的碎屑并为迎接新时代做好准备：机器时代。当然这里所说的碎屑包括几千年来整个地球上所有的人类伟大成果。这些"碎屑"将被为了模仿美国谷物升降机而产生的建筑所取代（见图 9.6）。在今天的我们看来，20 世纪 20 年代勒·柯布西耶所倡导并在他的书中进行了说明的机器，很明显在后来的任何标准下都是相当粗糙的。但是勒·柯布西耶完全彻底地被它们迷住了，以至于他认为这些机器实际上比它们以粗糙的方式反映出的现实还要优越。这正是被怀特黑德称之为"具体性误置的谬误"的一种显著的，而且是相当极端的例子。这个概念指的是一种对抽象事物的崇拜到了使人们失去了与这些抽象事物所代表的更丰富更复杂的具体现实的连接性的地步。这些抽象事物替代了现实。

图 9.6
有序的次结构使右边的建筑物更具有生命力

被这种简单、强大而且迷人的抽象手法所蛊惑是十分容易的。让我们再大胆一些往前走，勒·柯布西耶说道，走进这种将这些简单抽象的构型强加到世界大规模尺度上的计划之中。他对巴黎的设计对于人类生活中的细微差别和复杂性没有丝毫怜悯；而只有轻视。根据他的观点，城市应该铲平再进行重建——这次他是在巨大的极权主义尺度上采用了加大号的儿童积木。采用完全粗糙的忽视了更深层和更微妙的关系的抽象构型——勒·柯布西耶正是这方面的大师。由于受到他自身设计的巨大抽象构型的迷惑和吸引作用，他错过或有意地忽略了传统建筑物中的丰富度和微妙性，而这种微妙的有机关系，在他的晶体机械建筑中是不会产生的。

事后看来，勒·柯布西耶计划在全球广大范围得到了非常成功的贯彻，这是非常惊人的。为什么能够这样呢？究竟谁是勒·柯布西耶呢？夏尔·爱德华·让纳雷-格里斯（Charles-Edouard Jeanneret-Gris）是一名不为人知的瑞士建筑师，他在巴黎的工作主要是为勒·柯布西耶的《新精神》杂志经营商业广告。在这份杂志中他可以撰写并出版任何他想要表达的东西，后来他将这些非期刊文章收录进他的书中。他采用“勒·柯布西耶”这个笔名之后，人们开始关注他的建筑和城市学思想。恰好他所处的时期正是西方社会渴求一种乌托邦式的“新世界”的时期。他的想法从而开始为野蛮的新工业制度效力。勒·柯布西耶以及其他的现代主义先锋也乐意去满足时代的革命狂热的需要，鼓励它去横扫过去所有的遗迹。

8. 古典主义建筑

古典主义中也将几何构型简单的形态与几个世纪发展起来的建筑原型相结合，但却是采用一种非常精心的具有适应性的方式（使人类感官对它们感到更亲近）。这种至关重要的差别对于乡土建筑设计来说也是一样。任何丰满的传统设计和自然界中的状况是一样的，在各个尺度层次上具有连接和反射。几何构型简单的抽象手法大量存在；但它们是从属于一种连锁的结构层级，而且不是总体设计的主导。许多细小而复杂的小路将某一结构从内部连接将连接起来，并使之与周围环境相连接。人们对古典主义建筑进行非常精确地调整，使它们能够与所在位置以及周边建筑物之间保持和谐，从而创造了城市空间（并且是一种令人满意的城市空间，然而能达到这种效果的现代主义者却非常少见）。

勒·柯布西耶在他的书中（Le Corbsier，1927）加入了巴特农神殿的照片和速写，这使他取得了一种非常巧妙并且是非常成功的宣传效果。他是一位宣传大师，也是一名应用视觉说服技巧来为他的《新精神》杂志创造有偿广告的先锋。他宣称他的几何原教旨主义（甚至还有机器美学思想）是从雅典卫城建筑中产生的，这对人们来说是一种误导。但是这种宣传效果是通过对照片进行精挑细选和裁切获得的。勒·柯布西耶的“圣作者”们喜欢展示他以雅典卫城作背景的个人照片，这些照片都是用他本人精心准备好的宣传图片。勒·柯布西耶这种强行盗用古典主义建筑的做法和通过捏造一个和权威数据有关的数据关系来获得公信力的老把戏差不多。

最后看来，勒·柯布西耶的建筑以及他的城市规划与传统解决方案之间并没有什么关系。勒·柯布西耶所“培养”出来的建筑物可能就像剃刀，把世界划得支离破碎。尽管许多评论家批评它们丑陋，但他们最根本的错误并不在于审美贫乏，因为更严重的问题是结构贫乏：缺乏有组织复杂性，而带有有害的不连贯性。而我们文明的使命就是要用一种具有连接性的新的适应性建筑物来取代那些不连贯的建筑物和城市规划。但是如果不消除勒·柯布西耶产生的深刻影响，这种新的适应性建筑是无法实现的。

有一些人认为，当代建筑和城市规划从那时开始就开始朝着一种新的甚至是更恐怖的类型发展。实际上，勒·柯布西耶以及其他早期现代主义者们的后遗症在今天比比皆是。建筑学术界把他神化了，并继续在容易受影响的建筑系学生面前把他尊为之高无上的榜样：一个建筑界的神话。他的思想渗透到我们这个社会的集体心理意识中，扭曲并混淆了古典建筑的含义。他开创了一种非人性化的建筑环境的局面，适应和响应性在这样的环境中都不再需要，甚至遭到鄙视。这就为今天的建筑和城市的不健全发展提供了肥沃的土壤。

9. 原教旨主义是20世纪建筑的决定力量

原教旨主义的显著特点是它过于狭隘地依赖于一套简单的原则。这一点并不算什么固有的错误，极端主义者认为，窃取这些原则非常容易。于是他们将它们转变为一种抽象手法，来推广一种纵容对任何可感知的“非纯粹性”进行破坏的狭隘心态。他们不能容忍思想间的相互竞争，并引导追随者们去反对那些思想。狂热分子所接受的原教旨主义信仰与一个多元和民主的开放性社会——或者说，对于包含科学制度本身在内的任何开放的、进化的能够自我修正的系统来说，都是相对立的。

建筑学中的原教旨主义与宗教原教旨主义没什么差别。面对人类文化的复杂性问题时，人需要建立一种本我，有人可能会将产生原教旨主义信仰的冲动与之联系起来。而那些不善于处理城市复杂性问题的人，比如说，勒·柯布西耶，会更偏向于把这种复杂性斩草除根。他对于熙熙攘攘充满生机的街道生活的恐惧和歇斯底里的厌恶都有文字可考。他病态般地看不惯巴黎的大街小巷，一门心思地想要将这些生机勃勃的结构“毁尸灭迹”。

我们将这种对于复杂性的憎恶理解为一种缺乏基本安全感的证明。它反应的是一种深刻地自我信心的缺乏，除非将一个正常人的精神固定人类社会当中。没有这种自信，人们就会感到迷失，除非有一些其他的东西能够让他依附。缺乏安全感的人需要一些稳定的东西来帮他应对本我中的不确定性。一种过分简化的理想——特别是如果它具有一种乌托邦式的空想的本质——可以给他们提供一种相对于真实生活的令外一种可以很快识别的选择。人们可以辨认（通常是虚构的）真实的状态，并可以终其一生来不断追求纯粹。然而，各种教派的宗教领袖都已经说过，在一个不断变化的复杂的世界中，要通过个人平衡的方式是无法得智慧的。

采用一种过度简化的世界观的危害在于，当它与偏执结合起来时，人们就会利用它来为破坏进行辩护。内心中的转折，以及与不可能实现的纯粹理想的一种无情的比较都会妨碍新的复杂性的发展和多元化进程。

几何原教旨主义开始时呼吁摧毁最小尺度：装饰被当做是一种犯罪活动，而且刚进入20世纪的那些年里，装饰在建筑中是被禁止的。然而这种禁止到真正产生效果还是经过了一段时间，但是到了二战之后，全世界范围几乎都开始这样做了。奥地利艺术家和建筑师弗里德里希·洪德特瓦瑟（Friedrich Hundertwasser）解释道：“奥地利人阿道夫·路斯（Adolf Loos）把这种暴行带到了世界上。1908年，他发表了以‘装饰和犯罪’为标题的宣言。毫无疑问，他的本意是好的。阿道夫·希特勒的本意也是好的。但是阿道夫·路斯不可能预见到50年后的事情。世界永远无法摆脱由他唤起的不利影响”。

这场反对装饰和装潢的战争实际上隐藏了现代主义建筑当中一种意识形态的失败：缺少文化基础。这并不让人意外，因为那些反对装饰的人们，有意在寻找并摧毁所有与历史建筑物之间的联系（或那些唤起回忆的事物）。那些反装饰的建筑学校所培训出来的建筑师比起其他群体的建筑师更有过之而无不及，他们对于保存历史建筑杰作没有丝毫尊重的感情。他们从根本上认为，传统建筑对他们来说毫无价值可言。老建筑仍然对这种宣扬建筑抽象化的空无断言构成了威胁，因为普通人仍然会从感情上把他们自身的真实感同较传统建筑的表面连接起来。在其他的狂热运动中，他们认为最重要的是要消除任何与官方教条相悖的建筑范例。

本书第5章中介绍了非传统建筑仍然还有无限多的种类需要考察。然而，那些早期实践几何原教旨主义的现代主义者们旋即利用他们新近获得的地位和权力来对其他更具创新能力的建筑师进行边缘化。我将进一步在第10章《建筑学中的达尔文过程和模因：现代主义模因理论》中进行深入探讨，新艺术运动、表现主义和装饰艺术风格等形态语言遭到了致命的打击，但“动手”的并不是较为传统的古典主义建筑师，而是它们的现代主义同行。那些建筑风格被定罪为“莫须有”——可能“不够纯粹”。

由于支持拆除1911年由麦金（McKim）、米德（Mead）和怀特（White）设计的纽约宾夕法尼亚车站，德国建筑师沃尔特·格罗皮乌斯（Walter Gropius）建立了一种建筑破坏的范例。在回顾时，他这样记录道：“这是一座用来纪念美国建筑史上一段微不足道时期的纪念碑……一种‘书皮式的文明’……这是一种伪传统”。英国建筑史学家大卫·沃特金（David Watkin）则从另一方面看待这个问题：“纽约宾夕法尼亚车站是20世纪最伟大的建筑作品之一，但是可能它还从来没有被同时认为是一种工程和组织的巨大成功，其中古典建筑语言的应用使这样的一个世俗活动变得受人景仰。1963~1965年间对这一建筑的拆除是不可饶恕的，这美国建筑生活最低点的标志。”

建筑一直少不了有大量文字（被误导性地称之为“建筑理论”）来支持和证明这种建筑教条。所有这些有关模块化、功能性、实效性、技术、“时代精神”、“机器美学”等等的言论，很明显表达出的是一种基本的不安全感。而有生命力的建筑文化不需要跟别人自圆其说——人们可以习惯性的或本能地感受到这种建筑师在是为人类需求服务。而且这种价值并不需要用令人费解的观点或任何宣传来进行证明。但是问题在于，任何时候从直观角度对20世纪的建筑进行评价，它都毫无例外地会被大众所否定：所以就产生了理论姿态和灌输的需要。

这种抽象游戏的玩家必须要不断地提醒自己注意游戏的规则，因为和一般的规则不同，这种规则是为了消除结构的规则。建筑系学生学到的只是什么是他们不能做的：设计绝不能从远处看上去有丝毫的传统或前现代主义的效果。学生们对于如何生成一致性的技巧一无所知。他们的学习过程是以观摩当代建筑并在他们的设计当中尽力复制同样的非自然感受或相似的感觉。这种学习方式使一种审美变得国际化，而学生们不需要理解这种审美的基础，未来的建筑师们的学习靠的是对视觉范例的死记硬背，而不是任何知识性的解释。因为要让人们心甘情愿做什么事情，通常与他们的自然本能是相对的；这是心理状态调节的一种标准技巧。也正是原教旨主义教派所采用的思想灌输手法。

10. 模块化和同质化

20 世纪建筑最为滥用的材料莫过于混凝土了。粗糙混凝土材料建成的空无矩形平板消除了表面的丰富度。失去了通常像石头和木材等自然材料所具有的纹理。混凝土会产生一种不友好的界面，而且在很大程度上具有塑料的性质。建筑师们竭尽全力通过混凝土材料来产生大的方形平板，来做建筑中的模块。这种做法对于典型的通用型材料几乎没有什么意义可言。混凝土材料可以在工地或者其他地点制成所需的任何形状和大小，所以为什么还要将它首先制成模块呢？而且为什么要是严格的平板矩形的呢？原因在于大的方形平板形象已经深深地嵌入了 20 世纪建筑师的集体记忆当中了，他们对于这种形态的复制也完全是不假思索的。

正是这种蓄意地否定人类与建筑表面之间的感官连接，一览无遗地暴露了几何原教旨主义的目的。从环境中消除色彩和纹理，只留下粗糙而毫无遮拦的混凝土的冷酷表面（沿袭着勒·柯布西耶的做法），这种做法否定了两种人类感官：色彩视觉和触摸。而这之外更多的感官，如听觉和嗅觉，当混凝土被用于内墙材料时，也受到了干扰。混凝土从听觉上显得很“生硬”，它所产生的回声的听觉效果非常刺耳，而相比之下，木材和石灰膏这些材料产生的回声听觉效果则非常柔和悦耳。另外，随着时间推移，粗糙混凝土表面容易产生粉尘，不仅气味难闻，而且会危害呼吸健康。罗马人最早广泛地应用混凝土作为建筑材料，但是从未将这种材料暴露在大面积的表面上。

坚持表面不带有任何信息含义的做法会让人误认为是与其他思想比如模块化相连。于是模块化与同质化一起，共同成为了我们这个时代几何原教旨主义的视觉表达手段（见第 8 章）。然而这与模块化制造所具有的商业利润价值没有任何关系。使用空无矩形板的模块化建筑仅仅是遵从于一种视觉设计模板。当建筑师们从在自由设计系统中使用复杂模块（即：不与任何僵硬的几何构型或具体的维数相连接），到将空无构配件安置到一个矩形模块网格中，一种深刻而影响深远的转变出现了。这种转变代表的是从模块构配件的传统使用方式到用简单的几何构型进行装配的这样一种过渡。

过去建造的美丽建筑使用了非常丰富的复杂和细部建筑模块。1000 年来，伊斯兰建筑依靠釉面砖来达到光彩夺目的效果。彩色地砖和浮雕的柳条样砖图案等模块本身内部都是复杂的，并且能够在一个较大的区域内生成有序的复杂度。19 世纪，复杂的装饰板和建筑元素被大规模地生产出来，比如法国建筑师埃克托尔·吉马尔（Hector Guimard）就将这类建筑元素用于巴黎地铁入口的建筑工程。如果缺少了大规模制造出来的丰富的装饰性金属和陶板，路易斯·沙利文的建筑将会变得不可思议。然而“国际主义风格”追求的是表面的纯粹性。这种风格的建筑师们坚持使用大块的视觉空无模板，从而消除了内部结构和信息。要做到这一点，模块越大越好(见第8章)。

同质化作用创造了一种平坦连续的表面，感觉上像是一种单一建筑单元。实现这种效果的手法是将模块的边缘尽可能地伪装起来，从而使一个模块融入下一个模块中去。如果采用砖材料，达到这种效果的做法是最大限度地减小暴露在外的砂浆宽度，而且为了使砂浆能够融入砖材料，还要对砂浆的颜色和稠度进行选择。20世纪后期，这种粘合起来的砖墙受到了普遍欢迎。一面砖墙反映出的是单一的一面相同材料。一面过分光滑的同质的砖墙的竖立，否定了使用这种小建筑单元所固有的创造自由。同质性与古老的传统砖墙中砖块和砂浆质之间原本的色彩对比是对立的，而且在传统砖墙中，砂浆的厚度与砖块本身的宽度应该是成比例关系的（见图2.8）。

对于建筑石造部分，同质效果是通过不在石块之间产生可辨识的过渡来达到的。光滑的矩形石头摆放在平坦的表面上，边缘彼此接触，不露出任何连接材料。这就产生了一种连贯的石质表面，因为连接处只有在很近的地方才能看得出来。通过玻璃板材也可以获得类似的效果。但是与石板材不同的是，玻璃这种建筑材料需要靠它的边缘进行支撑，而不能靠他的内部表面。尽管如此，我看到玻璃面板还是根据它们的独立强度制作的尽可能的大。而框架支撑只要可以实施，也是尽可能的小。人们想要的原教旨主义效果不过是一种连续的玻璃墙。其他材料也是采用同样的处理手法来消除信息。在更近时期的建筑物中，比如位于毕尔巴鄂（Bilbao）的古根海姆博物馆，它的曲线表面给人最初的感觉就像一种连续的金属表面。

11. 几何原教旨主义与纪念性建筑

我们的同事们问了这样一个问题：“原教旨主义包括艾蒂安-路易·布莱（Etienne-Louis Boullée)、卡尔·弗雷德里克·申克尔（Karl Friedrich Schinkel)，以及古埃及的这些建筑师吗?”布莱的设计方案相对于那些采用初级几何形态的自大型的建筑是具有先见之明的，所以看上去像是勒·柯布西耶的原教旨主义的一种预兆。由于布莱的设计从来没有被建造出来，所以这个问题仍然停留在学术问题上。另一方面，申克尔建造出了一些伟大建筑——所有尺度上都具备良好的链接，并且能够关注使用者的需求。的确，它们非常伟大，然而它们也是由连接要素构成的。它们能够满足伟大的人性化建筑标准，通过一个递增尺度序列到大尺度，并具有整体尺度的一致性。

古埃及人刻意创造了一种不连接的建筑类型：金字塔。毕竟，金字塔是皇家陵墓，是不允许人进入的；另一方面，它的造型是经过精挑细选的，为的是能够清楚的传递出让凡人远离的这样一种信息。但是同时，古埃及人也是建造人性化纪念性建筑的大师，尽管这种建筑大多数都是做葬礼用的，但仍然都能够令人吃惊地通过一个完整的尺度层级（金字塔最早简单的外部形态是一种例外）连接起来。早期现代主义者通常会把几何原教旨主义同纪念性建筑相混淆。这叫人感到意外，因为那些建筑师一方面要学习纪念性的希腊和罗马民用建筑，另一方面还要学习古代的防御工事建筑。不过在这里，我们可以了解到这两种建筑类型之间的巨大差别。

其他的建筑越过了纪念性建筑的边界，进入到几何原教旨主义中。这些建筑使建筑物和城市的维数过大；移除了个体可以与之连接的人类尺度上的视觉和几何结构；或者只是让城市环境变得毫无生气，使行人无法获得任何乐趣。法西斯分子歪曲并拆除了古埃及、古希腊和古罗马建筑，像原教旨主义者那样创造了一种自大的风格，并当做纪念性建筑（墨索里尼（Mussolini）和马尔塞洛·皮亚琴蒂尼（Marcello Piacentini）建造的“新罗马”——“第三罗马”；希特勒和阿尔贝特·施佩尔（Albert Speer）未能实现的以柏林建立“轴心国”）。与常见的误导性宣传相反的是，这种怪异的、超大的建筑除了一些非常肤浅的相似性，没有任何特别的“古典”之处——而不过是纯粹的极权主义力量的一种表达。这种力量通过简单几何构型所具有的影响力来相互共鸣。阿尔贝特·施佩尔最伟大的成就在于他为纽伦堡盟友建造的“光明大教堂”（1934）：一种完全以技术为基础的非常现代的建筑概念。

然而对于纯粹的体量问题，我们必须要看一看近代最具有危害性的案例：矩形的摩天大楼；广阔、坚硬、无法使用的（比如说人行道）广场；大面积没有树木的停车场等等。这种缺乏个性的自大式建筑中有一个教科书式的案例，位于巴黎郊区的拉德芳斯区变成了现实，这是法国总统弗朗索瓦·密特朗（François Mitterrand）的一个心愿。

我们所面对的问题是对生命的数学特性的一种冒犯，这导致了对有生命的结构的消除。一方面是创造了大尺度对称的组织原则，另一方面是强加的理想形态，人们把这两者相互混淆，尽管这两者的初衷完全不同（Salingaros，2005）。组织原则将出现在较小尺度上的过程和元素连接起来，这个连接过程本身产生了较大尺度上的排序。相反，强加的理想形态忽视了小尺度上的问题，而且武断地给整体造成了一种几何束缚，一般会破坏原本的进程（或者可能是未来应该进行的过程）。组织连接着并协调着各种过程；而从大尺度进行强加可能会消除这些过程（Salingaros，2005）。这就是纪念性建筑或城市声明与几何原教旨主义之间比较确切的差别。

后现代主义建筑师们狂热地避免组织（大尺度上连接性）。当然，这是同一个问题的另一个方面：如果一个人能在一个结构中强加入简单的形态，那么至少，他可以使用不连贯而且不相关的构配件来毁掉这种整体一致性。这仍然是几何原教旨主义，在他们看来，简单的几何构型游戏要比建筑对于使用者的适应性更为重要。

这种心态会逐渐渗透并影响到这个行业，并且贬低了人们为我们这个时代去创造新的乡土建筑或传统建筑所作出的努力。这一问题的根源可以追溯到勒·柯布西耶那里，他顽固地拒绝修正他的一些建筑当中的结构要素，并故意阻止连接处的和谐匹配。他也再一次告诉了我们，怎么样在设计中引入随机性可以避免建筑生命的出现（见图9.7）。

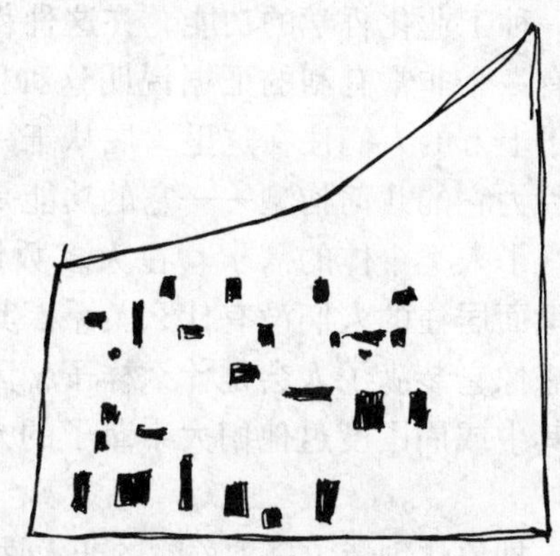

图9.7
勒·柯布西耶设计中窗的随机性分布表达了虚无主义思想

通常，最简单最自然的个体构配件组织可以生成一种整体性的对称形态。特别是在城市尺度上，直线化就是对运动进行组织的结果。当小尺度连接过程得到了理解和尊重时，这些过程可以通过调整（尽管不一定是直线）来加强大尺度上的各种过程。几何抽象是任何设计项目中必要的先决条件，然而适应性要求任何抽象的理想都要服从于为人类需求服务的这个目的，并且要满足结构的限制条件。如果一种抽象变得非常强大，嵌入并能够支配我们的心理，那么它就转变成了原教旨主义。来自于现实的理想抽象应该永远不要成为一种教条或演变为一种随心所欲。

12. 创造建筑和摧毁建筑过程中的抽象化

与建筑有关的抽象概念所包括的思想范围相当广泛。我们在这里关注三方面的内容："纯粹的几何构型"、"巨大尺度"和"单功能使用"。尽管严格地来说，这些都是不同的概念，但是它们是相互衔接的抽象手法，几乎始终在一起进行应用。而同样的心态要运用高度的抽象化需要既能确定巨大的结构，又要能够毁掉它们。这两种行为（创造和摧毁）所假定的前提是建筑物的居民都不是个体，而是一个抽象的群体。让我们首先来聊一聊还原论者对于巨型建筑的概念化和规划行为。

通常，人们不喜欢被孤立着只做一件事情：我们渴望实际活动中能发生各种不同的事情，我们想要从我们的视觉环境中获得愉快。任何人坐在他或她的办公室里都需要不时地休息一下，最好的放松就是我们的行为和环境都完全改变。但是在单功能环境中，这是不太可能的。所以尽管通勤成本很高，停车也不方便，人们仍然喜欢在城市里工作，比较确切的原因是他们至少有短暂的一点点时间能够在富有刺激性的环境中度过（然而很不幸的是，这对于城市生活的业余时间来说没什么意义，因为业余时间取决于一直存在的当地居民）。

任何大型单一功能建筑都会让人感觉容纳了大量从事差不多的工作的人们。这是一种工业化哲学的功能，在这种哲学中工作任务被削减为可互换的要素。然而我们有一个非常有利的证据说明这种巨型单一功能建筑与人类的基本需求是相反的。成千上万的人们住在这里，屈从于一种几何抽象。这样的建筑物之所以存在，完全是因为它的几何构型——它的功能是容纳一种抽象的人类群体，而且与此同时，它忽视了人类个体的需求。在大多数情况下，建筑的形状是一种几何形式化的宣言，与里面居住的人们没有什么关系。其实这样的建筑物闲置着也没什么差别。但我们得想像它装满了人会是什么样子，因为没有任何几何提示可以告诉我们，它对于将在其中或周围度过他们大半辈子的人们做过任何考虑。

抽象化创造了一种危险的非人性化。这一点最初是由埃里克·达顿（Eric Darton）在他关于世界贸易中心（Darton，2000）的一部前瞻性作品中提出来的。达顿提出了这种令人恐惧的前景，创造矩形塔楼建筑与那种想要摧毁它们的心态有关（Darton，2000）。他的推理过程如下。你不可能在一栋单独的建筑中杀死上千条人命，除非那些人只是被简单地视为一种抽象群体。绝对不能够认为他们除了这种建筑几何构型还有其他任何单独的存在方式，这种几何构型本身就是一种抽象的确定。这种巨大的、纪念性的、单一功能的办公室塔楼建筑的几何构型使人们很难使人们想像出来里面其实住满了人，因此要计划这样的破坏，只能通过抽象化的思考方式，这不仅是可能的，也是合理的（Darton，2000）。

13. 建筑中非人性化抽象的政治根源

现代主义设计的主要根源来自法西斯意大利。未来主义者宣称向过去的建筑（和社会）全面宣战。接受了德国国家社会党对于“新社会”的信仰，个体要从属于更加崇高的政治和社会目标，一些最具有现代主义风格特征的建筑得到了贝尼托·墨索里尼统治的支持。朱塞佩·泰拉尼（Giuseppe Terragni）、路易吉·莫雷蒂（Luigi Moretti）、阿达尔贝托·利贝拉（Adalberto Libera）以及其他意大利的建筑师建造了“纯粹的”现代主义建筑。它们与法西斯主义的这种明目张胆的联系，使一些人显得非常外行，完全妨碍并忽视了那些建筑整体产生的总体影响（或者，像西格弗里德·吉迪翁（Sigfried Giedion）那样，故意将泰拉尼的“法西斯宫”说成是“人民宫”）（Sigfried Giedion），这使建筑历史学家感到非常不舒服。与德国的情况不同，现代主义得到了法西斯意大利的支持，而且它们的灵感与统治者对于未来的极权主义哲学是吻合的。

非人性化抽象受到了20世纪早期德国建筑师们的欢迎。那个时期的德国否定个体并且人们相信新机器建筑将会为工人阶级的需要服务。随后纳粹将这种社会主义工人精神与一种早期现代主义建筑风格一起吸收了进来。格罗皮乌斯（1919～1928年担任包豪斯学校校长）开创了幕墙和带形窗的"国际主义风格"。密斯·凡·德·罗（1930～1933年领导包豪斯学校）骄傲地宣称："个体已经失去了其重要性；他的命运不再吸引我们了"。1921年，他参与设计玻璃摩天大楼。对于这种让人居住的结构，个人正常的愿望必须要屈从在于大楼本身的思想，而且这是一种抽象化思想。

尽管随后格罗皮乌斯和密斯·凡·德·罗都移民到了美国并成为了受人尊敬的世界著名建筑师，但是他们最初都是为希特勒效力的。由于希特勒本人对建筑有着强烈的爱好，他拒绝接受将现代主义称之为一种建筑风格，而且对此他始终是一种鄙视的态度。他在政治上也同样错误地相信了包豪斯的建筑师们，因为他们都和德国社会主义运动具有一些联系。格罗皮乌斯为领导了1848年革命的"三月英雄"设计了纪念碑（1921），而密斯·凡·德·罗为共产主义政治家萨莎·卢森堡（Rosa Luxemburg）和卡尔·李卜克内西（Karl Liebknecht）设计了纪念碑（1926），这两人都被原纳粹自由军团所杀害。瑞士建筑师汉内斯·迈耶（Hannes Meyer）(1928～1930年担任包豪斯学校校长）引进了有关马克思和列宁的必修课。尽管纳粹欢迎同样的理想：工业化生产应与非人性化建筑和城市规划相连（与古典主义风格相比，他们更青睐于一种具有艺术装饰性的风格），他们还是发现原来的这些包豪斯教师们在政治上都是不能接受的。

他们呈给纳粹的提案导致他们受到牵连，而且他们得不到重要的委托——这是一些包豪斯教师离开德国的真正原因——这些内容在建筑历史课程中都是不会被提到的。反而我们学到的是这些建筑师都是"善良的"，因为他们从希特勒手里逃跑了。关键的问题在于他们的建筑，根本不是他们所宣扬的对国家社会主义的一种反映，而实际上是它的一种哲学同胞。只是因为这种历史偶变，使这两者发生了分离。包豪斯学校的一位毕业生弗里茨·埃特尔（Fritz Ertl）曾是奥斯维辛集中营的一名建筑师，根据扬·马琼格（Jan Maciag）所说的："那是一个可怕的、现代的、合理的城市，就像一部死亡机器"。

一些现代主义建筑师们早期作品不是受追求前卫艺术的富人所委托，就是来自一些由推崇集体主义、在政治上由激进的当地政府管理的欧洲城市的委托。只有这两种客户才能够给建筑师们以大胆的承诺，认为他们的几何构型单一的建筑风格能够改变社会。其他政府则真诚的希望能够为市民提供一种良好的生活环境，但是这种承诺往往要直接诉诸集权主义政权的左翼或右翼。通过几何构型进行的社会工程对于那些当权派来说是十分诱人的。设计了消费合作社中央联盟总部大楼（1929～1934）并在建造莫斯科苏维埃广场的竞争中失利（1931）后，勒·柯布西耶敦促法国继任政府（包括通敌卖国者）执行他的摧毁阿尔及尔的计划。于是我们非常惨痛地看到，这个计划由战后另外一个政府执行了。

14. 消除社会群体需要抽象化

齐格蒙特·鲍曼（Zygmunt Bauman）这样的作家坚持认为一种抽象过程是大屠杀的根源（Bauman，2000）。人类可以在一个系统的尺度上进行有组织的大规模谋杀，只要受害者被剥夺了人性——被提炼成一种与人性化无关的抽象群体。而个人谋杀则包含了情感因素，受情绪激动和暴力的驱使，工业尺度上的大规模谋杀则不带任何的感情。要想使这种情况发生，受害者群体必须要以一种最为抽象的术语来称呼。使受害者和罪犯之间的任何人类连接中断，这一点非常重要。切断连接是由纳粹苦心想出来的，他们将犹太人与其他德国人隔离开，使他们成为了一种孤立的抽象团体。

纳粹花费了巨大的力量来使他们的受害者们从社会角度和地理角度被隔离起来。人们被迫离开家园，住进了犹太人区，他们的法定身份和居民身份在这种制造抽象的过程中被剥夺了。纳粹想要得到的结果就是要将人口中的一大部分人重新划定为抽象的异类群体，他们在几何上确定的居住区是犹太人区，他们与其他德国民族之间便不存在合法的或任何社会联系。一旦到了那个阶段（确定了一个抽象群体），从物理上消除这个群体就只是一个技术问题了。注意其他非人性化方面是如何受到建筑师们的欢迎的，它们通过大规模建设、机械化、效率、模块化以及功能性等手段在实施“最终方案”的过程中，扮演了重要的角色（Bauman，2000）。

阿尔贝特·施佩尔，一个几何原教旨主义的实践者，在他的城市规划项目中特别告诉了我们一个自大狂式建筑如何与大屠杀之间产生联系的。在被任命为装备部长之前，施佩尔负责在柏林建筑“轴心国”，在担任军备部长职位期间，他指挥了利用奴隶劳工进行的工业化生产。这项巨大的城市规划项目要求清除现有的建筑物。于是按照他的命令，成千上万的公寓被清空，非犹太人被迁居到其他地方，而犹太人业主则被带到了集中营里（这一点在纽伦堡审判时还不为人知，直到他死后人们才了解到这一点）。然而施佩尔还是十分聪明的，他并没有在他的建筑内部中应用几何原教旨主义。新大臣花园的内部（1938）是以一种浮华的新巴洛克式风格（而非古典主义风格）建造的——想像一下一个被放大了的巨大的巴塞罗那博览会德国馆，里面摆设着沉重的家具，悬挂着古老的挂毯——为他敬爱的独裁者创造了一个奢华的工作环境。

现在研究犹太人大屠杀的历史学家们指出，抽象化是种族灭绝的一个必要的先决条件，这种现象在种种暴行当中非常容易发现。在任何一个人们想要研究的案例当中，无论是二战前后的各种案例，大规模屠杀的序幕都是一种对于受害人群体进行的抽象化过程，剥夺了它的人格并被宣称它们与凶手之间无关。如果这种暴行是由国家指使的，当然通常是这样的，那么一种官方的宣传活动的目的就在于消除任何可能留下群体个体的存在痕迹；对个体的关注是被禁止的，只能把它们作为整体当成一个群体。只有通过这种抽象，其他作恶者才能够变成这种恐怖行为的同谋。

通过这些结论，我们对于一方面是还原抽象化和另一方面是复杂系统的二分法观点有了一个更明确的了解。第一方面是我们的敌人，第二方面是我们的朋友。任何在思考过程中消除人类个体的哲学都应该自动受到类似破坏性事件的处罚，如大屠杀。这是一种数学简单性：如果一个复杂系统的较小尺度被消除了，那么这个系统也就被摧毁了。本章我们已经详细地探讨了建筑中的几何原教旨主义，它属于一种具有实质性破坏性力量的意识形态类型。

15. 结论

几何原教旨主义是后工业规划和设计的核心。我们确信正是它摧毁了我们的城市，并造成普通建筑人性化程度的降低。我们认为几何原教旨主义是导致世界上其他人对工业化西方国家产生怨恨的原因之一。然而，我们需要先了解它的哲学基础，然后再进行改变——这正是它能够取得商业成功并能持续在建筑艺术领域摇摆撞骗的原因。我们必须理解20世纪建筑设计的弱点，并要能根据新的观点来深入了解大自然丰富的连接结构，这种结构在前工业时代世界范围内的设计和城市规划领域也可以见到。只有那样，我们才能像历史上所有的伟大建筑师那样：从过去学习，毫无偏见地向它借鉴，并将我们从所在时代和所处地方学到的知识进行合成。今天我们掌握了新的数学工具，能够使我们逐渐增加一种与自然和乡土设计的复杂度有关的新的人性化。我们相信，我们这个时代是可以产生一种新的连接性建筑的。与早期现代主义的堂吉珂德式的愿望相反，我们还没有走到建筑的穷途末路。

第10章　建筑学中的达尔文过程和模因：现代主义模因理论

（与特里·M·米奇顿合著）

1. 引言

建筑师的大脑根据控制大脑生物结构的物质体系创造出建筑师的世界。按照一种思考过程理论的说法，在大脑神经回路附近会同时出现一些相似的和不相似的想法，通过相互竞争和选择过程，它们最终可以形成了我们的某个想法（Calvin，1987；1990）。也许我们可以说，在大众对建筑形态和风格的接受意愿问题上，同样的竞争和选择原理也同样适用。建筑环境中的事物起源和延续具有构造意义，而且在社会共同语言中，它们还具有生存价值——因为这在某种意义上是讲得通的。社会中的竞争观念最终会通过彼此压制或加强而产生一个或更多主导的基调。换句话说，创造性和生存活动与构成心理的认知机制是相互兼容的。

不过有时候，心理也会以有害的方式反作用于身体。建筑师的大脑创造了能够适应人类需求和情感的设计，也可以对环境施加任意的形态。在建筑学中，达尔文选择过程发生在建筑师心理中相互竞争的想法之间（见图10.1）。第二个选择过程，也是达尔文过程，出现在消费者社会中。第二种过程会在各种建筑风格中发挥作用，其中一些风格统治着其他的风格。在这两种选择过程中（分别是建筑师心理和社会之中），人类需求和无关的形态共同构成了选择标准。我们将建立一个模型来解释为什么这两个不相干的选择标准集合能够共存，以及其中一个集合是如何取代另一个的。

“模因”这个词表示任何具有持续性并且能够进行繁殖的思想、图像、曲调或广告词（Brodie，1996；Dawkin，1989；1993；Dennett，1995）。模因，如想法、曲调或图像等，相当于“感染”记忆的媒介。如果一个图像封装在有意义的结构当中，它就会保留在我们的记忆中。模因是概念化的实体，它们在人类大脑中进行增殖。如果图像便于记忆，那么它就更容易传播到其他人。模因与较复杂的实体的区别在于，模因的信息含量很低。比如说，典型的广告词都不是一首完整的歌或曲子；通常只有几秒钟的时间。同样地，图像模因通常是一个简化的广告标识，而不是一副完整的图片。而思想模因不具有什么内容深度，通常是一段简短而且容易让人记住的广告语。所有这些案例说明，模因的简洁性有利于它的繁殖。

本章将模因理论应用到建筑学领域。我们重点要讨论两点问题。第一，达尔文理论（包括变异和选择）对于建筑学具有重要意义。第二，极简主义建筑的具体案例同模因相对应，尽管对于这种建筑的使用者来说不具有适应性，但它还是得到了传播（根据这种传播方式，我们可以称它为“寄生”）。尽管这两种论点对于勾勒出建筑风格繁殖方式来说是十分必要的，但是它们在逻辑上是相互独立的。而读者往往容易和第一种论点产生共鸣；对于一般设计过程而言，这其中还有一些我们未知的含义。第二种论点的争议较大，需要进行更为深入的讨论。我们最终的目标是要通过非主观的标准来说明：现代主义不可能取得成功。

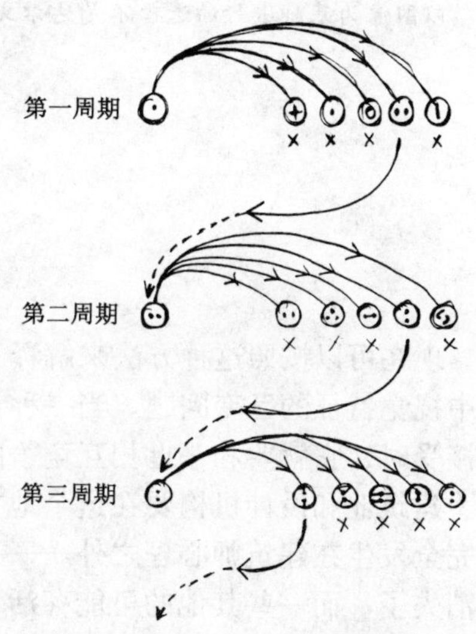

图 10.1
达尔文周期产生变体，然后从中进行选择

在建筑师心目当中，设计是纯粹的创造性过程，然而恰恰相反，适应性设计是一种解决问题的活动。人类智力能够在心理上生成不同的解决方案并对它们进行选择。这一点概括出人类与动物相比所具有的智力优势：我们的想像力是一种非常实用的虚拟现实模拟器。一个系统越智能化，那么心理表征和选择过程就会越高效。建筑师心理受到问题空间的影响——包括所有解决方案以及各个渠道各式各样的模因的空间。这些因素可能来自于一个人自身的记忆，也可能来自环境的视觉模板，或者来自于其他建筑师的影响等等。工程限制、对创造性的需求，以及自我表现的独特需求等相互竞争的力量都驱使着设计朝着它的最终状态发展。

设计师大脑中的达尔文过程取决于一系列选择标准。传统社会，如前工业化时代、工业化时代，一直到 19 世纪，面对其他实际限制，人们使用过的选择标准范围相当广泛，增加了使用者的幸福感。而具体的建筑风格在与视觉模板或模因进行匹配的过程中，可以替代传统适应性设计的选择标准（见图 10.2）。一旦人们抛弃了适应性设计，建筑风格的传播在严格意义上将取决于社会中能够支配模因繁殖的因素。那么与较为复杂的风格相比，极简主义风格具有绝对的优势，因为它的信息含量很低。这也是本章探讨的要点之一。

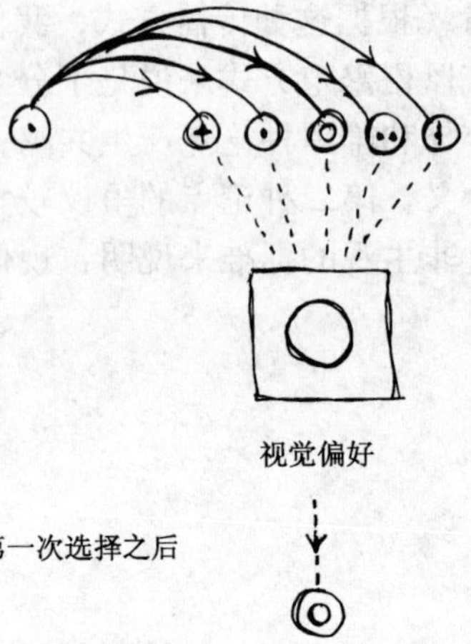

图 10.2
以图像为基础进行的选择不是达尔文过程

视觉偏好

第一次选择之后

现在可以按照这种方法来解释人类进化过程中的一个重要问题：20 世纪建筑环境中视觉特征的巨变问题。当一种设计风格被采用，并且不管什么原因得到了一群人接受时，它就要和一批相互竞争的风格一起，接受达尔文选择过程的选择。消费者、建筑业和设计机构要在这个地方发挥它们在选择过程中的作用。因此第二次选择完全发生在建筑师心理之外——人类社会当中（de Jong, 1999）。于是一些建筑风格消失了，而一些其他的可能存活下来并且流行起来。也许这会让人意外，这些风格的成功原因与它们能够给人类居住提供的舒适性无关。对于建筑风格来说，达尔文选择的标准变成了一套并不直接以人类需求为基础的抽象的东西，尽管这一过程是由人类来进行的。

建筑模因是特定建筑风格的视觉要素。它是形态、几何构型、表面等等的一种再现。研究建筑模因在社会中如何传播、相互竞争的模因之间如何进行选择等这些问题，我们需要了解影响模因繁殖的因素。哲学家、物理学家同时又是计算机科学家的弗朗西斯·海莱恩（Francis Heylighen）给我们列了一个表。我们将在建筑领域内探讨其中七个他所讲到的因素：简单性、新颖性、实用性、形式性、权威性、宣传性和从众性（Heylighen，1993；1997）。这其中除了实用性以外，其他因素都和人类需求无关。因此，我们将论证社会中出现的设计风格的传播更有可能是由于图像通过大众媒体来进行增殖的原因，而不是出于实用的原因。我们甚至还可以证明，实用性也服从于模因传播，但却是以一种迂回的方式进行的。通常的情况是，某些建筑风格所产生的建筑物并不实用，因为其实用性只不过是一个承诺而已。

我们还将提出第八个有利于模因增殖的因素：封装性，它描述的是模因之间的相互联系的方式。而这个过程使封装模因获得了优势，因为这个过程中使模因更具有了更大的吸引力，从而增加了模因的毒性；而且在这个过程中，模因被放在其他有益模因的复合体内同其他东西隔离开，可以对模因起到保护作用，使它不会受到外界的影响。比如说，在广告中，产品的图像可以封装在一段音乐模因中，如一个叮当声。之后人们一听到这个叮当声，就会想起这个产品。为了繁殖，一个封装的建筑模因同样也需要对我们的情感进行操控。封装过程把模因或模因集合嵌入到有意义的结构之中（也就是我们附加了信息的一套相互有关的概念；见本书第 7 章）。通过这种机制，视觉模因可以获得情感和物理基础。从那个阶段开始，它们不再仅仅是可供人们讨论的想法，而是人类信仰的基本特征，这种信仰塑造了一个人的意识形态。

而要败坏一种建筑风格，也可以蓄意将它封装在具有负面连接的躯壳里（一个封装模因）。使用封装过程作为武器来对相互竞争的风格进行破坏，确实是一个可供借鉴的主意（不论那种连接是否存在一定的基础），而且非常实用。社会集体的潜意识从那一阶段开始，进而也就毫无疑义地自动否定了那种思想或风格，就算它能够为一些紧迫的问题提供有效的解决方案，也同样无济于事。当代建筑学领域，人们通过解构主义封装来对具有经典风格和 19 世纪建筑风格的建筑物进行诽谤。尽管那些风格的早期建筑物实际上是最舒适最适应人类的需求的，但是这样的事情还是无可避免地发生了。我们将证明，人们使用病理学模因躯壳来对这些风格进行封装，导致那些风格实际上被隔离起来。

社会模因的传播程度由它们在社会中建立的基本信仰的深刻程度来衡量。当一组模因成为了社会秩序的一部分时，也就是制度化了，它们便取得了最大的成功。我们首先要对付那些促进模因传播，有利于它们达到最终制度化的因素。本章的最后一部分我们将解释为什么模因一旦被制度化，它们就极难被除去的原因。对于 20 世纪非人性化的建筑和城市类型学为什么能够“坚持不懈”，我们可以从制度方面找到一些相当重要的解释。

2. 建筑风格和军事建筑

从 20 世纪 20 年代开始，“国际主义风格”建筑一直是压倒一切的建筑设计方法。立方体、矩形板的几何构型可以让人们很容易就认出它们，此外还有：平坦简单的表面、缺乏宽阔边框和厚实连接边界；使用钢、玻璃平板和混凝土板材，以及很多案例中在 1 毫米到 1 米的人类尺度范围内消除了色彩和视觉结构（见第

1章）。代表性建筑师和他们的建筑包括：沃尔特·格罗皮乌斯（Walter Gropius）设计的包豪斯建筑（1926）、勒·柯布西耶设计的巴黎大学瑞士学生公寓（1932）和卡彭特视觉艺术中心（1961）、朱塞佩·泰拉尼（Giuseppe Terragni）的法西斯党部大楼（1936）、华莱士·哈里森（Wallace Harrison）和马克斯·阿布拉莫维茨（Max Abramovitz）共同设计的联合国总部（1950）、密斯·凡·德·罗的西格拉姆大厦（1958）和新国家画廊（1968）、以及德尼斯·拉斯登（Denys Lasdun）的国家剧院。

设计者们认为，他们以“机器美学”为基础所建造出的建筑物具有“功能性”。然而仅仅是看上去很像20世纪20年代里的那些油光发亮的机器并不能够保证建筑物的功能性。为这种建筑风格提供视觉灵感的机器，不是放在光滑的金属外壳里，就是遵从于立体派的审美原则。表面质量和外观替代了真正的结构，把复杂形态削减为简单的图像。在任意一种案例中，它们的“样子”与功能并不相关：仅仅是和一种暂时性的艺术风尚一致而已。将真实物体替换为图像的文化会丧失它的知识积累。很多作者宣称，这种事情早已经发生了，从我们这一代人开始，人类已经丢掉了几千年以来所积累起来的无数的适应性建筑传统。

较近的一个时期以来，“高科技”成为了公司建筑的时尚化国际化风格，仅仅是因为它具有金属管线、玻璃、镜面、有机玻璃等要素构成的外观，能够使它与现在的技术相连；尽管高科技建筑造价极高和舒适性较低，但人们对此仍然趋之若鹜。有代表性的高科技建筑物和设计师包括理查德·罗杰斯（Richard Rogers）设计的蓬皮杜中心（1977）和诺曼·福斯特（Norman Forster）的上海银行（1986）。

20世纪的建筑学有两种相对立的运动反对适应人类使用者需求的达尔文选择过程。第一种是几十年来我们学校所教授的一种态度：建筑师的“艺术执照”允许他们忽略某些实用限制——在追求“伟大的艺术作品”时这一点确实是必需的。第二种就是标准化建筑手法，这背后的观念是认为适应特定的个体需求（即客户或用户的需求）只不过是自我放纵，是缺乏社会责任感的做法。早期现代主义者给最小住宅设定了标准：最小住宅与人类生活需求几乎没有什么关系，而令人难以置信的是，大多数标准今天人仍然被采用着。20世纪20年代德国社会住宅建筑——最低限度生存保障（Existenzminimum）（Broadbent，1990）通过立法对德国蓝领工人及其家庭居住的最小空间进行了规定。我们继承了这种对20世纪建筑类型学的重要组成部分——这种荒唐的对生活空间的限制。这也正是造成当今公寓建筑压抑低矮的顶棚和局促狭小的厨房的根源所在。

由于现代主义建筑物看上去难以亲近，荒凉、怪异而且缺乏修饰和个性特征，一般会呈现出一种敌对的外观，在风格上它们和军事建筑物具有明显的相似性。造成这种印象的原因在于，现代主义建筑使用一些和军事建筑和监狱建筑同样的建筑类型。但这里我们遇到了一个悖论：随着具有相类似类型的建筑风格朝着使人不舒适的方向发展，社会如何选择适合人类使用的建筑风格呢？我们的解释是，现代主义建筑是一个具有模因优势的模因群，（稍后进行详细探讨），这一点有助于它的传播。尽管现代主义包含有与人类使用和感情不相适应的类型，但由于这个原因，现代主义仍然击败了同它竞争的其他建筑风格。

尽管大多数人类使用的传统建筑物能够适应人类需求和人类情感，但是军事建筑是一种例外。自古以来，人们刻意用一种非常明确的建筑类型来修建会让人感到不舒适的建筑环境。这些包括防御设施和堡垒要塞（从外部看）以及地牢、监狱、火葬场等等（从内部看）。这样的环境缺乏构造、色彩和装饰，而且偏爱潮湿灰色的表面，这通常是为了对某些人进行惩罚。它们的形态目的是要压制我们，让我们感到恐惧：它们直接通过建筑物来传达危险、焦虑和邪恶的意念。其实只要是可能，宏大尺度都会让人在环境中的作用显得微不足道。为了达到震慑和敌对的外部效果，建筑物必须体现的信息量要尽可能少。那么防御工事在抵御外敌入侵时就可以发挥作用。没有人会希望这种建筑类型变成我们的住所、学校、医院和商务大楼，但这却正是时下正在发生着的事情。

3. 像达尔文过程那样设计

设计应该从理解一栋建筑物的具体使用功能开始。把思想转移到建筑范例上对于设计师在相似的环境下工作会有所帮助。这是亚历山大模式背后的理念，它可以从大量的不同案例中提炼出的有效解决方案（Alexander et. al.，1977）。亚历山大模式语言给我们提供了一批从世界各地的传统建筑中提出来的设计限制要求，其用意在于对新兴的设计进行固定和引导（Salingaros，2000）。所有这些做法的目标是：使设计结构能够适应人的需求（保证使所有片段能够彼此相关，并且集中起来能够增强结构对于人类的实用性），但同时不指明总体形态和视觉特征。至于是什么原因激发了这种创造力，其实真的无关紧要——进行创造的方式——只要它可以生成大量备选设计并能够涵盖足够广的范围，这种选择过程就是具有适应性的。设计的达尔文过程的各种可能性与它所产生的备选方案系统相连，系统越丰富，设计可能性的领域就越宽，建筑物也就更为出色。

在设计师的心理中，每一种设计方案同其他构想中的可能性相互竞争，最适合的方案（在部分上解决了所提出的问题的方案）可以生存到下一代。更为详细的设计会产生更为贴近的替代方案，在随后一轮的选择过程选择中被挑选出来（图 10.1）。这个循环开始于对各种设计方案的创造，通过使用一套选择标准来进行筛选；被留下来的用于创造新一代的方案变体，然后再依次进行筛选，然后如此循环。这个过程体现了典型的达尔文过程（Calvin，1987；1990；1997）。

视觉灵感可以用单一初始像来固定某一项目的完全形态。通常情况下，这种构想的图像通过它在建筑师心理产生的情感反馈，来维持这一设计并使它朝着完整的方向发展。不过最初的灵感必须要作为原动力，而绝不能一根筋似地抓住不放。适应性设计必须要能够进化发展，这就是说，建筑师需要学着摆脱固定观念的局限。

建筑词汇能够确定某一种建筑风格，当建筑师们想从某一套词汇中所固定的图像中寻求设计灵感时，图像会通过改变选择标准来替代设计的适应性组件。于是你改变了选择过程，从选择满足人类使用需求的设计变成了选择设计的外观。设计也就变成了一种对某些视觉固定形式的比较过程，这就从根本上影响了最终结果。于是与时下流行形象进行匹配，成为了所有设计约束中最重要的问题（图10.2）。这是在对已经存在的建筑物进行仿效。所以这种选择的目标就不再是让设计来适应人类需求了。而且，这个过程本身也不再具有重复能力（即不会再有几次循环的过程），因为选择只会发生在初级水平上。直接视觉匹配过程更多是记忆和大脑储存形象的衍生物而不是来自于适应性。然而，如果为了保持形象而放弃了结构、功能和实用约束，相比于更加复杂但具有适应性的方法（可以更容易地进行增殖），这样的设计方法更具有经济优势。

通过接受从自然物体获得的启发（比如勒·柯布西耶从海滩上捡到的螃蟹壳后来成了他设计的位于朗香的朝圣教堂——朗香教堂的设计模型）；人造人工产品；原本用于其他使用需求的建筑物（比如沃尔特·格罗皮乌斯和勒·柯布西耶对美国粮仓的迷恋）；建筑师在将他们灵感转化为实用设计的过程中，选择不遵从于适应性设计过程。复制一个图像很容易，并且给人以肤浅的感觉，却忽略了被复制结构以及所设计事物的需求的复杂度问题。谷仓不是用来居住的，而是为了储存农产品所需的适应性设计的最终结果。对于基于其他目的建造起来的建筑物外观进行复制，并把它用于从未想到过的用处，都是不具有适应性的。作为螃蟹的容身之所，漂亮的螃蟹壳非常理想，但是对于想要在教堂礼拜的人们来说，把它放大之后的形状来容纳这些人做礼拜却并不合适。

我们并不想削减建筑物所具有的“概念”“构想”的价值，而且这些价值通过大量的迭代可以对设计过程进行引导。通常正是这种灵感催生出了一个个创新性设计。尽管最初的构想必须在适应的过程中进行必要的改变，而且有时候最终状态会相当的出人意料，然而我们坚持的是：要根据人类需求来逐步进行选择。

4. 模因和建筑学

模因是有理论寿命的；不论什么原因，当它们在数量上停止了迭代，它们就会“死亡”。如果模因死了，在一个给定的它们的集合里，你可以说有些还活着，但其他的都死了。在环境中存活下来，加上促进变异和变化的力量会导致达尔文选择。因此模因概念不仅具有解释性价值，同时还具有启发性价值，因为它让我们去探究一般的想法是如何持续和进行增殖的。

虽然我们要探讨的是建筑学，但是讨论一下生物学中类似的情形也会受到启发，在生物学中，模因概念和达尔文选择通常都是非常有用的。思考一下微生物是如何攻击组织的，比如口腔中那些导致蛀牙的微生物，科学家们对微生物附着在牙齿表面的趋势进行了研究。微生物具有最强的黏性，并可能也具有最强的毒性；比方说，它们可能是引起大多数严重疾病的原因。这个道理很简单：微生物黏性越强，在任何时间内附着在牙齿上的微生物数量就越多。研究显示牙齿表面的珐琅质具有某种化学结构，有毒微生物也会具有相应的化学结构，从而使它能够固着在上面，就像两个匹配的强力胶表面一样。

而非常相似的是，图像有一套特性可能使它或多或少粘能在我们的记忆中，并传播到其他人那里。在艺术和设计的世界中，这种机制是非常透明的。设计主题的波动推动着时尚界的发展，商业和销售力量给以达尔文过程为核心的选择过程带来了很大压力。新的模因进行突变并出现了规律性，这些模因出现的环境力量对它们进行检验。生死周期对于一个不成功的时尚风格来说是非常快的。同样地，建筑界不可否认也具有某种变化着的“时尚”。时尚具有适应性，但是对于人为制造的各种标准来说，它们也在不断地被这个行业改变着。当时尚能够同真正的人类需求相联系时，它就进入了适应性设计过程阶段，其中选择过程会逐步对个别问题形成具体的解决方案，这些方案能够近乎完美地适合它们的功能和周边环境（Salingaros，2000）。

与仅代表信息空间中的思想的一般模因相比，建筑模因通过它们的物质性，更类似于物理复制实体，如病毒。原因在于物理复制实体蕴含在实际结构当中（而不是神经元回路）。只有复制过程需要靠模因传播来进行；在这种情况下，人工器物在人类心理之外具有了物质存在形式。于是建筑风格能够以两种完全不同的形态存在：第一种，作为一种蕴含在书本中并在建筑学院中传授的意识形态，这样就在人们的大脑中永远保存下来一套模因；第二种，建筑环境中表现出的图像。这两个方面相互加强。在视觉建筑模因的作用下，建筑环境就成了一个不断进行再次感染的感染源。图像/建筑物/图像，这个循环可以自给自足，而且可以产生指数速率的感染效果（见图 10. 3）。

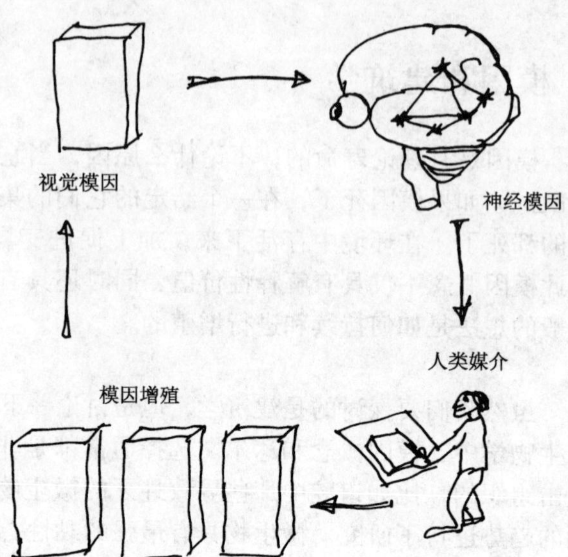

图 10.3
建筑模因利用寄生周期进行增殖

人们经常把建筑和音乐、诗歌以及绘画一起归为个体进行艺术表达的工具，而实际建筑的意义远不止于此。人类需要房屋来居住，而且建筑物体现出世界范围内的建筑业永远在寻找要可以复制的原型。绝大多数建筑，不论是商业（非文脉类型）还是乡土建筑（当地的文脉类型），都需要具有可进行繁殖的模式类型。很明显，建筑风格通过复制来进行传播的过程是适合模因解释的一种理由。这一点可以从实践中看出，整个历史中，仅用一个范例通常就可以建立起一种新的建筑风格。即使是确定一种新风格的早期建筑的数量也并不多，而它们真正的影响在于它们容易复制。相反，如果由于复杂性的原因（如新艺术）使建筑风格难以复制，那么这种风格最终还是会消失。而接续的风格并不是由于它原来的范例有吸引力或非常有用，而是因为它的简单性，这使它可以很容易去传染乡土建筑传统。

5. 不被看好的现代主义

1922 年，勒·柯布西耶在巴黎“秋季沙龙”中展出了一系列“现代城市”绘图；他为 1925 年在巴黎举行的现代装饰和工业艺术国际展览会建造了新精神馆（Pavillion de l'Esprit Nouveau）；1926 年，沃尔特·格罗皮乌斯在德绍（Dessau）建造了作为视觉范例的包豪斯建筑；密斯·凡·德·罗组织并参与了 1927 年的斯图加特威森霍夫（Weissenhoffsiedlung）大众住房项目，这个项目中包含了由非常近似的白色直线所构成的平顶的临时和永久性建筑物。所有这些建筑物和绘图为年轻建筑师提供了进行复制的图像。任何人都会认为建造这样过于简单的原型的理由在于，在与“新”社会连接的这种呼声的支持下，模块化设计解决了所有人的廉价住房问题。

视觉风格在人类心理中的传播速率取决于几个因素。就像信息那样简单，建筑风格的成功与否受到与之密切联系的模因的增殖速率的支配。这种情况与渗透或扩散近似：物体的复制品（蕴含在风格当中的信息片段）必须要通过一个人的大脑到达另一个人的大脑。这与致病因子数量的蔓延机制是类似的。种群中的个体难以对过程进行控制。增殖因子很明显不是被寄主选择的，因为它们寄生于更为复杂的寄主身上。这是一种感染过程，并不是实体相似性之间的公平竞争过程。当病毒发展到具有寄主无法打败它的优势时，流行病就爆发了。

弗朗西斯·海莱恩发现了造成模因增殖的因素（Heylighen，1993；1997）。模因可以是一个图像，也可以是决定一种建筑风格的法则。我们仍然从简单性、新颖性、实用性和形式性这四个因素来进行研究，它们与解释现代主义最初的传播有关。海莱恩的另外三个因素有助于现代主义的制度化，我们将在本章稍后的部分进行探讨。根据于海莱恩的简单性标准，一个简单的想法更容易进行复制，并且比难以掌握的想法更具有竞争优势；这一标准给我们的认知系统减轻了负担（Heylighen，1997）。因此，容易进行编码的建筑风格比难以编码的建筑风格更能够进行成功地增殖（见图 10.4）。我们可以同生命形态进行类比，病毒与比它复杂的有机体繁殖的更快，因为它的结构投入更小。生物和计算机病毒利用它们的寄主的结构复杂性来自我繁殖，而如果没有了这种复杂性，这些病毒便根本不能进行复制。

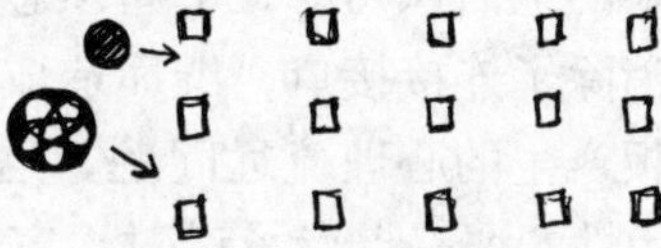

图 10.4
信息含量较低的风格传播较快

早期现代主义建筑提供了具有巨大复制能力的几何空无性图像。抽象意义上的纯粹性产生了简单性。简单而平淡无奇的平坦立方体和矩形几何体表面的现代主义词汇通过只采用纯白或纯灰色，消除了次结构、摆脱了边界、省略了设计中对比和色彩；并最终，要通过玻璃窗格的替代作用来摒弃建筑材料本身（见第 1 章）。我们可以从 20 世纪整个下半叶看到大多数建筑物中都使用了所有或者部分这些特征。

为了用最少的信息含量来创造形态，设计的丰富性和复杂度在普遍的建筑风格中被削除。20 世纪 20 年代其他曾致力于传统风格的建筑师们放弃了这种努力，并认为继续下去不仅是错的而且还不值得关注；他们没有意识到，这样做恰好满足了模因增殖的简单化标准。

另一个标准是新颖性，突出而且引人关注有助于模因的同化。新颖独特、出乎意料的想法可以激发人们的好奇心（Heylighen，1997）。20 世纪建筑学利用的就是一种蓄意地具有震惊效果的创新性。确实，现代主义风格把之前的传统风格标准颠倒了过来（见第 1 章）。这些新颖的图像首先是通过媒体得到了传播，而这时相当数量的案例实际上还并未建造出来。勒·柯布西耶通过他掌管的《新精神》杂志来宣传这些建筑模因，并获得了极大的成功（Colomina，1994）。由于凸版照相、印刷以及发行等环节的技术进步，那个时期的图片杂志开始成为传达视觉信息的畅销媒体。人们渴望了解到新鲜的想法，特别是那些还配有从未见过的并且具有未来感的插图。

实用性在这里具有双重作用。首先，建筑媒体宣称（无正常理由）极简主义结构在某种程度上更加高效，或者说能够更好的适应它应具备的居住功能。但其实真正的情况恰恰相反：很多现代主义建筑都有功能障碍问题，因为它们植入的形态和不实用的材料妨碍了人类活动。这些批评的声音包括：玻璃幕墙结构无法有效控制温度；密闭建筑物中要保持温度会造成大量能源浪费；“病态建筑物”综合症；生活在摩天大楼里具有社会危害（对儿童和老人的危害最大）；光滑表面的摩天大楼造成危险的地面风切变；平屋顶总是漏水；大面积平面产生的污斑和裂纹；由于风格原因消除了连接接口，继而造成的节点处的一般性问题；死气沉沉的灰色表面和混凝土板产生的心理疏远问题，这是一种叫人不愉快的“刺耳”的回音；等等。然而，实用性的那一点点承诺对于宣传虚假想法来说，通常就已经足够了（Heylighen，1997）。

其次，现代主义风格对于建筑行业来说具有真正的优势，建筑行业需要建造廉价的极简风格的盒子状结构，而不需要担心太多适应人类生理和心理需求的问题。因此，视觉上简单的建筑风格通过实用性产生了商业利益，这是其得到增殖的主要因素（Benedikt，1999）。二战以后，当人们需要低成本地建造大量的建筑时，现代主义模因找到了它适宜的环境。历史上从未过如此大规模的建筑投入。这一过程同时也发生在工业化进程最快的时期，涉及越来越多社会经济部门。建筑业热切地欢迎现代主义模因所带来的实用性。菲利普·约翰逊（Philip Johnson）（美国建筑师，推崇现代主义风格）非常坦诚的承认：“‘国际主义’确实横扫世界，因为那时也正是人们想要建造廉价的建筑物的时期，而且这种风格的建筑要比其他的建筑物的造价更为低廉”（Kunstler，1993）。

另一种因素是形式性：越能够通过形式化来表达思想，那么它在传播过程里就越容易存活下来（Heylighen，1993；1997）。适应性要求选择过程要以当地气候、材料、文化和与相邻建筑之间的关系以及具体的人类需求为基础。起初，现代主义都是“通用的”，因为它以一套较少的图像为基础。不同背景下的不同个体可以对现代主义规则产生相同的解读。人们可以在世界上任何城市的任何地方建造现代主义建筑，因为这种风格与其所在地或具体环境无关。现代主义设计的意图就在于与建筑文脉无关。选择的材料是预制板、玻璃、钢材和钢筋混凝土；这些都是工业材料，与处在哪一地区无关。现代主义植入抽象视觉语言产生了“适于各种国度和气候的单一建筑物”（Blake，1974）。

与人类需求的非适应性有助于模因增殖。20 世纪 20 年代德国现代主义的哲学起源反映出与极权主义并行的状态（Watkin，2001）。德国艺术历史学家威廉·平德（Wilhelm Pinder）（希特勒的支持者）和他的学生尼古劳斯·佩夫斯纳（Nicolaus Pevsner）（建筑历史学家，他是当时作为社会理想和政治理想指南的现代主义的最强有力的推动者）认为在思想获胜的时期，伟大的建筑是人民的创作。阿道夫·希特勒、约瑟夫·戈培尔（Josef Goebbels）、沃尔特·格罗皮乌斯和密斯·凡·德·罗都坚信建筑学是一个时代核心精神的表达，因此也可以是唯心主义、专制主义和傲慢思想等的体现（Watkin，2001）。以这种世界观来看，个体是重要的，而使用者的需求则几乎不具有任何影响（Watkin，2001）。菲利普·约翰逊认为同沃尔特·格罗皮乌斯探讨现代主义美学毫无价值，他抱怨道：“和格罗皮乌斯谈话根本不可能有任何结果，因为他满口都还是对社会纪律和革命的吉迪翁式的（Giedionesque）陈词滥调”（Colomina，1994）。

6. 20 世纪建筑风格的竞争

现在我们可以利用这个模型来解释历史问题了。现代主义设计的成功传播可以解释为达尔文过程中的模因复制。

不带偏见的人类心理的选择标准是从建筑结构中寻找最积极的情感反馈。这正是我们进化的样子：我们会本能地避免痛苦和不舒适，并去寻求能够在情感上给我们以慰藉的物理环境。如果建筑设计（延伸一点说，完工的建筑物）在情感上可以满足建筑师，那么使用者也能够分享到这种经验，对这一点，我们是可以期待的。地方乡土环境下的选择标准恰好可以使人产生最为积极的情感，然而如果这种以地方乡土文脉为基础的选择标准被纯粹的智力选择标准所替代的话，结果就会大相径庭。一个人在意识形态方面所信仰的不一定会被其他人所分享。现代主义极其成功地人说服了人们去放弃可以从建筑形态中获得的感官享受，因为极简表面和空间所能提供的视觉刺激比人类的神经心理天生可以处理的刺激要少（见第 4 章和第 7 章）。模因可以帮助我们理解为什么能够给我们带来情感满足感的建筑风格会被那些做不到这些的建筑所取代。

一旦建筑物被建立起来，结构的存在与否就要取决于达尔文过程了。这里我们不再讨论建筑师心理的达尔文过程，而要谈谈在外部世界的生存问题。建筑物偶尔会被自然或人类行为所摧毁；更多的情况下是否对现有建筑不可避免的磨损进行修复，是否要在原来位置建造新建筑等这些问题都是人们有意识的决定。在生物学中，物种的生存法则是在死亡之前进行繁殖。对有机体的选择过程决定于它们是否能在环境中存活下来。在建筑学中，特定风格存活取决于代表那种风格的建筑物是否可以保存下来，还是被其他风格的建筑物所替代。建筑生存因此取决于人们的决定，而人们的决定很大程度上又受到风格考虑的影响，但建筑物的生存问题同人类生理和心理需求上的适应性无关。

20 世纪初期不同风格之间相互竞争。任何包含传统要素的建筑风格注定要灭绝，因为人们现在需要的是（或被摆布着产生的需求是）新颖性。因此新古典主义、美术、维多利亚和爱德华风格被人们遗弃了。在新颖性方面具有可比性的建筑风格，进而以简单性、实用性以及形式性为基础，被进一步选择。

新艺术风格的信息含量很大。卷积、曲线、复杂的色彩等这些建筑风格要素的繁殖速度其实并不快，实际上也正是这样。而且新颖性是相当短命的。尽管新艺术建筑物现在看来也不算是新颖的了，但它们可以使人联想到有机植物形态。很快，那些变化无常的评论家又开始引导着人们去追求更多的视觉新颖性，这样的话就人们只能通过非有机形态才能得到满足。尽管曾经一度繁荣，新艺术依然没有持续到十年的时间。它后来的表现主义很明显更加简单化，同样地，它也是短命的，因为它的曲率中包含了数学复杂度。装饰派艺术风格抛弃了新艺术和表现主义的曲线，采用了矩形几何构型，它存活的时间相对久一点。我们可以总结出来，通过降低信息含量，装饰派艺术获得了更强的存活能力。最后，极简现代主义摆脱了装饰派的视觉丰富度，把它的信息削减到绝对极小值；它击败了所有的竞争者，在世界范围内广泛传播，存活至今。这些建筑历史中的事件印证了建筑风格模因理论，选择过程是以简单性为基础的。

实用性和形式性可以导出同样的结论。除非存在对信息丰富的建筑和环境的社会需求，建筑业还是要选择那些视觉简单的风格（尽管它们不易维护，但是造价较低）。这是建筑业基于实用性的选择，但是并不代表使用者的意志。现代主义是一种相当形式化设计方法，因此它的繁殖过程具有形式性的标准。在新艺术或装饰性艺术风格中从来没有产生过与文脉无关的规则，因此这两种风格都缺乏形式性。我们没有可以生成新艺术建筑物的形式性的符号组。新艺术风格取决于个体创造天分，比如说路易斯·沙利文和维克托·霍尔塔（Victor Horta），他们会把他们在每一个新的具体的建筑环境中获得的灵感画下来。

值得注意的是建筑史上相当成功的古典主义风格也取决于非常精细的形式法则，并且不论文脉如何，形式法则都可以用到各种情况中去。与现代主义相比，古典主义具有更丰富的复杂度，能够让设计作品与人类需求和情感相适应，近两个世纪以来世界范围内无数的适应当地需求的新古典主义建筑就见证了这一点。今天人们可以正确地看待那些建筑，他们要比“国际风格”的建筑物更为实用和具有耐久性，但是“国际主义建筑”作为一种更受青睐的体制风格，还是替代了古典主义风格。

大量的新艺术和艺术装饰风格建筑在20世纪早期的几十年内被建立起来，比现代主义选择标准的确立还要早。但是那些建筑大多都没能够保存下来，因为20世纪60年代对于保存老建筑的选择标准和设计新建筑的选择标准是一样的。玻璃盒子或混凝土盒子这样的定型的视觉模板决定了哪些建筑物可以逃脱被拆除的厄运，于是与这些形象不匹配的建筑物就被毁掉了。根据具体形象来对结构进行分类，实际上是授权给人们去消除那些认为是“不适合的建筑”。这样的决定应该是建立在理性的法律基础之上，而不是以情感为基础，在一定程度上也的确应该如此。不过，20世纪的人们不可思议地对现代主义建筑模因的拥戴从根本上说还是以情感为基础的。这种模因传播的情感维度我们将在后面内容进行讨论。

7. 形象的心理封装

对于寿命有限的个体，只有当选择力量青睐于它们的时候，才能够繁殖它们的信息并存活下去。利用富有吸引力的文字解释来作为模因封装外壳使它具有了意义结构，从而有利于它的传播。一旦模因进入了人的大脑，它就失去了边界，因为它为了一个更大的意义结构——物理分组神经而牺牲了自己。人的大脑显示它是一个多连通的网络，其中人们的思想、见解、事实性知识以及偏见都是相通的，可以称作是一个人的“意识”（见第7章；Edelman & Tononi，2000）。这样，模因就可以影响个人的想法和行为。这正是广告背后的意图：把商业产品信息植入人们的意识，通过潜意识的决策作用来保证人们对特定产品的使用或购买（Brodie，1996）。

建筑业和广告业很大程度上是一样的。得到人们认可的风格的模因在建筑学院里得到传授，成为人们思考模式的固定部分。它们被封装在意义结构中，比如：隐喻。神经元回路集群记录着图像，它们的封装以及内部连接决定了一个人的部分意识领域。而大脑中的那些地带正是意义结构的物质基础，人们一生都要用它们来解读世界（见第7章；Edelman&Tononi，2000）。不论模因是好是坏，还是有用没用，我们都会按部就班地自动对它们进行复制。因为它们是一个人内在信仰系统的一部分（Brodie，1996）。这同时也解释了为什么视觉图标很少能够被科学论据驱逐出去。其实即使是一种简单而非理性的信仰也可以取代人们对世界更为精确但是却较为难懂的描述。

我们在这里提出另一个影响模因增殖的因素：封装。模因通过让自己与其他诱人的模因相连来提高自己的毒性，并保护其原始的模因（见图10.5）。（这一点与海莱恩关于从众性的标准有一定关系，但是却并不相同，新思想的吸收取决于它们是否与现存知识具有连贯性）（Heylighen，1993；1997）。广告业建立在封装技术的基础之上：或者是物理包装或产品的理念包装。具有诱人包装的商业产品和具有其他卖点的产品可以获得同样的销售结果。有效地营销策略会利用人们对自尊、性、地位、权利以及个性等情感诉求对产品进行封装。现代广告业的发展与现代主义建筑设计齐头并进其实并不是巧合，早期现代主义建筑师表现出了一种热切的心理操纵欲望，这种思想随即被人们纳入到广告业当中（Colomina，1994）。所以说勒·柯布西耶实际上是靠大众媒体和商业推广来谋生，并不是靠建筑师的工作来过活（Colomina，1994）。

有毒模因

经济发展

有吸引力的口号

封装的有毒模因

图 10.5
有毒模因从外壳来看显得很有吸引力

建筑设计的发展过程为什么是这样的呢？我们把以上概念应用于建筑学可以揭示出一个令人意想不到然而却又十分重要的原因。封装的改变是由社会的不连续性问题决定的，这种因素就像引入新的建筑材料和创新性建筑方法那样会对建筑产生重要影响。例如：在两次世界大战期间所释放出的巨大的社会力量让人们采用现代主义设计模因作为反抗阶级压迫的武器。他们认为装饰性的建筑物是过去错误的视觉象征。过去的古老价值在第一次世界大战的恐怖阴云下惨遭蹂躏，人们无比渴望新思想和新希望，于是将理想中的社会目标与封装模因相连接起来。为了美好未来的承诺，他们情愿牺牲掉从环境中获得的即时而直接的愉快感觉。对于能够承诺带来美好生活的任何事物，人类都愿意接受它。荷兰现代主义建筑师集体（其中包括格里特·里特韦尔和克里斯蒂安·屈佩尔别名特奥·范·杜斯堡）(Gerrit Rietveld)(Christian Küpper, Theo van Doesburg)，也就我们所说的“风格派”，在他们的《1918 年宣言》中说道：

“战争毁灭了旧世界……新艺术揭示了包含在时代新思想中的内容…然而传统、教条和个体优势妨碍了人们去意识到这一点。因此新文化的建立者呼吁所有信仰艺术和文化改革的人们去摧毁发展中的障碍…今天，全世界的艺术家，都受到同一种意识的驱使，参与到精神层面的世界大战中来，共同反抗个人主义和独断专行的统治”(Conrads, 1964)。

布鲁诺·陶特（Bruno Taut)，是德国现代主义建筑师群体中的关键人物，在他 1920 年出版的《曙光》（*Frühlicht*）中这样说道：

“唉，看看我们对于空间、家园、风格的概念！哎呀，这些概念是真的是糟透了！把它们都毁灭吧，让它们彻底结束！什么都别留下！把它们的学校铲平，把教师们的假发都吹走，我们拿它们传着玩。狂风呼啸吧！呼啸！让这个到处是模糊的纠结的混乱的概念、意识和系统的世界领教一下寒冷北风的滋味！消灭像虱子一样烦人的概念！消灭所有的沉闷乏味！消灭所有叫做头衔、尊严和权威的东西！打倒所有严肃的东西”(Conrads, 1964)。

这些节选显示了当时的艺术和建筑对传统风格的敌对和愤怒。它们揭示出了深刻的社会不连贯性，这就为任何与政治和艺术模因相混合的意识形态提供了繁殖的场所，从根本上保证了解决人类面临的问题的新办法。

尽管针对寄主有机体的抗体在不断发展，生物病毒依然保持着它们的传染性。病毒做到这一点是通过改变自身的封装，使寄主就无法识别出来。据说这是艾滋病毒对抗治疗的一种抵抗机制（Levine, 1992)。现代主义通过完全一样的方式，成功地改变了包装模因的外壳。(见图 10.5)。现代主义理论家非常巧妙地实现了这种转换：就像变戏法一样。一旦这种封装被识别出来，而且当它意识到无法产生既定利益的时候，这个外壳就会变成一个新的。而它的核心部分——包含能够降低环境信息和有组织复杂度的图像——则保持不变。我们列出了八种现代主义模因的封装手法，每一种封装本身也是模因。

表 10.1　现代主义模因的封装

(1)“技术推动的社会发展和经济繁荣”;
(2)“通过新设计从阶级压迫中获得的自由”;
(3)“面向所有人的社会平等住房机会”;
(4)“使用真材实料所获得的道德优越感”;
(5)“通过光滑表面使健康和卫生状况得到改善”;
(6)“纯粹形态的数学原理”;
(7)“模块生产带来的成本收益”;
(8)“表达时代精神的设计”。

今天，现代主义风格统治着建筑实践，我们的建筑学校中也把其他风格排除在外。于是以上的封装最终经过人们的描述和探讨成为了标准建筑文献的一部分：但它们并不是误导性的封装，而是摇身一变成为了“真理”。在这里我们重复宣传材料是没有什么用的。以上的八种口号在封装现代主义模因方面相当成功，这种效果具有直接利益，有助于模因的增殖。这些是非常重要的保证。我们的观点是，在缺乏科学或感官基础的情况下，现代主义建筑只能通过模因封装来自圆其说。有关现代主义主张的比较详细的批判以及人们为那些封装进行辩护所采用的常见理由的种种缺陷，请看（Alexander st. al.，1977；Blake，1974；Salingaros，2000）。

需要记住的是，上面表格中的模因（5）是在毁灭性的1918年流感大流行之后产生的，它触及了关乎生死的问题。由于微生物可以停留在任何类型的建筑物表面上，光滑无孔的表面就显得更容易清洁。闪亮磨光的金属、陶器和玻璃表面看上去显得更卫生，而且这种“样子”很流行。我们的厨房和家居环境采用的是医院美学。

当建筑模因成为意义结构的一部分时（于是成为了在我们的世界观的一部分），能够得到它的封装的保护。尝试修改模因会对整个模因复合体产生影响，这个过程从属于人类心理对概念的联想系统。现代主义支持者们的作品将表现该风格的视觉图像同其他有利的模因相连，这样一来，质疑现代主义设计就像是在质疑20世纪的技术、科学、经济和社会进步一样。通常会引发人们强烈的情绪反应，这与宗教紧张非常类似（Watkin，2001）。我们怀疑某些模因，比如我们所说的这些，已经替代了传统的宗教信条，并已经在我们的信仰体系中扎下根来。

面对以科学推理为基础的各种批判，很多建筑师都利用现代主义“大师”的名言作为挡箭牌（如“少就是多”），似乎那些代表的是某种被揭示出来的真相。这是一种宗教原教旨主义精神的表现。自动依附于任何一种教条，这是人类基本信仰体系的一部分，与模因感染是一致的；也就是说，为一种信仰进行辩护，这本身就是传染性模因。人们会毫无异议地接受或者在他们改善生活的斗争中采用某些思想和价值观，同这些思想合价值观或进行争辩是没有意义的（Brodie，1996）。原因在于不论他们的这种信仰是怎样获得的，或者这种信仰是否具有绝对的正确性，人们都从身体上、情感上隶属于他们的信仰。进行回忆并重新在大脑中形成新的思维习惯——没有人想要这样做，因为这并不是一个令人愉快的过程。当自己的信仰受到挑战时，人们更容易坚持自己的想法和价值观，自然的就会不去思考问题的根源，而是感情用事地来维护它们（Brodie，1996）。

8. 封装的双面性

封装也被用来诋毁传统建筑风格，并使它被人们抛弃。这里的模因是一种消极联想，并且不论这种指控是否正确，它都可以独立地进行传播。包豪斯风格就遭遇了这种情况。一提到包豪斯，人们就会联想到第一次世界大战前西欧社会的“衰败”景象。英格兰的维多利亚和爱德华风格也发生过同样的事情（Watkin，2001）。对于古典主义风格，在它存活了两千年以后，由于新古典主义建筑在第二次世界大战期间的德国、意大利以及斯大林俄罗斯等国被陆续建立起来，它的地位也发生了动摇（Watkin，2001）。然而这种论点的荒谬性不能撼动人们非常有效地运用封装来推动某一个进程的步伐。因此，今天仍然有一些人对传统建筑风格还怀有强烈地怨恨；尽管他们也不能合情合理地解释为什么会怀有这么强烈地怨恨（见图 10.6）。

图 10.6
适应性的设计方法被搞得像有毒一样

非常讽刺的是，希特勒和斯大林为他们的宏伟的公共建筑物所采用的肤浅的古典主义风格本身是一种不吉利的封装。深层的建筑风格当然不是古典风格，而纯粹是一种对妄自尊大和极权主义状态的表达。为了掩饰这种明显但却令人不安的信息，代表每个统治时期的公共面孔建筑物都加上了一层带有经典要素的外部饰面。这样一来，人们会自然而然地将那个政权统治与“稳定性”、“智慧”、“平衡”等这些古典主义建筑传统信息中的积极的品质联系到一起。很不幸的是，对于这种对古典主义风格建筑的误用，即便是卓越的建筑历史学家也会搞不清楚。

破坏性封装在政界是众所周知的，用来进行人格抵毁。在艺术世界中，破坏圣像运动宣称图形再现是邪恶的，尽管在基督教当中没有任何这样的限制。15 世纪时破坏圣像运动在意大利突然死灰复燃，受到疯狂的修道士萨沃纳曼拉(Savonarola)教唆，烧毁了博蒂切利（Botticelli）的几幅作品。个体、群体、种族、思想或人工器物被联想为破坏性封装，继而被消除的例子在人类历史上比比皆是。

20 世纪最成功的一个模因是由奥地利建筑师阿道夫·路斯在 1908 年所创造的“装饰是罪恶”（Conrads，1964）。这个说法让人很难忘记；不论你是否认可，它可以直接进入到你的记忆中，所以它可以和最成功地广告语相媲美（见图 10.7）。由于新颖性的标准，最肆无忌惮的社会模因通常具有最强的传染性（Brodie，’96）。这种独特的封装把任何敢于欣赏建筑装饰的人和创造装饰的人都看做是罪犯，并且“会对人体健康、国家预算，以及文化的进化发展造成严重伤害”（Conrads，’64）。这种模因的传染一直持续到今天，因为洛斯被尊为现代主义运动的先锋人物，而不是一个喜欢在建筑中使用磨砂窗玻璃的怪人。在他的建筑中，由于这些磨砂玻璃，人们根本不能向外看（所有欧洲建筑史上的图片为了隐藏这一点都经过了修改）(Colomina，’94：第 234 和 272 页)。

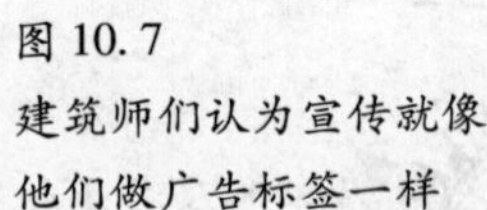
图 10.7
建筑师们认为宣传就像
他们做广告标签一样

从长远来看，发生在确立的建筑学之外的事情可能最终会证明具有更大的危害。数千年来，人们建造了朴素的结构，比如：零碎的墙体、高设花台、阳台、房屋扩建部分等等。这种大量的“没有建筑师的建筑物”使用的都是现有材料，简单、功能齐全，并且经过了装饰。一些人们最喜欢的人工器物在这种传统之中被制造出来。它们体现了人们的情感诉求和数学的一致性，但是人们为了效仿晶体几何构型的纯粹性，用僵硬的工业物体替代了这种结构，那么这些优点也就同时丧失了。受到现代主义模因感染的人们，迫切地想要抹去他们的文化遗产，因为它们的存在会让人们回想起过去。对各种缺陷的内心恐惧和感受使人们害怕会失去他们所相信的正处于发展之中的事物。在很多社会中，建造任何不符合现代主义条件的东西实际上已经变成了一种非法行为。建造朴素东西来取悦人类情感——这种传统是美好的，也是复杂的，但是由于受到模因的感染，它已经开始灭绝了。

9. 复杂度的开端

现代主义的迅速传播让人觉得很像是生物病毒和计算机病毒的传播。而使他们联系起来的是那些遭到彻底削减的复杂度（也就当从一个地方传播到另一个地方时，他们必须要保持的最小结构复杂度）。新陈代谢过程需要牺牲结构复杂度，病毒与那些被它们感染的更为复杂的代谢生命形式相比，具有不败的优势（Levine，1992）。而极简主义设计与新艺术运动和古典主义等比较复杂的建筑风格之间的竞争与病毒和复杂生命形式之间是非常相似的。任何风格要想使自己与人类的物理和情感满足相适应，并与当地材料和气候条件相适应，那么它需要能够超越某些复杂度的临界值。为了能够忽视那些需要——实际上，是使忽视这些需要成为极简主义的明确目标，极简主义建筑师突破了复杂度的临界值，朝着完全抽象化的方向发展。这使它获得了全所未有的模因优势，但是也同时去除了使我们与“生命”相联系的重要性质。

尽管“生命”没有被严格地确定为概念，但生物生命包含了两个要素：新陈代谢和复制（Dyson，’99；Maynard-Smith & Szathmary，’99）。用于新陈代谢的器官包括我们在每个有机体中发现的大多数生物结构。另一方面，用于复制的机制只占了一个有机体结构中非常有限的一部分。而病毒则不需要进行新陈代谢就能够进行复制，并把遗传信息进行编码。它们有可能是最简单的生命形态，并且通过这个规定，病毒“活着”的意义和更为复杂的新陈代谢有机体并不一致。非常类似地，尽管极简主义结构在复制建筑环境方面极其成功，但是同适应人类使用目的和情感需要的更加传统的建筑风格相比，它并不能具有同样程度的“生命力”（通过组织复杂度来衡量）。

在进化生物学中有一场辩论，那就是病毒发育是在新陈代谢生命形态之前、同时、还是在这之后进行（Levine，1992；Maryard Smith & Szathmary，1999）。第三种选择认为，寄生复制因子在进化之前，必须要有一定数量的更加复杂的有机体可以寄生。第三种选择的可能情况是：有机体的一些复制器官上的不完整片段能够在新陈代谢的结构之外独立存活。不论实际情况如何，第三种选择与建筑是类似的，这还是相当耐人寻味的。通过以上类比可以说明，极简主义在社会变得足够复杂能够支撑它之前，不可能得到真正的发展壮大。极简主义风格建筑的给人的直观的感受就像一种“异形”在入侵我们的城市（和心理），它在社会中的影响越来越大，但是我们这个受道德和思想问题困扰的社会对于这种侵略已经没有任何办法了。

进化强烈地依赖于复杂的组织。所有生命形态的新陈代谢结构都超越了某个复杂度的临界值。自然选择也推动着有机体的发展，使它变得更加复杂。当一些物种的结构复杂度能够为其提供一种合理的生存和繁殖机会时，它们就达到了一种稳定状态。只要它们的环境或生态位保持稳定，那些稳定状态的物种便没有必要进行改变。不过，从基本的生命形式到人类，这种进化方向其中的复杂度是在不断增加的。因此有组织复杂度的锐减，反映了一种类似物种灭绝的灾难性倒置。就像病毒杀死大片哺乳动物，或计算机病毒删除主机硬盘上的大量组织数据一样，19 世纪建筑物被极简主义风格取代，消除了建筑环境中的有组织复杂度。

极简主义风格设计的信息含量很低，这是它与其他较为传统的建筑风格以及较近的建筑潮流之间的区别。我们想要澄清关于建筑复杂度的讨论中的一些误解。生物形态以它们惊人的高度有组织的复杂性为特征。高度组织的复杂度（视觉上的以及结构上的）也同样可以在过去的伟大建筑中找到，如中世纪大教堂和清真寺，还有乡土建筑。这种性质与高度无组织的复杂度正好相反——我们可以从细部化的、过分装饰但缺乏秩序的建筑物中看到这种性质的体现，如后现代主义和解构主义结构。无组织的复杂度躲藏在郊区商业地带具有视觉不和谐效果的标牌和材料当中，也栖身于拉斯韦加斯赌场混乱的霓虹灯标牌之中。我们的时代似乎不能对自发生成的复杂度进行组织。

10. 建筑学如何使现代主义模因不朽

以空无图像为基础的选择过程，出色地集合了历史事件与环境因素，成功地替代了各种以适应人类需要为基础的建筑传统。为了有意地与传统建筑的更高复杂度形成对比，极简主义结构降低了它的有组织复杂度；对此，那些推动极简主义结构发展的人是认同的。那么我们现在还有没有可能在实践中重新建立起传统的适应性设计方法呢？海莱恩提出了三个有利于模因宣传和最终制度化的标准，即：权威性、宣传性、从众性（Heylighen，1993；1997），从中我们可以产生一些其他的发现。

权威性来自著名建筑师和他们的赞助人使设计模因在人们心理中合理化的过程。来自公认的专家和机构的支持，能够使人们容易接受某个特定的想法（Heylighen，1997）。第二次世界大战以后，联合国将总部建在纽约，作为对现代主义风格的一种检验。几个进步政府把新首府也建成现代主义风格，是对这一做法的支持和强化：印度（昌迪加尔）、巴西（巴西利亚）、孟加拉国（达卡）以及澳大利亚（战后建筑位于堪培拉）。出于国际贸易活动和展示空间的原因，美国政府采纳了现代主义，突出了一个超级大国的繁荣景象，公司之间相互竞争赶超，而且争相占据现代主义风格的总部。在我们的时代中，位于布鲁塞尔的欧共体行政办公楼就体现了现代主义模因。但人们很容易就忘记了现代主义曾经就是法西斯意大利的官方建筑（见图 10.8）。

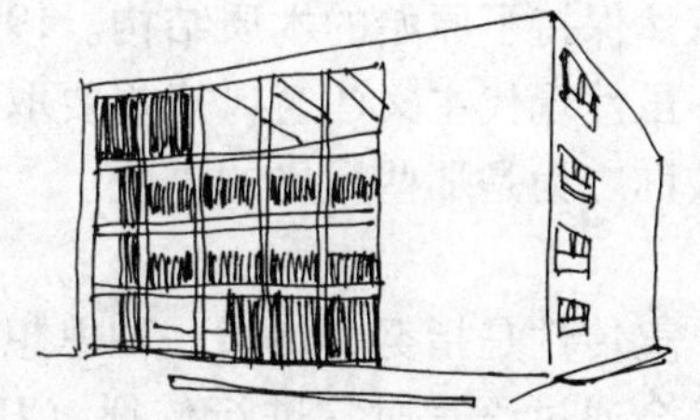

图 10.8
法西斯风格建筑属于现代主义建筑，
但不是古典主义建筑

政府和组织对于建筑模因的接受提升了它们的建筑师的权威性。1932 年在纽约现代艺术博物馆举行的现代主义建筑展览会是个具有很大影响力的事件，这是通过利用博物馆的权威性来推广所谓的“国际主义风格”。继纽约之后，展览在美国连续 7 年巡回展出（Colomina，1994）。两位前任德国包豪斯学校的校长从欧洲移居国外以后被任命为美国建筑学院的校长。那些建筑师随后用他们的地位通过教学和媒体推动了模因的传播。他们的权威性也同时保证了他们在建造大楼时可以得到更多的佣金，这便建立了一种自给循环。大众很少能足够自信地去挑战该领域的世界级专家的个人权威，即便是他们所说的与人们的基本情感和直觉相反，情况也是如此。

像西格弗里德·吉迪翁和尼古拉斯·佩夫斯纳这样知名学府的教授——前者曾任国际现代建筑会议（CIAM，Congres Internationaux d’Architecture Moderne）秘书，具有很大的影响力，在他撰写的建筑学历史中，为了推崇一种意识形态，扭曲了事实真相（Watkin，2001）。现代主义被错误的说成是不断进化的历史建筑学所不可避免的最终结果，而不是一种对它所代表的传统风格的极端否定。通过宣称现代主义不是一种风格，不受风格竞争的影响，他们得以把现代主义的权威性扩展到建筑学之上，并且超出了建筑的范畴。那些与现代主义竞争并被它取代的建筑风格（即新古典主义、爱德华时代建筑、装饰艺术风格），不是由于跟不上潮流，不符合道德标准，而遭到整体地忽视，就是被人误导性地盗用为现代主义的鼻祖（如新艺术运动、表现主义）。这就使现代主义带有了不真实的历史和道德权威性。而那些专著以及其他带有同样的误导信息的作品则成为一代又一代建筑系学生的标准教科书。

进化过程的一个重要特征是复杂有机系统建立在当前的复杂性上：每一步的新发展都为已经发挥作用的部分增加了新的内容。新层次的功能性，在原有结构的基础上得到发展，而不需要对它们进行大幅度地改动。这也是对选择过程中所逐渐积累起来的设计的优缺点的总结（Dennett，1995）。在进化尺度上寻找与欠发达有机体共有的特征，可以有助于我们对进化谱系进行追踪，有一些有机体能够以一种不活动或无用的形态（就像我们的阑尾）存留下来。举一个建筑学的例子，当人们开始用石头进行建筑时，其实尽管木头并不能够产生任何结构意义，然而传统风格中却依然保持了原始的木质结构。19 世纪的建筑风格保留了大量发展到当时的原始内容。虽然现代主义建筑风格想要取代所有保存至今的过去的建筑风格，但它仍然不能被称之为是那些风格的进化。

宣传性是指努力传播一种思想，通常是包含明确指令的一种意识形态，相信它的人会通过语言对它进行传播（Heylighen，1997）。建筑学被含有大量图片的书籍和建筑杂志、电影、电视纪录片以及新闻界所关注，所有的这些都是在推广模因。而这些推广模因的手段为那些混乱的思想创造了一个在视觉上获得合法地位的平台。人们认为 1932 年“国际主义风格展览会”是一次现代主义建筑的宣传活动，而展览会目录则成了这种新风格在美国进行传播的宣传工具（Colomina，1994）。建筑模因通过广告技术并加上建筑学校对人的循循善诱，得到了广泛传播。从 1979 年开始，普里茨克建筑学奖都颁发给了能够体现最新设计潮流的设计师；这样的殊荣和随之而来的宣传进而也有利于使那些设计长久地保持下去。影响力较小的其他大量建筑学奖项也是如此。那些得奖的建筑范例通过媒体得到了宣传，并影响了新建筑的设计。

从众性能够保证团体中的新成员会受到公认模因的影响，尽管它可能扎实的知识产生抗拒，并与业已确立的信仰相悖。这种从众的压力在一群人中得到建立并保持一种不变的信仰（Heylighen，1993；1997）。经常接触一个特定的建筑风格可以创造一种亲密感，进而会促使人跟许多其他人已经接受了的东西保持一致。由于担心被排斥为叛教者，在建筑界的同侪压力下，那些被认可的形象得到了延续和保持（Watkin，2001）。很多时候，一些不遵从于当前流行设计风格的建筑师会被人们嘲笑。同样，为了迎合读者的心理，建筑杂志倾向于只出版跟“党的路线”保持一致的文章。在这种压力之下，建筑系学生会很自然地跟从于这些杂志所推崇的观点。

建筑教学的变化与根据包豪斯建立起来的思想相呼应，比如，建筑设计工作室创造的环境就完全受到图像的驱使。探讨适应性的设计要素如亚历山大图式是非常困难的（Alexander et. al.，1977），因为这些概念并不是图像。为了避免模式，学术建筑师们仍然喊着老一套的“现代与传统相对”这种完全以肤浅的视觉外观为基础的论调，这样最终会使人们为实现适应性所做的种种努力付之东流。

11. 现代主义成了一种制度

到目前为止，现代主义模因在社会中的传播已经到了能够替代大多数其他建筑风格的地步，本章对模因如何进行传播这个问题作了介绍。现在我们想要探讨一下应该如何从我们的社会中除去这些模因。一组模因能够通过制度化来达到最终的成功。僵硬的制度化模因让人们很难摆脱它。要取代今天的建筑设施中根深蒂固的模因是非常困难的，这一节中我们将针对这个问题进行说明。我们不相信主流建筑中能够发生重大变化，因为它本身就是现代主义模因的产物（并且完全取决于现代主义模因）。一旦使用者了解了模因感染的影响，那么与建筑师相比之下，他们可能会更多地去考虑其他的解决办法。

制度系统会用行动来保护它的政治基础，于是会产生概念偏见。各种决策要根据与问题有关的信息进行制定（即：与建筑有关的决策要严格地由有优势的因素决定），而其他的概念模型会被忽略。政治议程则更青睐于具体的问题，以及决定如何处理与矛盾双方的对话问题，假如真的遇到这些问题的话（de Jong，1999）。同样的法则也适用于各种制度化的模因组，而不特定针对建筑或设计（de Jong，1999）。制度化决定了概念的重要性和对人们概念的解读，所以它可以控制人们是否要对一个具体理念进行探讨，以及是否会采取行动。所以与当权派的概念框架不一致的言论和行动没能得到探讨也就不足为奇了。

二战之后建筑业的发展历程对我们的分析给予了证实。在我们的社会中，现代主义的制度化在建筑设计领域内已经成了一种对创新的过滤器。尽管对空无形态的反对已经得到了广泛宣传，但是大多数最初的视觉模因依然保留在后现代主义设计当中，也许总体形态各不相同，然而基本的样子还都是十分常见的。今天的建筑仍然不能适应人们的基本需求；当然基本的方面都没有什么改变。早期现代主义所强加的反对细节装饰和反对复杂图案和谐的问题都没有得到制止。总的来说，材料往往由于其普遍性而更受到早期现代主义者的青睐，甚至是使用传统材料时，也严格地使用它们来模仿“纯粹的”工业材料表面。

由于每一种制度都像模因过滤器一样，新颖的概念只有在它之外才能够得到进化发展。对于建筑业来说，与人类需求相适应的设计的进化发展，主要是在建筑体制之外发生：或者是靠被体制所排斥的建筑师来推动，或者由其他发现官方系统在处理社会问题时过于僵化的专业人士来推动。创新会动摇这种体制的权力基础，无视各种创新，这种体制能够以一种可预见的方式做出反应。它会在某些范围内允许人们进行有限的辩论，借此来突出它的绝对控制地位。辩论收到非常严密地控制，从来不允许危及制度的根基。目前在主流建筑出版物中，现在书中探讨的话题都是打着原始的幌子，而且通常是伴随着扭曲的论点，其目的只在于鼓吹体制的风尚，而不是要真正理解建筑学。因此后现代主义的“现代主义已死”的宣言其真正含义是：为了防止任何严重攻击保护建筑体制的一种变换手法而已。

现代主义设计的支持者们试图通过采用两种战术来消除竞争的风格：主动进攻和嘲笑。从一个方式转向另一个，标志着现代主义变成了一种制度的转折点。一直到20世纪50年代的这段时间里，也就是现代主义试图占据支配地位但还显得不那么重要的阶段，人们利用破坏性封装产生了很大的影响（见第8节）。这种战术获得了成功，而建筑体制（现在称现代主义）却发现，如果嘲笑它的竞争者，对于表现他的影响力其实更为合适。自此以后，“模仿画”一词被用来取笑任何试图将传统元素纳入设计的建筑师们。“模仿画”是艺术领域对科学中“剽窃”一词的同义词，意味着这样的建筑师并不是原创的——而实际上，这正是那些遵从建筑体制类型学的人所做的事情，因为大多数建筑仍然是在复制20世纪20年代以来同样的工业类型。

与其他因素相比，建筑设计的发展触及了特定建筑风格的商业利益。由于现代主义设计简单而且与文脉无关，所以它能够在合理的造价条件下进行工业化生产。在工业建筑的推动下，现代主义建筑在整个建筑业内实现了制度化。而且这种制度化是独立的，比建筑教育、建筑学院和建筑杂志等都更具有影响力。有些作者发现这是现代主义成功的主导因素（Benedikt，1999）。达成了这种浮士德式交易，建筑师们拿出的是更简单更低廉的设计，到了现在，设计复杂度水平已经低到难以提升的地步了。任何可能会增加建筑成本并降低建筑业生产能力的改变，都将遭到大规模的建筑体制的讨伐。

12. 结论

就像作为达尔文进化过程那样，设计理念依赖于选择过程，并且具有有趣的分支，从而使建筑成为一个整体。我们对于如何在人类心理中形成设计的解释可以反映出：以刻板形象为基础的设计方法与适应人类需求的设计方法之间是分离的。建筑学和流行文学都回到了这一主题上——20世纪的大部分建筑未能像老建筑那样，为使用者提供那种物质或情感上的舒适感，而且老建筑能够以更自由、更具有适应性的风格进行建造。不过，尽管批评如潮，某些视觉风格仍然统治着今天的建筑和设计实践。为什么会这样呢？答案在于视觉模因：自给的概念性实体在人类的记忆中被固定下来。我们最初在讨论中引入了进化生物学，利用模因很好地解释了为什么建筑时尚能够存活和繁殖的问题。特别地，通过模因，我们对于现代主义在取代传统建筑风格以及其他新颖的建筑风格过程中，为什么能够获得如此巨大的成就做出了解释。

第11章 建筑学的两种语言

1. 模式语言和形式语言

建筑设计是一项高度复杂的工作。到目前为止，人们对它的基础过程还不是十分清楚。虽然人们花了很大精力试图对设计过程进行说明，但是仍然没能找到这样一种设计方法：既适合学生和新手们使用，又能够产生实用而有意义的人类成果。然而缺少设计方法和设计的评价标准，事情就容易变得非常主观，因此现在建筑看上去似乎是受到了时尚的影响，带有强加的情趣以及个人意愿，并想要通过新奇有时候甚至是具有震撼性的表现手法来获得关注。

设计背后通常都存在着不变的规律，特别是建筑学。本章提出，建筑学和城市规划理论基于两种不同的语言：模式语言和形式语言。模式语言对人类与环境之间的相互作用进行编码，并且决定了我们生活中的很多习惯性问题：比如我们会非常自然地喜欢在什么地方走路、坐坐、睡觉，我们如何或进入或穿过一栋建筑物，我们如何享受房间和开放空间，在花园里我们是否感到轻松自在等等。模式语言是一套依靠继承获得并行之有效的解决方案，能够使建筑环境最大限度地改善人类生活、增进人类的幸福感。它将几何构型与社会行为模式相结合，总结出建筑形式如何同人类活动相融合的一套非常有用的关系。另一方面，形式语言在几何方面非常严格。它是由地板、墙、顶棚、隔墙以及所有建筑构件或建筑连接等形式要素组成的，这些要素共同构成了一种独特的建筑形式和建筑风格。

建筑模式语言的重要性最初是由克里斯托弗·亚历山大和他的同伴提出来的（Alexander et. al., 1977）。亚历山大发现并提出了具有相当普遍性的模式语言，他强调，即便不算是大多数，但是在他的模式语言中很多模式都是非常普遍的，实际上模式语言中还包含了无数个个体模式。每一种模式语言都反映着不同的生活、习俗和行为模式，并与特定的气候、地理条件以及文化和传统相适应。选取哪些具体的非普遍性模式完全由设计师/建筑师来决定，他们会根据需要对特定条件下的生活方式和传统进行考察，然后将模式应用于具体问题（Salingaros, 2000）。

有生命力的建筑很大程度上取决于模式，模式也相应的塑造了建筑物和空间。模式是使用不同材料和几何构型来实现的一系列关系。然而建筑师往往把模式与它们的再现相混淆，即：一个排列看上去的样子。模式从根本上说是人性化的，而它的物理实现（再现）可以有无数种具有微小差异的方式。所有这些再现方式有些比较成功，有些则不够成功，这是我们对模式最直接的体验。即使在重建结构中，某种模式可能不会得到再现，但模式本身始终存在于人们的记忆中，这是因为它与任何具体的再现形式无关。尽管我们通过感官来体验模式，但模式并不是物质化的。从理性上来理解模式则更是难上加难，对于只关注物质材料的世界观来说，掌握模式几乎是不可能的事情。

人们可能会认为，在我们的文明中，由于商业和工业的推动作用，为人们设计适宜的工作环境应该是得到优先考虑的。然而实际并非如此。我们可以通过对世界上不同时期不同文化中成功营造出情感舒适性的要素进行研究，并把它们结合起来，形成能够适合设计工作环境的模式语言（Alexander，2004；Alexander et. al.，1977；Alexander et. al.，1987）。当今的软件开发人员与在遥远古代中寻找舒适栖息地、雕刻骨头、给陶器上色的祖先的需求是一样的。在能够感受到到支持慰藉的环境中工作，能让人精神振奋，提高生产力，减少工作失误。然而几十年来，建筑师和室内规划师们始终坚持在办公环境设计中采用形式设计法则，这种规则倾向于做出标准化的妥协，却并不能满足对人们对于良好工作环境的任何基本需求。这种环境中的人们通常用枯燥乏味、压抑等字眼来描述这样的工作环境。在建筑师想像中的办公室空间和使用者实际需要的能够高效工作的空间特征完全不同。各个公司并非没有注意到这个问题，于是他们承担了自己办公室和工作环境的模式语言的发展工作。一种好的模式语言，不用增加成本，便可以营造出个性化的工作环境。价值上千亿美元的信息和通讯行业欣然接受各种模式语言，尽管所有这些大量的作品没有一个称得上是建筑典范。

亚历山大还使用了形式语言这个术语来描述建筑表达的几何学基础（Alexander，2004）。有些其他建筑师那里也用到过这个说法，比如罗伯特·斯特恩（Robert Stern）（1988）。形式语言代表的不仅仅是表面风格，而是一套可以组合成为任何建筑的形态和表面要素的系统指令。形式语言取决于一种内在词汇，也就是组建筑物所需的全部构配件；如何将它们组合起来的法则；以及如何利用小构配件来产生不同水平的尺度。形式语言是构造几何学和表面几何学中一个特殊而实用的概念。“古典语言”是一种极其成功的形式语言，以希腊罗马传统为基础的古典主义建筑风格所产生的大量变体是它的存在基础（Robert Stern，1988）。

几个世纪以来，古典建筑成功地适应了各种不同的当地气候、条件以及使用需求，而其形式语言依然完好无损。传统建筑都有自身的形式语言，它的演变又受到生活方式、传统以及实际利益等因素的影响，这些因素的共同作用下，确定了建筑结构采用的几何形式是特定文化中最自然的视觉表现。形式语言是特定文化中的人们所认同并感到舒适，并由许多不同尺度构成的一套不断发展的几何构型（如装饰、建筑物、城市等尺度）。形式语言在很大程度上取决于传统材料和当地材料——至少在全球范围内引入非特异性工业材料之前是这样的。随着建筑过程工业化所产生的诸多变化，传统形式语言在世界范围内也渐渐失传了。

2. 连接模式语言和形式语言

这里提出了一种一般设计理论。这个理论与亚历山大的很多思想是一致的。它的核心是连接模式语言和形式语言，创造一种具有适应性的设计方法。这一过程总结如下，它的详细内容我们将在本章稍后部分中进行介绍。

命题：具有适应性的设计方法，是在包含模式语言和形式语言的互补对中产生的（见图 11.1）。

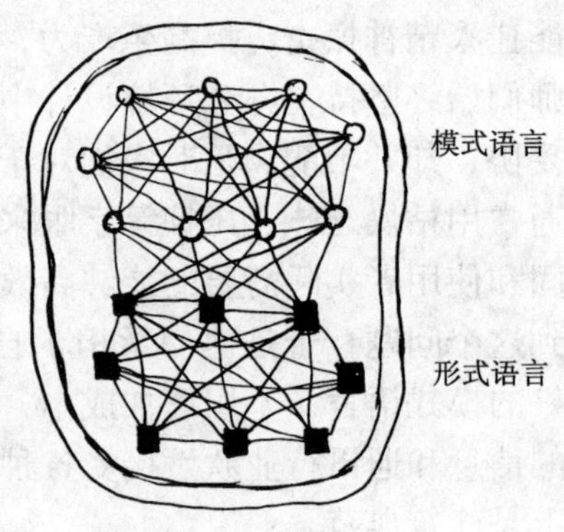

图 11.1
模式语言与形式语言相连。
模式语言 + 形式语言 = 适应性设计方法

我已经简要地指出了什么是模式语言和形式语言。我们还需要弄明白具有适应性的方法指的是什么。在众多当代设计方法中，很少有哪一种能够在结构和环境两方面同时与人类的物质使用需求和人类的感官需求相适应。而在过去，这些却都是可以做到的。人类使用需求可以很直接地理解：物质维数和几何构型需要与人类的身体和行为相适应。而与人类的感官需求相适应的方面，我的意思是环境应该让人类感到自在，让人们从心理上感到舒适，不会受到建筑环境任何形式的打扰，能够自然而然地发挥他们的功能。这样就给设计过程设置了很多限制，设计需要与包括情感在内的，在许多水平上会影响到使用者的因素相适应。一个具有适应性的设计方法应当与所有这些条件相适应，本章中对如何做到这一点进行了介绍。

产生混乱的一个主要原因在于设计方法可以和风格相适应，但是不能和人类使用和良好的感觉相适应。例如，设计方法可能与一套预设的几何原型相适应（一致），如立方体和长方形板。它就接受了那种特定的形式语言。极简现代主义的几何目标十分明确；即：独特的结晶形式语言。就本身来说，它是成功的，但是同时它忽略了或者说它没有努力去接纳人类的使用模式和对建筑形态和表面的感官反馈。这就是为什么极简现代主义与亚历山大的模式语言是相抵触的原因（Alexander，et. al.，1977）。在这一章中，我使用“适应性”这个术语来严格地指建筑环境与人类相适应，而不是指抽象的几何构型或思想。

由于存在无数个构成模式语言的模式，和无数形式语言。当然就会有无数个结合了两种语言的适应性设计方法。每一种适应性设计方法都是独一无二的。但最重要的一点是，也同样会有无数种设计方法与适应性设计方法相反，它们会制造出不适合人类需求的结构。由于没有一个公认的术语来代表忽视人类需求的设计，我把这类动作成为“非适应性设计”。

后工业设计根本上并不是具有适应性的。它的形式语言（或者说是有关的一套形式语言）与人类感官通常是敌对的。环境心理学研究已经确认，在这种环境中会产生焦虑和身体压力信号等反应（见第4章）。我想找出这种非适应性的系统原因。根据第6章已经探讨的原因，极简主义已经有效地预先排除了模式的使用，包括视觉模式以及亚历山大模式。那就意味着人类活动模式不能纳入到它的设计原则之中，这种特点说明它是非适应性的。那么骄傲地宣扬这种设计的“功能性”就是对这一术语的嘲讽。但不可否认的是，这是一种非常有效地宣传手法，有利于它的增殖。

建筑形式语言能够存留下来是因为它们通常具有非建筑含义，于是它们可以忽略要适应人类需求的这种需要。在那种情况下，形式语言不再是适应性设计方法的一部分；它开始与和它互补的模式语言相互分离。形式语言不再是表达一种适应性的构造文化，而成为了道德原则的乔装之下的一套视觉符号（因此情感成了它的一种负担）。由于和人类生活脱节，人们便不会再使用那种形式语言了。这种建筑物与那些和人类以及构造学相适应建筑物没有任何关系，只不过是一种是采用了形式视觉词汇的作品而已。这样的建筑物有它自己的目的，但这目的隐藏在道德戒律之中，而且这种道德戒律所决定的是一种与那些接受它们的人们完全不同的一种世界观。

3. 反模式不能决定语言

对于模式语言理论——实际上它在计算机体系结构中的发展比在房屋建筑学中更加广泛——“反模式”具有重要的意义（Salingaros，2000）。反模式反映的是如何朝与所需解决方案相反的方向去做。无效的解决方案会重复出现，因为最先使它产生的力量也会在其他相似的情况下再次出现。假设有一种解决方案毫无价值而且结果会事与愿违，如果它的这种本质显而易见（大部分情况下不是这样），那么我们可以对它的出现进行研究，来看看究竟发生了什么。对于一个反模式进行记录，在实施之前发现有问题的解决方案，可以防止未来设计中出现重复的错误。而问题在于，一些反模式由于习惯的原因往往会一再出现，使错误原因成了惯例。正像第10 章中所讨论的，重复使用让一个错误变得更容易被接受，而制度化的支持从那一点起，会使它越来越不像一个被挑出来的错误。有时候，知道这一点可以有助于避免重复犯错，但前提是错误已经被人们识别。

然而，即使我们知道了反模式，仍然不能自动指出模式，因为解空间并不是一维的（Salingaros，2000）。如果只有两种选择，那么我们知道了错的，也就知道哪个是正确的了。然而在实践当中，这么简单的情况几乎永远也不会出现。更多的时候，错误的解决方案远远多于正确的解决方案。与反模式背道而驰并不一定能得到模式，准确地来说是因为解空间上会有很多不同方向的“背道”。

反模式并不包括语言，正像错误的集合不可能含有连贯的知识体系。因此探讨反模式语言并不合适，应该说是反模式的集合。不过，反模式能够（并且通常是）通过非常消极的后果来替代并取代了真正的模式语言。根据它们的内部一致性和与外部模式的连接性（图 11.2），我提出了区别真正模式语言、反模式几何以及非语言模式的规则（Salingaros，2000）。本章稍后我将探讨一种真正的——不论是模式语言、形式语言还是口语——以高度连接性为特征的非平凡内部复杂性。

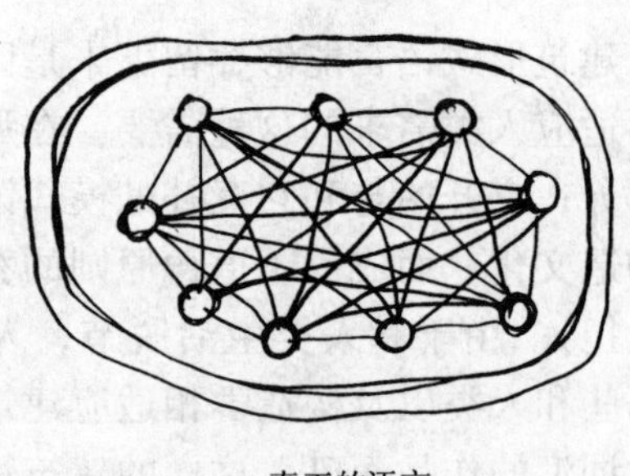

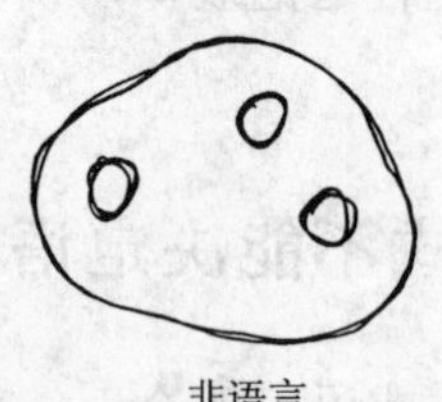

图 11.2
真正的语言具有内部连接性

我现在的目标是要能够辨别模式语言的真实性。这样真正的模式语言才可以与形式语言相连接，从而决定一种具有适应性的设计方法。不被各种反模式所误导是非常必要的，尽管这一点我们在过程之初不会知道，但如果做不到这一点，我们最终的设计过程很可能就是非适应性的。我们最终会从结果产生的非适应性明白这个道理，但是这时候要想挽回，却已经为时已晚了（这就像“新罗马”、米尔顿凯恩斯镇或拉德芳斯新区这样的非自然城市建成之后那样）。

模式语言和所有进化系统一样在不断进化着，它们发展出一种具有相当程度的有组织的复杂性。人们不可能完全理解这种复杂性，想要用以特意简化的规则为基础的设计方法来替代它，也就更不可能做到了。然而，20 世纪的建筑师们都有这样一种基本想法：我们可以通过一些人为制定的几条（甚至是没有经过实验验证的）规则来替代过去所有这些进化着的建筑解决方案。但是蕴含在模式语言当中的有序复杂度是进化发展的最终结果，不能够简单地一蹴而就。拒绝使用传统解决方案（模式）只能给建筑师们留下反模式供他们使用。而当几件事都出了问题的时候，就会产生真正严重的错误（建筑、政治或软件开发等领域都是如此）。因此成套的相关的反模式容易重复出现，每一种反模式都是造成事件失败的罪魁祸首。它们看上去的相互协调会被错误地认为是模式语言中的合作模式分组。因此固执地重复使用这些反模式只能使同样的错误一遍又一遍的循环出现。

形式语言中类似适应性的错误更加难以界定。在这方面进行的大部分研究都是近期的，并且依赖于数学性质（Alexander，2004）。适应人类的形式语言包含某些非常明确的几何特性，并对这些性质进行编码，如：分形结构、连接性、一致性和尺度（本书前几章进行了探讨）。同样地，如果一种形式语言不含有这样的数学性质，那么它根本算不上是语言。因为它并不能充分确定一种具有丰富形式的语言。我把这样的形式语言叫做“原始的”形式语言或“非语言”（图 11.2）。从非语言到原始形式语言，其中包含的内容非常丰富，复杂度的组合表达也逐渐增加，直到成为真正的形式语言。

与语言学进行类比，很难使人理解为什么原始形式语言可以存活下来。对于严重限制了人类表达的一个使用中的系统，为什么我们还要保留它呢？我们之所以这样做是因为：每一种形式语言都有额外的语言学意义能够有利于它的增殖。对于一种原始形式语言，它一旦产生，有限的那些视觉词汇就会被越来越多的人不加以思考地进行复制。它不像真正的语言那样，通过语言学工具存活下来，形式语言严格地通过它的标志特性（而不是它的语言学特质）存活下来。的确，通过视觉复制来不断重复，这是它在越来越多的建筑师那里得到了传播、推广和接受的关键所在。熟悉会让人忽略形式语言的语言学缺陷（人们可能会联想到中世纪时期，个人信件就像晦涩的诗歌那样进行复制，不理解它们原始语言功能的人们于是用神秘的意义来解释这种现象，这样人们渐渐丧失了读写能力）。

适应性设计方法需要模式语言与形式语言结合起来（图 11.1）。如果模式语言或形式语言的任何一方存在缺陷，这种设计方法就不能创造出适应性结构（见图 11.3）。例如，建在宽阔开放空间的高层塔楼既不满足可行的形式语言也不满足模式语言——这是种标志设计的失败，这种建筑不断被重复的原因在于建筑师们花了很多钱来建造它们。可能有人会说，采用一种模式语言和一种原始的形式语言怎么却创造出了几乎不适合人类居住和使用的结构，比如那些试着采用亚历山大模式的当代建筑。那些建筑可能在部分上满足一些功能模式，但是它们与极简主义或高科技形式语言越广泛地接近，它们就越会让人感到死气和疏远，所以它们的使用者感到并不舒适。

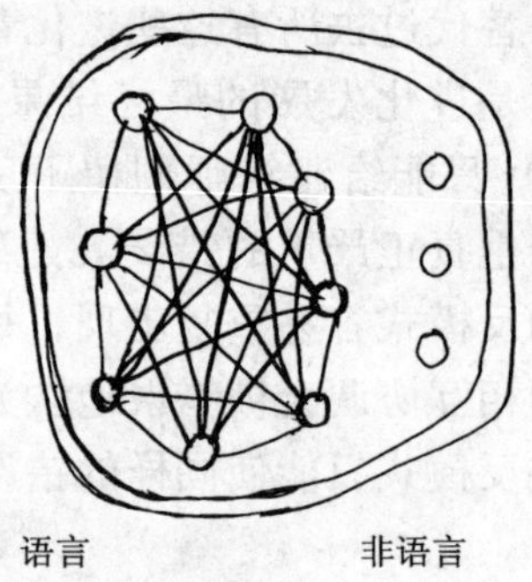

图 11.3
非语言不能与真实语言连接

想到了两个取得部分成功的例子。在特拉维夫市中心，由帕特里克·格迪斯爵士（Sir Patrick Geddes）规划一个混合建筑群，其中早期现代主义形式语言与传统欧洲城市模式语言相互连接，取得了成功。建筑物并没有在建筑尺度上进行大量的连接，然而却在城市尺度上进行了相当好的连接从而创造了一个富有生机的建筑环境。另一个具有说明性的例子是在模式语言产生后不久，由“反传统文化”建筑师们建造的住宅区建筑，这个案例应该说是成败参半（Alexanderet al.，1977）。它们满足所有的模式，但是看上去有点混乱并且不太平衡——与亚历山大最早主张的有序的几何一致性相去甚远（Alexander，2004）。原因在于它们的建造者没有用形式语言来做参考。建造这些建筑物的文化不会去想要参照任何传统，也没有能力来创造一种新的形式语言（那种文化中多色的“迷幻”艺术从来没有以某种有利于几何构型的方式被应用到建筑中来）。

在相反的情况中，人们可以应用反模式和形式语言来毁掉建筑环境和自然环境。20 世纪建筑物使用的是被扭曲了的古典主义形式语言，给人一种自大而且具有威吓力的感觉，加上建筑物的尺度等等这些方面，都是非人性化的。这些建筑从远处看还不错，但是在实际的使用方面还是与人敌对的。这正是法西斯建筑的特征。一些现代主义建筑师也非常喜欢使用部分形式语言中丰富的细部材料，但却是刻意为了创造陌生的形态。这些案例中表面上看往往是具有适应性的，但是几何构型却不是（传达出一种混合的信息：具有吸引力的材料和还有敌意的设置）。另一个失败的例子是在美国郊区发现的具有传统外观的大厦。它们使用形式语言（恰好与建筑的位置毫不相关），但是却不含有城市模式语言，所以那些建筑物依然不能相互连接。它们具有宏伟的形象，但在城市尺度上不具有功能性。只有模式语言和形式语言正确地配对，才能够产生具有适应性的设计。

违章居留地建筑具有真正的用途，是种很有趣的案例。那些贫民窟居民使用可以得到的废旧材料建造他们自己的房子，这些材料决定了这些建筑的形式语言。这些居民考虑的就是基本的生存问题，他们不想对他们直接环境之外的形式语言的元素进行复制。而且也没有资源能让他们做出一种建筑声明，但是装饰品和表面装饰仍然会出现在大多数简朴的结构中，这是因为人们认为这很重要。人类需要通过形式、表面和装饰使建筑物具有适应性，这是一种本能。拥有住房或自己建造住房的人们每一天肯定是都在使用模式语言（尽管是不知不觉的），因为他们想让自己的住处尽可能的舒适。这里我们找到了一种适应性设计方法，如果说它不是为世界上人口过于拥挤的贫民窟的恶劣生活条件所预备的，那它就是值得建筑学院来研究的一种优秀的案例。

以上的例子说得很清楚，适应性设计方法提供了一种创造的方法而不是产品。它给我们提供了创造性表达的框架和工具。然而它仍然需要具有天分的建筑师或敏感的非建筑师们使用这种语言来进行设计。完善而且具有丰富表达能力的语言会让设计工作无限地简单起来。伟大的建筑师能够通过创造性的方式运用现有的形式语言来创造新的建筑表达，或者他们可以发明他们自己的形式语言（然而模式语言是不能被发明的：它需要人们去发现它）。原始的形式语言会严重削减建筑的表达能力。而那些有瑕疵的形式语言，不论是新建筑还是老建筑，即使是最伟大的建筑师也很难让它具有使用价值和适应性。

4. 人类交流的类比

两种互补语言——模式语言和形式语言——是适应性建筑设计过程中所必需的。我觉得两个完全不同的语言类型的匹配与人类的交流过程非常类似。口语是与非言语情感线索一起使用的，当人们面对面甚至是在电话谈话时，这些独立的渠道通常是相互作用的。非言语可以沟通与言语沟通无关的信息：传递友好、进行轻松的互动、情感安慰或表达敌意等。非言语线索通常是比言语内容更加重要的大量信息的基础。

人类发展了言语和非言语交流模式，对人类来说缺一不可。非言语线索可以通过电话谈话进行，因为人可以听到说话人的语气和音调中所蕴含的情感信号。但很明显，站在对方面前谈话效果会比这样更好。从面对面的会晤开始、到视频会议、电话、手写的信件、电子邮件到打印的备忘录，这种削减信息含量的序列与逐渐丧失非言语语言的过程是一致的。而实际的文字可能是相同的。这种表现度的丧失受到了商业界的欢迎，于是严肃交流的价值反映在忙碌的主管人员为安排面对面谈判所愿意付出的代价上（钱、时间、不方便性）。

恋人们和拳击手都非常了解这一点，在某些情况下，一个人几乎可以完全依赖于非言语语言来实现快速交流。确实，在那些情况下，人可以不用知道另一方的言语语言就可以沟通感情或“读懂”这种线索。有时候利用言语语言可以套出有关一方的真实情感和意图。“业余选手”不能掩饰他们的情感语言，会因此泄露他们的真实意图。从另一方面看，善于骗人的人，无论是声调、面部表情还是手势等，都可以同时在所有信息水平上撒谎。精神病患者和不知悔改的惯犯如果学会控制他们的非言语线索，就可以（人为的）使情感信息支持他们通过言语语言来表达的内容，也就可以成功地欺骗他们的受害人。

但在这里我们所感兴趣的是建筑，而不是言语信息的交流。语言类比给我们作了清晰的说明，一栋建筑或城市环境给人类传达了大量的信息，这些信号影响到了结构的最终使用情况。建筑环境在许多不同水平上交流复杂信息。建筑师可能天真地希望他或她的设计能够通过形式、材料和表面等最明显的方面表现出一个具体的信息。然而建筑结构之间可能会传达一种混合的、更为复杂的信息，这些信息也可能会相当负面。建筑师对建筑设想的言语解释可能与实际结构从感官和建筑本身上所传达的信息相互矛盾。很不幸的是，受人尊敬的评论家们相信建筑师误导性的话，并且忽视他们自己对一栋建筑的感官反馈，这就导致了大众的认知失调。

因此我们不可避免地知道了：一些不同的设计语言会相当活跃地影响到建筑物带给使用者的总体效果。建筑语言对于我们用形态来表达建筑以及执行和体现我们对于空间和使用的需求是非常必要。这里的两种语言模式——模式语言和形式语言——是对更加复杂现象的简化，然而它又是理解设计过程中必要的第一步。

除了作为一种表达建筑形式的语言之外，形式语言能够与社会心理状态进行沟通，或至少可以和那些执政的精英们进行沟通。企业建筑和极权主义建筑从外观和感觉上都是冷漠的；通常是不具有特征的。敏感的建筑历史学家可以“读懂”力量和权威中的含义，或者是对建筑形式语言中的个体产生同情和尊重。然而，这样的建筑信息也同样用建筑术语来表达，但通常被宣传所伪装（第 10 章）。建筑行业媒体告诉我们，具有明显敌意的建筑，它们的形态往往在蓄意的制造一种警告信号，由于它们的创新性，这些建筑会让人觉得不可思议，同时也就有意地使它的建筑学信息变得更加混乱。

5. 形式语言的内部结构

所有人类口语语言都包含在一般元语言中，元语言和所有已知语言一样具有语法和句法结构（Maynard-Smith & Szathamry，1999）。甚至是在已知的技术水平最为原始的文化中，人类语言本身也并不是“原始的”。所有人类族群的语言都与技术发展水平无关，并且具有丰富而复杂的口语。不同之处在于具体表述、文化中重要概念的词汇内涵的宽度以及从口语到书面语言的过渡等方面，但是这些不会影响到语言的丰富性。

这一点很容易从数学沟通上来解释。为了描述和沟通复杂的人类活动和相互作用，口语本身必须具有超强的复杂性编码能力。自然语言是复杂的人类思想的外化，并同人类大脑一起进化。即使是一个孤立的技术原始的部落，在几千年的时间里也会发展出复杂的活动和概念，这些在信息内容上与最先进的工业国家里城市居民的复杂活动是具有可比性的。由于这个原因，我们这里所说的两类人都要求并且发展出了他们自己的丰富的口语语言。

另一方面，人工的原始语言不足以应付口头交流。某种人工原始语言可能含有，比如说，六个词汇：是、不是、热、冷、吃、喝（图 11.2）。这是一种老式计算机可以理解的，或者是面对另一种语言的人束手无策时人可以理解的。然而在这种一个人面对一群说另外一种语言的人的例子里，他或她会迅速地接受主语言，并会利用决定那个人自己的母语的内在元语言结构进行交流。

我们从口语和书面语的研究中得出的结论是，尽管每种语言从表面上看上去可能完全不同，然而它的复杂度水平确是相当的。每种语言的内在结构都要服从所有语言所共有的一般原则。相反，原始语言或非语言则是由削减或缺失这样的内部复杂度和结构为特征的。人类思想的复杂性使得任何语言必须通过组合分组来表达非常高的复杂度。因此有人提出从原始语言到真正语言的转变过程与猿类（以及没有语言环境下长大的人类）语言到人类语言的进化转变相似（Maynard-Smith & Szathmary，1999）。

现在回到建筑学上，有生活力的形式语言是以它的高度的内部复杂度为特征的。此外，不同形式语言的复杂度必须要具有可比性，因为每一种形式语言和另一种形式语言在一般元语言水平上都具有通用性（见图 11.4）。原始的形式语言严格地将建筑构造的表达限制为粗糙或难以表达的状态。所以尽管每种形式语言可能在构配件上相互区别，但除非它必须具有复杂的内部结构，否则就不是真正的完整的形式语言。该结构的精确细部必须与内部结构任何其他充分发展的语言——特别是模式语言的内部结构相并行（Saligaros，2000）。概括地说，这些性质可以描述为组合特点、连接特点和层次特点，这一点可以从我们自己的口语和书面语言中找到。

这种观点是在世界上不同的人独立地发展起来的大量不同的形式语言的基础之上产生的。对每一种口语来说，都有那么一种形式语言，人们可以用它来创建和培育他们的环境，这种说法是非常合理的。语言表达和文化积淀决定了文学传统，这与装饰传统和物质文化中所包含的形式语言是类似的，而且这种形式语言是几何学和构造学的一种创造性表达。人们使用口语，产生了故事和诗歌，同样地，传统形式语言也造就了各种建筑物，它们都同样体现了文化的复杂性。形式语言储存在集体记忆当中，记录在物质材料之中，比文字出现的还要早。每一种形式语言都是独特的，并且在视觉词汇和组合可能性方面具有相当高度的有组织复杂性。除去形式语言就等于是抹杀了创造它的文化。这样做不亚于使一个文化丧失其文学遗产或音乐遗产的行径。

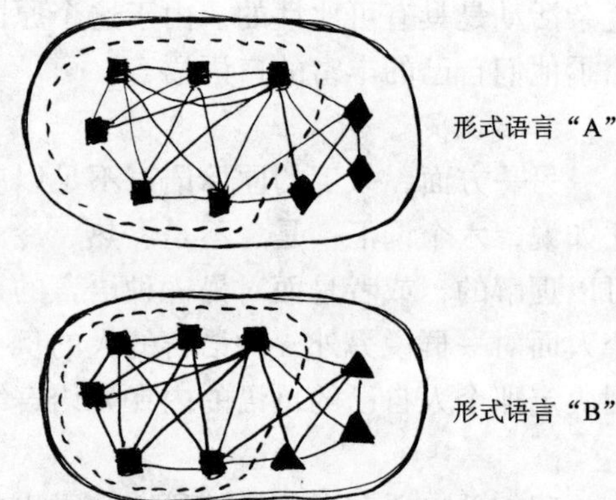

图 11.4

两种可行的形式语言具有共同的特点

近些年来人们才开始对传统形式语言的数学复杂性进行论证。数学家和民族学家也已经开始做这方面的工作，而建筑体制依然忽视本土建筑文化和其中所体现的人类价值。比如说，人们发现撒哈拉以南的非洲地区的传统建筑和几何构型是基本的分形结构，因此扭转了我们习惯上（完全错误地）认为那些文化在数学方面是欠发达的这种观念。分形在西方被重新发现也只是近期的事情。把大量的不同而复杂的风格和几何构型以及对空间和结构的各种理解方式松散的（不以为然地）分类为“乡土建筑”只能让当代建筑学的贫乏感到惭愧。传统形式语言丰富而完善，在技术上（不是工业意义上的）也是非常先进的。丰富性和内在规则对生命极其重要，就这两点来说，受西方建筑设计杂志推崇的当代形式语言却显出一种进化上的倒退。

形式语言包括进化着的人类几何表达系统。形式语言必然的进化趋势使完全创新的建筑表达成为可能，这与出于信息和文化价值原因对传统形式语言采取的保护有所不同。这样的进化只有在形式语言保留着高度的内部复杂度的情况下才可以进行。世界上的传统形式语言被西方殖民和经济大国认为是“原始的”，并为新古典主义和美术形式语言变体所替代。建筑的文化殖民主义对有着上千年历史的形式语言进行破坏，并以此作为对其权能和优越性的一种确认。

尽管如此，殖民地式建筑物仍然具有足够的复杂度，能够去适应当地的模式语言，因此能够朝着适应当地乡土建筑的方面进化发展。而许多更早期的殖民地建筑物现在被当作一个国家宝贵的文化遗产。当西方世界反过来强烈地反对它自身的传统形式语言，并以一种贫乏苍白的原始形式语言来代替它时，殖民地建筑本身最终也被非适应性“国际主义风格”所代替。然而最糟糕的是，对有些人来说，不仅他们的形式语言（和文化）被抹杀，他们自己也受到了同样的欺骗（这是经济发展和繁荣所必要的），所以他们在政治独立之后接受了同样的工业“外观”。

6. 风格的传播

形式语言通过几何构型、组合、结构、材料、表面等所有表达方式来支配建筑形态。当我们将这些表达方式简化为图像时，我们便把它称之为一种建筑“风格”。现在我可以利用本章的模型来讨论和解释一些建筑历史上的重要事件。然而一开始，我们就遇到了严重的矛盾。为什么一些难以适应人类使用和感官需求的设计风格依然能够得到繁殖呢？（这种风格或设计方法存在缺陷因为它们缺乏模式语言或形式语言或两者都缺乏）。更为糟糕的是，最具破坏性而且最缺乏适应性的风格实际上却是最容易进行增殖的。

建筑风格对人类文明的影响之大着实令人恐惧。最基本而原始的形式语言在社会中的传播是最快的（见第 10 章）。只是因为它们编码的（携带）的信息量最少。作为一个信息单元，“风格”可以在一定数量的人类心理中进行传播，这种风格越简单，也就最容易携带。平坦的纯粹表面，透明玻璃幕墙、底层架空柱、光亮的“工业”材料如抛光钢体等等确定了最简单的视觉风格，给我们提供了非常容易识别而且醒目的图像。这些图像非常简单，因为它们是合成材料的同质产品。所以对于这种原始形式语言的要素无法决定真实的形式语言的这个问题，也就更不值得一提了；那些受人尊重的权威人士，比如：著名的建筑师和评论家，对图像的视觉简单性表示支持，于是公众在这种鼓动之下，也就接受了它们（第 10 章）。

人们从传统上发展和保存了适应性的设计方法，每一种方法都包含了一种模式语言和形式语言。我们可以把适应性的设计方法设想为一个整体，但不能把它分割成两种不同的语言学构件来看待。确实，它本身是文化和宗教的一部分，共同构成了一种具有继承知识和实践的复杂体。从分析角度来说，从理论上将设计和文化分开，是非常实用的，但是从几千年来的人类存在实际情况角度来看，却并不十分合适。然而在后工业时代，这两者却实实在在地被分割开了。适应性设计同文化分离（与宗教的分离出现得更早），随后形式语言也同模式语言分离了。建筑师为了寻求个性表达，于是也抛弃了行之有效的解决方案。

形式语言第一次同一个更大的复杂系统分离，它可以作为一个独立个体来进化和增殖，使它得以从传统束缚中逃逸出来，同时给它提供了无法预计的传播渠道和机制。我们知道有一些生物体为了能够更自由地进行繁殖从更复杂有机体分离出来，而且它们获得了成功：它们就是病毒。

我想与病毒的复制进行一下类比。将图像增殖的想法进一步延伸，我们可以看看最近一些生物恐怖主义分子使用病毒的事件。由于其的本身的性质，病毒可以像粉末那样，以一种惰性且易传播的形式存在。这是因为病毒的生物结构非常简单，附加信息含量很低。我们知道怎样做可以使生物病毒的传播加速，这种也是生物恐怖主义分子的一种武力手段。首先，将病原体放进具有吸引力的物质里伪装起来，这样就会有上当者主动送上门来把它们吃掉。这与人们编织出漂亮承诺是一致的：认为依赖于原始形式语言的建筑和规划能够解决社会问题和解放被压迫阶级（第10章）。人们有准备地接受了它。第二，人为地在尽可能多的地点传播病毒样品，使尽可能多的人们受到感染。在建筑图像增殖的过程里，媒体也起到了关键作用，它们向人们展示着精挑细选出的结构和城市项目，并加以褒奖（忽略了其他的问题）（第10章）。我们的建筑学院和新闻界在推动原始形式语言发展的过程中也发挥了巨大作用，但是同时它们也不知不觉地压制了真实的形式语言。

20世纪成长起来的人们所接受的教育认为："美丽的"物体不具有层次组织，这样他们就会不自觉地将这种认识运用到建筑物设计或城市规划中去。尽管人们可能会觉得这样的环境在理性上可以接受，但他们却永远无法克服这种建筑物带给他们的各种负面感官效果。这种类型学背后的原因，我们可以追溯到20世纪20年代的艺术和设计倾向。那时人们已经形成了对于三维形态和二维图像的处理规则，但当时的艺术设计和建筑设计手法却颠覆了所有这些规则。形式语言，作为一种人们逐渐发展起来的文化和文明的组成部分，不再被人们所看重和尊敬。层次尺度等概念就这样不经意地从设计中消失了。尽管这些消失的概念从来没有被一条一条的写下来，但它们仍然存在于大自然之中，存在于所有的传统艺术和传统建筑之中。而新的人造物体：绘画、雕塑和建筑物等，它们都影响着我们的思考方式，是我们概念化的心理模块。

为什么这种变化发生在20世纪之初，而不是在此之前呢？我相信这与人口压力和政治压迫所造成的激进的社会变革有关，所以当许多人第一次，见到了这种通过技术可以实现的激进的社会改良机会，他们就会愿意牺牲掉适应性设计，来与工业化（错误地）承诺的美好未来进行交换（第10章）。在那之前，各个社会经济水平上的人们都尽可能地不断改善他们的环境，从而来营造舒适快乐的生活氛围。

另一个因素是由电话、电报、报纸杂志以及电影等共同创造的新的沟通网络。新媒体使世界史无前例地连接到一起，然而同时也使广告业和政治宣传得到了快速发展。现代主义将视觉简单的图像和新乌托邦世界的美好承诺结合起来，但如果不是因为新媒体的作用，现代主义是不可能得到如此广泛的传播的（第10章）。广告业还创造了人们对工业产品的需求，但其实我们并不真正需要它们。就像计算机病毒不可能出现在互联网产生之前，原始建筑形式语言也只能通过第一本图片杂志来进行传播。同时，广告业更喜欢传播的是简单的消息、口号、图像以及理念。

由于广告业对人们心理改变的巨大作用，它迅速地由传播商业信息的媒介转变为社会变革和管理的工具。它首要的打击目标是妨碍次级新工业产品消费的文化传统。广告业用“过时”的说法来让人们对他们本能的偏好对感到羞耻，从而突破了人们心理的种种限制，让公众接受市场的影响。因此那些对玻璃、钢以及混凝土板的后工业的审美霸权产生威胁的形式语言，都受到了建筑评论家的诬蔑。只有除去了所有的传统形式语言，他们才能向世人兜售以具体工业“外观”为基础的建筑风格。自此以后，世界上任何地方所见到的建筑环境的样貌都受到广告媒体的控制，在西方工业化和意识形态的支配下，所有被批判的传统形式语言都逐渐灭绝了。

7. 最简单的复杂性和生命过程

这里我们有必要对生物学的有关内容进行一番了解。建筑学和生命过程很相似。在对生命产生问题的研究中，物理学家弗里曼·戴森（Freeman Dyson）提出新陈代谢和复制过程这两个不同的过程是所有生命形态的特征（Dyson，1999）。新陈代谢过程包括有机体和环境之间的物理相互作用，即部分环境要素如：营养物质，进入到有机体，并由器官进行化学处理。有机体和环境之间具有相互渗透的作用，这种渗透靠化学动力维持着有机体的各种机能。

复制是生命过程的另一个要素，也是通过复制得以延续的各种形态的特征。尽管有机体需要利用环境中的片段作原材料，对自己进行复制，但是复制过程与新陈代谢过程完全不同。复制过程直接依赖于按照模板（DNA）将有机体的结构进行编码，这便使复制过程在理论上与信息的储存过程连接起来，而不是与周围环境的相互作用进行联系。

也许生命结构的这两种要素之间最重要的区别在于它们的独立性。这一点我们通过人造生命来进行探讨会更清晰，例如：由计算机生成和进行储存的实体。我们可以在屏幕上对代谢实体的运动过程和吞食附近其他实体来获取营养的过程进行模拟。然而它并不一定需要繁殖。如果你玩过“模拟城市”（Sim City）这款游戏，不妨想像一下一个具有内部复杂性的实体究竟是如何存活下来的，在必要的“营养物质”充足的情况下，它是如何在复杂性中生长起来的。它其实可以同其他复杂实体相互独立地存在——只需要给它提供简单的补给。

另一方面，计算机可以制造计算机病毒，让它的功能只需要进行复制。这样的实体并不需要代谢过程——它只是一段简单的（计算机或基因的）编码而已，并利用其内部更加复杂的实体的机制来进行自我复制。一个纯粹的复制因子不具备代谢能力，因此不能够独立存在——而且完全依赖于更加复杂的实体来保持存活。没有了这些更为复杂的实体，它只是一段没有任何连接的信息（如晶体），只能像非生命体那样处于一种休眠状态。只有当它进入到寄主的生命环境内，并具有了复制能力，它才获得了生命。这就是人们为什么认为生物病毒并不是真正“活着”的，但是在某种程度上，它们处在非生命晶体和生命形式之间的层面上。

因此，尽管建筑师们关注风格和适应性问题，他们还是忽视了这两者间能够联系的关键一环。传统建筑（可以在所有进化着的文化中看到）中对有组织视觉复杂度的门槛要求很高，通过保持建筑中的适应性，扮演了一种决定性的角色。当人类决定放弃这种复杂度要求时（面对工业化对美好未来的乌托邦式承诺），我们便对具有无与伦比的传输特性的极简主义形式语言敞开了大门。人类一直保留着适应性设计方法——其中的模式语言保证了与其互补的形式语言的高度复杂度，从而构成了整个（完整的）文化传递系统。抛弃了使用中设计方法的模式语言，形式语言就可以被人们随心所欲地简化，也就是我们今天的这幅样子。

8. 建筑就像生命过程

以上生物学和计算机科学中的概念同样也可以应用到建筑学当中，于是可以将建筑学与新陈代谢/基因等概念进行类比。设计就像“生命过程”，理解这一点至关重要，建筑设计要能容纳人类，并要与人类共存。我指出了生命结构同模式语言的代谢之间（相互作用）的方面。毕竟，模式语言规定了建筑形式应该如何与人类活动进行相互作用，这种相互作用方式也是一个实用的适应性结构所具有的决定性特征。当一栋建筑物以一种积极有益的方式具备人类功能时，从功能角度来看，我们会觉得它是具有“生命力”的。相互贯通、提供滋养和修复，是生物新陈代谢过程的核心内容，我们可以在模式语言中找到直接的对应内容。建筑物给人们遮风挡雨，人们修建它们，并对它们进行保养。而且在修复过程中产生的改变还能增强原始设计的适应性。

形式、空间和表面都可以催生幸福感，让人们从心理上获得慰藉。几何构型/视觉方面在很大程度上支撑了人类活动，但这种效果不易察觉，往往为人们所忽视（建筑理论学家直接摒弃了这一建筑要素，并顽固地拒绝承认环境对心理和医疗的作用效果）。不论人们在建筑物内或其附近，建筑物的建筑方式和外观（也就是它的形式语言）是否能令人感到舒适都会产生非常重要的影响。形式语言对人类反馈的影响非常直接。可以说视觉外观妨碍人类活动的建筑物实质上或是“死亡的”，因为没有人会想要使用它（见第4章）。

对建筑风格的复制其实并不是取决于它是否实用，而是取决于它的形式语言。因此形式语言就是建筑风格的基因要素（见图11.5）。如果建筑师出于某些（合乎逻辑或其他的）原因决定在另外一栋建筑物中或其他地方采用同样的设计，那么原来的建筑物就要得到了复制。我们会天真的认为之所以进行这种复制是因为建筑物中成功地包含了人类和人们活动，但事实往往并非如此。一栋建筑得到复制只因为它的形式语言被用来建造另外一栋建筑罢了，这种决定与原来建筑物在人类要素方面的成功没有什么关系。建筑复制背后的主要因素在于复制某一特定形式语言会比较便利（这一点在对原始形式语言进行处理时屡试不爽）。将建筑物同生命体来进行比较，可以使它们的使用者对可能会产生的积极或消极作用有一个预先的了解。

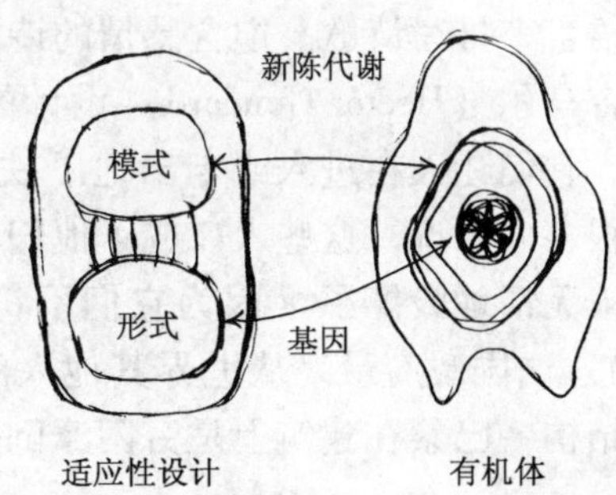

图 11.5
形式/模式与基因/新陈代谢结构相呼应

影响特定形式语言的成功与否还包括社会政治力量的作用，他们会批判一种风格而同时支持另一种风格，如果某种风格的建筑大量地实际存在于我们周围，这会让那种风格更容易被人们来复制；而虚拟存在的特定风格，会由于其普遍存在的视觉图像当下在媒体中流行而得到推广，等等。很明显，广告技巧和各种劝诱技巧能够使一种原始形式语言受到推崇并在环境中广为传播，随后它获得的主导地位和人们对它的熟悉度就可以保证它得以进一步传播。

值得赞扬的是，早期现代主义建筑师认为很多传统形式语言实际上并不适宜在现实中采用，人们只是用以最表面形式的方式用来进行复制而已，他们对这种做法进行了批判。比如说，最初应该是由树干来做立柱的材料，而不是采用空心材料。用涂料伪造出的石头表面效果，如果离近了看或是油漆开始脱落的时候都会显得很滑稽。胶木看上去很廉价，但摸上去并不舒服。近些年来人们使用具有木板表面外观和纹理的塑料或烤漆金属的护墙板。所有这些变形实际上是对传统形式语言的持续性的见证，但是却破坏了原始形式语言的意义，降低了它的价值。变形了的材料篡改了形式语言。很不幸的是，早期对“真材实料”问题的探讨刚开始不久就走错了方向，变成了对工业材料一味地接受和推广。

如果形式语言过于特殊，那么即使该建筑物本身已经相当完美地适应了它的使用者，也不太可能产生示范性的作用。这就帮我们解释了为什么某些非常成功的建筑物从来没能成为类型学的原型。例如新艺术建筑物并没有像现代主义那样进行大量复制，只是因为它的形式语言并不那么容易复制而已。其中部分原因是它们的形式语言在数学上比较复杂，无法同早期现代主义形式语言（见第 10 章）相竞争。20 世纪早期存在的众多相互竞争的形式语言（包括粗略地决定了现代主义的几种相互有关的形式语言）之中，最简单的形式语言具有更好的生存能力。打一个文学方面的比方，如果新艺术是书面语言，那么它将非常适用于诗歌文体，但是不太适合世俗文体，如购物清单或计算机软件手册。

也就是说，诗歌可以滋养人类灵魂，这就是为什么所有人的人类社都会用它们的语言来抒写诗歌。饱含感情的诗歌能让人们忍受日常的苦与乐。这就是埃克托尔·吉马尔（Hector Guimard）设计的巴黎地铁站（1900～1904）的人口所达到的效果，它们让人在进入或走出地下铁的时候能得到那么一瞬间类似建筑诗歌的感受。对很多人来说，这些入口成了他们巴黎梦的象征。而到了 20 世纪 60 年代，这些入口被无情地毁掉了（因为它们不符合建筑体制所规定的正统而枯燥的极简主义审美）。法国政府最终从世界其他人的眼中意识到了这一点，没有那些特征性的新艺术结构，巴黎在建筑上是穷困潦倒的。

其他人类表达要素也蕴含在传统形式语言中：黑暗激情、古体品质和野性，一直到几乎野蛮的强度。这些情感在人类灵魂中潜伏着，并在特定的文化形式语言中找到了它们在几何和装饰上的类似物。生命本身是由充满激情的语言来书写的。这与后工业时代建筑表达中枯燥的同质化作用完全不同。然而近些年来，反对建筑形态（人类感官）的暴力开始成为一种时尚，但是这种潮流必须要同我在这所说的人类表达要素区分开。正常的个体从不会把强烈的感情同真实的暴力相混淆，只有那些靠从破坏性的施虐行为中获得感官快感和满足的精神病患者会这样做。形式语言表达的是乐观和创造性，而不是虚无。

禁止用视觉和构造介质来表达生命和感官的社会最终会变得消沉，会出现反常的消极表达，比如死亡和暴力。人类的精神从来都是活跃着的，在物质形态中体现出的创造力从来没有停止过；因此，人们只能将表达方式重新定向为负面渠道。当我们不能表达对世界的快乐和困惑时（因为那些掌握文化表达的力量完全控制着语言），我们就会去寻找与它们相反的一面。当代建筑原始而虚无的形式语言在不断增加，它们可以直接和我们对话，尽管它们传达的信息并不是像建筑师们所说的那样。这就是为什么建筑出版界会存在这么多空洞的理论推理：这是为了尽力掩饰根深蒂固的负面信息。

形式语言同模式语言互补，共同构成了适应性设计方法，形式语言必须要同模式语言流畅地相互配合。就人类使用的范围来看，这正是有效形式语言同无效形式语言的重要区别。原始形式语言就复制而言可以说是非常成功的，但是完全不能适合人类的需求。原因在于它不能够将足够多的复杂信息进行编码来生成以积极的方式为人类考虑的结构。具有适应性的形式语言需要在数学方面同模式语言相契合，并且这种契合只有在两种语言的内部结构都具有可比性和兼容性时才能成为可能(图 11.1)。

两种语言进行融合的过程似乎无法从语言学的角度找到类似之处。我们习惯于把一种语言转化为另一种语言，但是在这我指的是创造一种需要两种不同类型的语言共同合作的实体（一栋建筑物）。也许只有在音乐中才能寻找到最为接近的类比。以音乐背景表现的歌曲（比如说把诗歌配乐）、歌剧、清唱剧、圣经中所演唱的文本与音乐水乳交融，将两种语言学表达合二为一。最优秀的范例在文学和音乐这两个维度上获得了成功，超越了单独的每一种语言的张力。如果运用宗教经书，那么就又增加了一维——精神维度。

两种抽象语言只有具有相似的结构特征（即句法和语言学）才能够相互融合。否则的话，我们无法相信它们之间是互补的。在这些共同特征中，有一条层级内部结构，还有一条是内部组合结构。就以这两个要求为标准，我们可以得出结论，有些风格缺乏形式语言这种最为根本的基础也能够与模式语言相互连接。很多现代主义风格建筑的形式词汇过于贫乏，因此缺少层级一致性（见第 3 章）。很明显，那些更加复杂的风格则具有更强的视觉表达能力，因此可以提供更为丰富的适应性。

在另一个极端，解构主义风格会告诉你如何将形式进行拆分，而不是如何将它们连在一起。解构生成了它自己的原始（于是便于进行复制）的形式语言，其中包含对角线斜线、锯齿角、闪亮的高科技材料、悬臂造型、混凝土和玻璃幕墙，锐角构型等等。这种形式语言由大量代表无序视觉复杂度的形式词汇组成，但缺乏语言学连接性。没有一个系统能够将解构主义要素综合为具有一致性的结构。解构主义原本应用于语言学领域，最初的叙述性意向是对交流过程进行分解（Salingaros，2004）。最初的目的是为了破坏语言，使它变得虚无。所以毫无疑问它的建筑形式语言是不可能生成一致性形态的。它只能产生结构碎片，背弃了一致性表达。建筑解构在取代其他形式语言的过程里霸占了各种系统和资源（媒体、政府、和学术支持；建筑奖项以及各种委托）。它的宣传模式同生物竞争非常相似，有机体都是试图要灭绝其他的种类。

由此我们可以得出结论，使用极简主义和解构主义形式语言都不可能满足模式语言。也许正是由于人们感觉到这种不可能性，所以主流建筑专业认识就干脆对亚历山大的模式语言（Alexander et. al.，1977）置之不理。对模式价值的这种误解认识使人们忽视了模式语言，因为人们认为它的组合特性远比当代所使用的形式语言更加复杂。原始形式语言不能够同模式语言连接，这是对建筑师发出的警告，告诫他们某种形式语言的是存在缺陷的。而实际上恰恰相反，原始形式语言被保留下来，而可以获得（包含形式语言和模式语言）适应性设计方法的模式语言则被抛弃。广告和意识形态塑造着我们的文化，深深根植于这种文化中的力量因素则影响了这一选择过程，这对建筑学发展具有决定性的作用。而且一个认为形象价值和标志性建筑高于一切的社会，不会愿意将自己附庸在就像模式语言那样抽象的东西上面。与人类需求的适应和与图像驱使的建筑学是不能相容的。

建筑师们认为压力山大《模式语言》中过于约束，这是一种误解。他们认为自己的创造性的想像力不应该对自我进行束缚来满足亚历山大模式。也许他们认为自己的设计作品中最具有创新性的部分与模式是相冲突的，那么他们当然不愿意为此来进行妥协。另一方面，我建议一种能够坚决彻底地适应人类使用和感官的建筑物，那就是：能让我们与世界连接的建筑物。如果一个建筑“声明”能够让人感到不舒适，我们就不应该建造它。审查委员会不应该给它授衔，陪审团也不应该给它授予任何奖项。模式语言对建筑师的想像力提供一种“现实核实”。能够创造有益于人类的环境的建筑师，就能够让创新思想与模式相适应；但这样做的人需要自信和勇气。

9. 新兴建筑学

当今的建筑师所关注的是形式语言（实际上是相当原始版本的形式语言），而几乎排除了其他的设计组分。建筑师是一群以视觉为导向并习惯于以视觉词语来思考的人。我相信这里的讨论通过对设计过程复杂度的新的理解，能够带来更多的创新。下面列出了实践中可能会用到的几点建议。

表 11.1　指导建筑设计的七个要点

1. 伟大的建筑能够并确实是遵循着经过实践检验的形式语言（与模式语言相互结合）而生成的。
2. 形式语言在信息方面越丰富，建筑物就能更好同对人类条件相适应。
3. 富有创新精神的建筑师也发展了他们自己的形式语言（比如路易斯·沙利文，安东尼奥·高迪，维克托·霍尔塔，弗兰克·劳埃德·赖特，埃里克·门德尔松等）。
4. 遵从原始形式语言而产生的非适应性建筑不具有足够的复杂度，既不能满足建筑表达丰富度的要求，也不能与人类使用和感官相适应。
5. 真正的建筑和城市适应性只能够通过应用蕴含了人类活动和实践信息的模式语言来实现。
6. 适应性设计方法是形式语言和模式语言的结合体。
7. 如果一种形式语言过于原始而不能同模式语言相结合，那么就不要采用这种形式语言。

在我们通过本章以及之前各章节理解了建筑作用力之后，我们可以开始为一个新的建筑学来策划一个方案。这些想法和建议对于今天的建筑系学生来说是非常实用的，因为他们学的是使用计算机可视化技术而变得越来越复杂的建筑学。相比于以前的建筑师，他们具有优势，因为那些建筑师都是通过空无的形象和形式来学习的。建筑学取决于不同的复杂语言。在这里所概括的是真正的具有适应性和持续性的建筑学，并不是现在建筑学院课堂里的那种建筑学，原因很简单，因为这些是最新近的科学成果。教育其实很容易改变，我们可以用适合人们使用需求、能让人产生更多幸福感的建筑物设计和城市规划课程体系来代替主要学府中的现有教学内容。

今天的任何建筑项目中的首要问题都是要能够构想出或重新找到可见的形式语言，否则就不得不复制我们周围乏味的风格。如果所谓的权威认为哪种形状词汇或视觉词汇“诚实”、“能够摆脱束缚”或“时尚”，我们就采用哪种词汇，这是不应该的。想要在建筑作品中寻求诚实表达的建筑师们必须要利用材料的性质来帮助他们决定究竟要采用哪一种形式语言。我们对当地的乡土建筑材料也应该给予格外的关爱。人们也可以回顾一下工业化之前的时代，从中去寻找适合的形态和几何构型的范例。如果在某个特定的环境中非常需要的话，我们可以采用最新的工业材料，但不是出于意识形态的原因。今天我们所建造的建筑物大部分都依赖于工业化材料，但是这些材料并不一定非要表达现代主义的形式语言。由于现代主义审美居于主导地位，这些材料的应用方式仍然尚待发掘，仍然具有潜在的丰富性。

装饰传统通常在小尺度结构和表面设计中保存的更为完好。我们可以将这种装饰传统从纺织品或陶器上的视觉表达中转移到建筑当中去。对于一种缺失的形式语言，我们可以从地方上的历史家具中找到另一条被忘记的线索。但不要将这一发现过程误解为是肤浅的历史化。建筑语言的其他部分必须由建筑师来发明，他需要根据本书中所获得的启示来规划色彩、形态、空间以及装饰。新的形式语言应该具有丰富的表达能力，应该是个性化的和与众不同的。但不应当为了复杂度而追求复杂，同样也不应该在其中强加入任何简单性。

新的建筑学与传统建筑学看上去十分相似，这不足为奇（Krier，1998）。如果它能够成功地同人类连接，那么它也可以像世界上那些仍然保留着的历史建筑区域那样，唤起人们同样的自然的感情。然而正如L·克里尔所强调的，今天我们可以建造城市环境，让每一处都像以往最伟大的建筑范例那样给人带来同样的舒适感。摆出很多原因认为我们不能够对过去的品质进行复制——这种观念广泛地传播，但只不过是宣传而已：克里斯托弗·亚历山大（2004）、莱昂·克里尔（Leon Krier，1998）以及其他许多追求以人为本的建筑师都建造出创新性的新结构，并能够长期适合人类的需要。这些建筑比那些单纯为了出风头的建筑更具有持续性。

在新建筑复兴的过程中，以上想法迅速同科学依据相结合。总有一天，我们会看到建筑学不可避免地会与只关注特异表达方式的现代的建筑体系决裂，因为它们与人类生活毫不相关。现在我们需要对年轻建筑师进行教育，因为未来要靠他们去建设，他们也将承担起修复过去的几十年所造成的环境创伤的重任。几乎可以肯定的是，这种需求将来自于社会本身。当那个时候到来的时候，从今天的课堂中走出去的毕业生会知道如何运用这些建筑原则，他们能够更为称职。正如我在这里所指出的，当今的建筑学院应当重新定位，要更多地考虑有助于创新的传统理念。这样做可以有效地推动建筑教育工作的结构改造，允许学生们去关注灵感和知识的当代表现形式之外的东西。年轻建筑师能够再次创造具有持续性和丰富的建筑环境。

10. 结论

这一章提出了以两种类型语言的结合为基础的设计理论：模式语言和形式语言。模式语言对人类与建筑物相互作用中的元素进行编码，这一点可以贯穿传统建筑物和城市规划。另一方面，无论建筑或城市区域采用什么样的几何风格都要与形式语言相一致。在原则上，今天的新建筑可以有很大的自由来选择一种形式语言。不过，我们这个时代所采用的相当于形式语言的这种东西缺少复杂度和连接度，难以确定一种真正的语言。通常的结果是，环境中的几何构型和信息都十分贫乏，这种环境并不适合人类的使用，也不能够给人类带来愉快。而且，采用过度简单的形式语言使其与模式语言之间的必要合作几乎变得不可能，因此永远不可能通过适应性建筑使人类需求得到满足。

一旦以这种机制为基础的设计越来越广为人知，这个世界就可能再次学着以一种能够适应人类的方式来建造城市。然而另一种因素出现了：形式语言，一旦它与相互补的模式语言发生分离，由于它容易复制，继而会在人们心理当中进行传播。成功的形式语言（被很多建筑物采用）的特征与那些需要适应性设计的形式语言相反。快速传播的形式语言对于人们的使用来说过于简单，而实用的具有适应性的语言的传播速度却太慢，而且无法同前者进行竞争。我们在与科学现象斗争：适应性设计很复杂，因此难于传播，而病态设计通过视觉媒体却非常容易传播。因此学生和老师们应该学着在这种现象发生时能识别出它们，这是极其重要的。

第 12 章　信息世界中的建筑模因

1. 引言

智力把人类和其他生命形态区分开来。我们的智力在很大程度上来自于（或体现在）制造人工器物的能力。人类智力的一个核心因素是可以建立连接，比如说，设计要素间的连接能够产生艺术进步；因果连接有助于科学发现；思想和应用之间的连接可以实现技术进步。这种处理信息的方法非常复杂。在所有动物当中，人类处理信息的能力最强。同时我们的技术和文化也人为地拓展了我们处理信息的能力，并使它获得了数量级水平的增强。

我们想要通过对物理结构的触觉，听觉、嗅觉、味觉、视觉和精神理解等方式与物质世界连接，这种愿望和能力将我们的概念精神结构延伸到外部世界中。从这个角度来看，人工器物便是我们人为记忆的延伸，我们有骨雕，以及后来的木雕、石雕、和青铜雕像，再到书写、书籍印刷以及我们今天所拥有和使用的各种媒介，计算机记忆芯片和硬盘也仅仅是这一历史潮流中最新的技术表现而已。

通过发展这些连接能力和记忆能力，人类成功地主宰了其他生命形态。对模式的识别和记录是日常生存的关键，可以看作是科学、哲学和艺术的起源和发展。一旦我们这个世界上的某几个要素间重复出现的关系被建立起来，就需要把它作为模式，让它在我们的记忆中具有意义。可以把这种关系记录下来或进行编码从而使它成为科学成果。于是它就成为人类集体知识的一部分，就像我们可以说，我们的人工器物中蕴含着集体的物质文化。这种模式引导着我们的行为，或者说也引导着人工器物的制造。同样的行为——对世界上各种元素之间重复出现的关系的识别过程使我们与这些关系之间建立了联系，使我们能够对它们进行描述、解释和了解，因此我们也相应的表现并改变了它们的物理性质。某些“模式”代表了我们大脑中的信息实体。它们可以用于连接：

（1）对世界的组织；
（2）我们的知识、人工器物以及文化表达的组织；
（3）我们与世界的相互作用的组织。

我们现在有一部分生活是在信息世界中进行，在那里信息的储存和检索大量增加。我们似乎还没能从生物学角度做好准备来应对这种信息容量大爆炸，它们却即将以一种我们无法预见的方式来改变我们的世界。从 20 世纪 20 年代的无线电商业广告以及早期的形象广告开始，我们便在这个电子媒体世界的作用下成长和进步。大多数人天真地认为它就是一个独立的世界，但是实际上我们就像在实体的物质世界中一样，也同样住在它的里面。更准确地说是人类居住在一个物质世界和信息世界相互重叠或融合的混合世界之中。

尽管信息世界是我们自己的成果，但是我们却不能真正控制它或是使用它。我们天真地以为保留人工内存条是信息世界的最初意图。然而我们一次又一次地发现，一旦我们创造了一种通讯网络，各种不可预知的实体就会开始利用它。

因此有必要问一句：除了生活在信息世界之中的我们，还有哪些实体存在呢？答案是肯定的，我们同所有生物生命形态一起分享这个物质世界，但是这里还有一个非生物王国。那么是哪些实体在同我们的思想、知识、想法以及我们的文化产品相互竞争呢？答案简单地就像它招人很烦一样：那就是，自由繁殖的信息集群片段。它们被叫做“模因”，是模式极大简化后的信息实体，而且逐渐替代了组织我们与世界进行相互作用的那些模式。

人类交流伊始（新信息技术出现的几千年前），由交流中的人类心理所决定的信息世界中便产生了模因，随后以模因人工器物为媒介进入到物质世界中，然后再度转化成为可传播的图像或思想。

一个可以实现的图像、运动或节奏可以从一个人那里传播到另一个人。如果决定它的信息可以认为是一件人工器物的物质表现的话，这将会有利于它的传播。虽然很多人工器物都具有实用性，或者具有深刻的含义，但是大多数人工器物并不是这样。不过，人工器物可以获得特殊的交际性质，从而有利于它们进行扩散。虽然它们的存在与否和严格的实用性无关，但是这样可以为它们的存在增加理由，因此也就完全扭曲了它们的内在价值（如果起初有的话）。这些额外品质通常有助于一种毫无用处的人工器物进行传播：这是模因在替代模式的过程中所使用的机制。当抽象想法的物理表现有利于将那个想法传播给其他人时，这个循环就关闭了。

有时候，想法和它的表现形式之间的连接让人难以预料，并且有可能是一种非常奇怪的方式。一个想法可以与一个与跟它毫不相关的东西连接，但那个东西却可能有利于它的传播。最简单的例子是图像的说明文字：它能够确认一些有害的东西有益，也可以诋毁一些有益的东西说它们其实有害。然而一旦连接建立起来，甚至是一个荒唐的连接都能在我们记忆中保留下来。因此，一个想法与它的表现形式一起，以及它们之间的连接，形成了一个可传播单元。这就确定了一个“模因”（本章第 10 节；Dawkins，1989；1993；Dyens，2001）。

2. 模因和信息病毒

在人工器物、图像和其他人类文化要素的世界里，一些实体的表现更像是病毒，而不像是高等有机物（Salingaros，2004）。正像生物界那样，病毒与有机体的区别是以复杂度为基础的：病毒具有明显的降低的结构复杂度。在生物案例中，结构复杂度的降低是以避开大尺度和结构和新陈代谢过程并仅保留最基本的复制能力来实现的。正是由于这个原因，和需要复制又需要新陈代谢的最小的有机体相比，病毒甚至更具有传播优势。（比起带了一大堆沉甸甸箱子的乘客，那些只带随身行李的飞机乘客检票时要快得多）。

电脑病毒也是这样，它们只是最简单的复制代码片段：和其他的软件不同，它们不具有实用功能，不需要复杂度。而模因的秘密就在于：它们越简单，繁殖地就越快。简单的标语、旋律和图像具有很强的助记能力。在视觉世界中，这种现象在斯科特·麦克劳德（Scott McCloud）对于漫画的探讨中进行过分析（1993）。从复杂个别的形象发展到抽象简化的形象，能够增加图像的适用范围。

这个秘密早在20世纪20年代就被早期的现代主义建筑师们发现了。他们根据建筑文脉除去了能够使建筑物富有个性的要素，把建筑削减为简单的形态和表面。通过这样做，他们实现了建筑标准化，这也是他们的目标所在。以平整表面上的立方体和矩形为特征的“国际主义风格”以及使用玻璃和钢材料都是消除了所有复杂元素的结果。这种由不带有建筑模式而由建筑模因构成的风格以令人惊讶的速度传播到世界各处（第10章）。通过除去任何能使建筑适应人类个体使用者、当地气候、建筑和文化传统以及周围结构的结构信息，人们创造了一种在任何地方进行建筑的通用风格。现代主义运动将普遍性和通用性混为一谈。

3. 模因生态学

随着人类为积累起来的知识建立了存储设备网络，这个网络也成为其他无用实体的工具。这些实体就是“模因”，模因概念是由理查德·道金斯（Richard Dawkins）为阐述人们心理之间的信息片段而引入的。模因在社会集体心理中进行传播。一个模因可能是一段容易上口的旋律；一段广告短诗；一个视觉图像；一个宗教或祭祀符号；一段政治口号；一首赞美诗；某个话题的（可感知的或毫无根据的）一个想法或意见；一条触动情感的消息等等。模因传播并不是因为它们能对我们有任何好处或利益，而是因为它们具有吸引力，能够让它们驻留在人们心理。模因具有诱人的特点，这是它们在人类中得以繁殖的原因。

尽管人们认为模因并不具有目的性，但是我们不得不认为它们的行为就是为了它们自己。模因的优势在于它们具有更高效的传播技巧。模因的繁殖过程对模因来说是有利的，对人类则是有害的。有目的的有害模因，比如计算机病毒，它的目的其实已经编码在它的结构中了。人们可以通过模因具有破坏或替代其他心理实体的倾向来大致解释模因的危害性。在人类心理这个信息生态系统当中，现在信息技术已经得到了极大的拓展，模因只不过是寄生虫。它们只有一个功能：复制自己。通常是靠替代其他概念和信息实体来完成的。

这一点很简单。人类心理的进化开放，将我们的意识延伸到了外部世界，但同时也为精神病毒的入侵打开了门。有利就有弊。我们获得了高度智力水平，但代价是与我们具有容易被邪教、广告和政治口号所影响的弱点，这是一对矛盾。产品广告使整个行业投身于模因的生产。而政治活动如果缺少了宣传是不可想像的。从长远来看大，多数的广告模因倾向是种从良性到有害的过程，而某些混合了极端主义政治和破坏性邪教的模因已经被证实具有致命性的危害。

模因的传播是因为它从接受它的生物体上找到了“受体”或“附属物”的位置。每一个模因都从其他模因那里进行复制，不论某个特定模因是有害的还是无害的。与模因/病毒的十分相似的一点很有用——模因繁殖的很多特点可以通过生物病毒和电脑病毒的行为来进行解释。由于模因的繁殖完全取决与人类，它们必须要能够给人们一种真实的或可以想象的好处才行。最成功的模因与人类的心理诉求是一致的（Dawkins，1989）。于是，广告模因承诺可以满足我们对性、吸引力和权利的欲望。政治模因在表面上对深层的经济和社会问题给予十分合理的答复（或为了推动活动而承诺改正所有政治系统中的过失）。而有关来世公正的宗教模因则给在不公正的现实中苦苦挣扎的人们带来了希望。直到本节结束，让我们先把宗教放在一边，大多数模因的心理诉求其实都是一种欺骗。通过对产品广告、生物病毒以及计算机病毒中的标准聚合方法的使用，模因成功地以一种迷人的包装或模因封装形式把自己表现出来。

广告界已经熟知的一点是，模因之间为了赢得关注，竞争得异常激烈。我们会根据心理诉求选择接受某个模因，而不会接受另外一个。而自相矛盾的是，我们倾向于把这种竞争误读为有益信息实体对有害信息实体之间的正面交锋（模因以及模式）；而大的多数情况下，公然竞争的实体其实只是不同的模因，对我们都同样的具有危害。而真正有益的模因屈指可数，而且没有迹象说明有益的模因可以长期存在。

只要人们没有识别出具有病毒性质的模因，它们就会继续传播。这种传染性取决于环境中的复制品的数量，这其中既包括有具备物理体现的模因，也包括书刊杂志以及其他媒体上的图片。因此，繁殖是指数型的，就像生物病毒和电脑病毒那样，传播速率与任何特定时间的病毒数量成比例。而人们只有通过媒体看到病毒传染在人群中传播才会有所警觉，但是人们普遍还是会忽视有害模因的传染本质。他们把这些模因误认为是良性的，或是时髦诱人的，或者是当成一种文化发展和现代化的标志。

与那些产生身体症状的生物病毒传染相反，类似的建筑模因传染并不容易诊断出来。因此受到传染的人们无法知晓这一点。由于难以察觉，模因感染可以在不知不觉中发生。发烧、或疼痛以及伤口周围肿大等这些身体症状是我们的免疫系统工作时所产生的副作用，然而我们没有类似的针对模因感染的免疫系统。我们没有抗体来标记有害模因，即便它们能被标记，我们也没有能够摆脱那些模因的机制。问题的症结在于生物本身的适应性和信息世界并不能够匹配。

我非常敬重道金斯，他最先提出了模因理论。不过，我认为他将宗教理念分类为有害模因是错误的。宗教是对宇宙知识的组织体系（真实的和想象的），并且已经证明，宗教对人类保留自我至关重要。人类早期越来越复杂的宗教仪式很可能对我们心理能力的进化产生了重要的作用。而且，我们今天现在可以看到，宗教意识在逐渐消失，加上新信息技术的共同作用，很可能导致了我们社会中具有史无前例的破坏性的模因的出现。我认为“只为自己产生”的模因与人类模式是极为不同的，因为人类模式使我们与世界相连，进而使物质世界与精神世界相连。如果人类不再具有任何普遍愿望，如果我们远离我们所处的各种物质条件，那么心理模块也会开始只为自己产生，也就变成了模因。

4. 模因和人类的共同进化

奥利维耶·迪扬（Ollivier Dyens）并不把模因创造和繁殖看成是单向过程，而是把它看做一种真正的双向过程（Dyens，2001）。人类制造了模因，模因进而改变着人类社会。这个过程是一种共同进化，不可能说清是谁影响了谁。这也正是文化进化的全部意义所在：一旦社会采用了一种有益或有害的模因，它就会朝着或好或坏的方向影响社会。正像人类心理对模因开放，人们进而猜测是模因使大脑处理能力倍增，从而能够处理增加的信息输入。这样就创造了自我强化循环，从而使人类大脑在最近的进化中增大到原来的四倍。

现在人类大脑容量就像装进有用信息那样装满了垃圾，就像计算机硬盘可以存储同一个图像或一份博士论文的上百万个复件。这个例子只是强调了我坚持的一个想法，那就是我们不应都认为信息都是有用的。当代后结构主义哲学家提出的观点恰恰相反，他们宣称所有信息具有同样的价值，并且是相关的，存在一种标准来评价它们的实用性、相关性和品质。然而很不幸，信息世界不加选择地包含并传播了两种类型的信息。

迪扬用非常文雅简洁的文字描述了模因如何使智力（不一定是指人类大脑）和语言出现并进行传播。“有机体和文化彼此之间深刻地相互纠缠…媒体环境——更具体的来说，互联网和电信网络，以及出版、音乐或电影业——使文化复制因子得以解脱，从而独立于有机体。比如说，摩天大楼是一种可以让复制者脱离于有机体并能够在其中进行复制和传播的环境。另外，从进化的观点来看，媒体环境比有机环境更快、更高效、也更加脆弱。”（Dyens，2001；第 17～18 页）。

以上的部分认识已经被一些进化生物学家采纳，他们认为建筑是一种生态现象，而不是一种作用于某种嵌入式生物类型的孤立过程。对他们来说，进化的是生态系统而不仅是有机体个体。这种解释的另一部分发生在人工器物网络内（古人类学的大量文献中谈到了这个问题），以及神经元和越来越多的电路中，并与人们对人类发展并不局限于生物渠道的认识相连——即基因。

请不要将模因和模式搞混。比如有人认为鸟的叫声是鸟的模因。我并不这样认为：鸟的叫声是模式而不是模因。鸟的鸣叫声对鸟类非常重要；对我来说也非常美妙。而且，鸟的鸣叫声可以将鸟儿们的生活（它们的行为）同物质世界连接起来。如果在模因和人类之间真的存在共同进化，我们不要把它同另外一种更加基础的共同进化混为一谈——即人类和人类的模式（我在本章的第 1 节进行过界定）。但似乎这种混淆确实存在于和模因有关的文献中，其中不分青红皂白地把所有精神实体合并在一起叫做“模因”。同样地，所有的生物有机体也不都是病毒，而且独有的信息实体也不都是模因，尽管这一章主要在探讨模因，但我们其中一个目标是为了指出——模因的增殖已经损害到了其他信息实体。

5. 信息世界中装扮成趣味形象的模因

为了生存下去，建筑模因依赖于人类和人类社会。信息病毒只是不同媒体为了那些愿意减少有组织复杂度的人的而采用的一种方便描述。一些个人坚信，要使某一特定类型的建筑在地球上得到推广，他们还自己投身于这项工作之中。与可疑的意识形态有关的图像推动了 20 世纪的建筑运动的发展（第 10 章）。或者，就像在政治运动中一样，即使不信仰该意识形态，人们仍然会支持它，因为他们靠它为生，靠它来获得收入、或职业的升迁。这样的模因得到繁殖是因为它能为繁殖它的那群人谋利。尽管对社会的影响很明显的是长期而负面的，但是在短期上，对某些人来说还是有利可图的。

尽管我们不应当过分延伸模因与病毒的类比，但是从中我们可以得到深入的认识。生物病毒具有不活泼的晶体形态，所以它们可以在不利环境中长期存活下来。生物病毒只有在水介质中才会变得活泼。一旦遇到了水介质，它们就开始寻找特定的有机体，去破坏它的物质结构，以使用那些碎片进行自我复制。建筑界也有类似的情况。某一建筑模因的“档案表格”包括：建筑物、建筑物照片或电脑制作的设计图。然而，活泼形式的模因会寄居在人类的大脑中，并强占了它们附带的机体，得以从物质上创造出形象的复件。

建筑形象同时存在于物质世界和信息世界中。这个环境中包含以下具有内部连接的要素：

表 12.1　信息世界的要素

（1）人类感官系统，特别是眼睛，负责将信息输入大脑。
（2）大脑，像神经回路那样处理和储存信息。
（3）各种沟通媒介比如：互联网、报纸、电视、书籍和杂志，将信息传输到人的眼睛。
（4）建筑物中编码的信息。
（5）用于储存信息的媒介如电脑硬盘、互联网、书籍和杂志等等，它们对视觉信息和文字信息进行编码。

在这方面，信息技术和通信技术对建筑模因在世界范围内的传播发挥了巨大的作用。

计算机辅助设计程序成了信息世界中的重要构件。这是因为比起实际盖起一个物理结构，让视觉建筑呈现在电脑屏幕上要容易得多。然而，实际上人们并没有利用这种电媒介巨大的设计潜能，而是用它来保存图像。在释放到外部世界之前，人们可以将虚拟设计的电子世界描述成为孕育新建筑模因的实验室。有个关于共同进化的例子非常有趣，流行的计算机辅助设计软件现在更容易生成抽象形象，从而更有利于抽象形象的再现。这是因为最初的计算机不能进行大量规模数据处理，也无法提升处理速率，人们便把这种再现做得非常简单，于是就限制了建筑表达。但同时人们要想设计出在不同尺度上都包含一致复杂性的传统结构，就变的更困难了（而这是生命结构的特征之一）。

在虚拟实验环境下，你可能不知道一个设计中的特定建筑模因所具有的破坏力程度，这一点只有在设计实体化后，即成为实际的建筑物后，才能变得明显。图像与最终的完全尺度结构很少能够产生相同的感官反馈。虚拟设计很像一个以建筑创新为假定追求的“游戏”（我在第 10 章中解释过为什么这种追求实际上是种严重受限的制度化视觉模因）。由于学生和教师们看电脑生成的图像比他们实际完成一栋建筑的机会要多得多，这是一个把未实现的结构传达到他们的大脑的非常有效的办法。

这种操作机制实际变成了一种非常成功的策略，因为未建造项目的那些半透明图像很不明确，人们可以用许多不同的方式来解读它们。于是观察者可以将他或她自己的见解注入到不确定的图像中，因此就可能会喜欢上它。屏幕上的小图像看上去往往很诱人或让人兴奋，这就和观察者之间创造了一种积极的情感依恋。很多建筑委任和奖项都是由这种方式获得的。然而对于建成建筑我们就不能这样讲了，因为它们并不具有那么高的不确定性——构思中的形式瑕疵在真实尺度上通常被大量使用的玻璃和反光表面被抵消掉了。在实际当中，这种数字化概念的建筑往往令人失望（甚至是难以忍受），但是如果材料被隐藏起来或否定了建筑物的物质性，那么这种失望程度还能够减轻一些。

建筑模因向人们做出了情感承诺：它们能够吸引我们的注意力是因为它们具有创新性。如果建筑形态与我们继承思想中对于建筑物所应该具有的样子相反，我们就会感到十分意外。同时，如果建筑形态能够完全脱离于人类需求，会有助于同人们设想中的创新效果之间缔造一种新的衔接。别人把这个谎言兜售给我们：即不论是谁欣赏这些模因（或者，也许任何人假装欣赏它们的）都是个复杂的最新的个体。如果这样的形式引起了焦虑，反而更好。这是一个很有名的广告诀窍：挑斗人的内脏情绪——不管是哪一种情绪——可以将一个形象更好地固定到我们的潜意识中去。

通过计算机生成抽象形态因此变成了一种无知的游戏，因为它与完全体量的建筑形态对人类产生的生理学和心理学后果是完全脱离的。同样地，十几岁的年轻人可以在电脑游戏中享受屠杀虚拟人物的快感；而真实的生活竞争或恐怖主义需要的是冷酷无情的性格。虚拟现实是一个良好的训练场，它不仅能使人的技术更为精湛，而且还愚弄了被训练对象，让他们认为一切都只是个游戏而已。

6. 图像决定抽象世界

只要我们粗略地翻翻当前流行的建筑书籍和杂志，就会发现其中反应一种疏离的图像世界，完全是脱离于现实生活和人类世界。建筑杂志里的图像所代表的建筑不可能满足人们的每天的使用需求，然而这些图像在我们的记忆中被固定下来，所以我们会无意识地对它们进行复制。正如我在本章早些时候所提出的，虚拟世界（信息世界）在与真正的物质世界相互融合，所以人们不可能把这两者区分开。而且可以更为肯定的是，这不是对于两种不同建筑表达类型的偏好问题——比如说电脑屏幕上的轮廓和纸面上手画的传统建筑——它们具有同等的审美水准。而我希望能够将对人类生活有益的建筑模式和使物质世界屈从与虚拟世界的破坏性模因区分开来。

今天大多数的建筑学院对于模因的认识，或是经证实的模块；或是作为设计范例来让对它们的优秀理念进行效仿；或是作为计算机生成的设计。所有这些结合在一起确定了一种替代现实。任何借鉴了模因的设计工作都被储存在记忆中，而回忆的过程通常是潜意识的。学院派建筑师不知不觉地恪守着那些模因，还认为他们在制造原创性的设计作品。那些建筑师更愿意住在与世隔绝的图像世界。他们根据自己的建筑经验，更加依赖于图像，因为直接体验去实际建筑其实更难，而且造价极高。基于这种脆弱的关系，建筑学院倾向于推行那种形象夺目，但却不太宜居住的建筑。而且现在它们的创造性作品要通过虚拟组合来进行严格的判断。建筑竞赛和奖项授予也都是以虚拟设计为根据，而不一定是与真实建筑有什么关系。

在这个图像的世界当中，每一个和建筑有关的东西都被减少为视觉再现。建筑培训有很大部分是用人工器物来替代真实世界。建筑学院的学生们从一开始就被要求把他们对于传统美学、自然结构、一致性以及平衡等本能的观念抛到脑后。这些观念被当作是一种过时的，或者是对成为一名建筑师来说不再有需要的东西。于是他们采纳了形态的图像标准。很多建筑师和学生都在老师的教导下，颠覆了他们自身的感官机能，用一种非常矛盾的观点来解读世界。那些被这样调教过的人无法正确地解读他们所看到和接触到的东西，只能根据植入的世界观来行事。于是虚拟在人的心理中替代了真实。

同时，这样的替代亟须在物质世界中体现虚拟世界。只要是按照非自然形象建立起来的建筑物，它就是虚拟陌生世界的一种物质实现。这种批判与计算机技术本身无关，因为计算机技术也可以由编程人员来使用。对于同样的技术，只要我们合理地加以应用，就会有助于我们创造出具有适应能力的人性化建筑。正在研发当中的计算机辅助设计程序结合了分形规则，并且试图自动生成最优化的设计复杂度。

学习研究表明，面对重复的相同刺激，大脑结构会发生永久性的变化。输入信息利用大脑的可塑性产生长期记忆。潜意识思考过程——比如设计所依赖的那些潜意识过程——很清楚地是利用储存在大脑中的模式进行。而我们的心理输出，尽管大多数人天真地认为它完全是自我原创的，其实是由已经存在的东西所塑造的。

异形建筑上在不同水平上影响了人类，首先，它们为人类居住创造了非自然环境。其次，它们与其他更为人性化的传统建筑形态相矛盾，并且不断地替代了它们。我们想要建造具有生命力的建筑模式、建筑形态和建筑结构的创新型新建筑，然而异性建筑使这一切变得不再可能。可见案例对文化的破坏作用要比对建筑环境严重得多。异形图像深入我们的道德意识，深刻地影响了我们的世界观。意识形态模因在形式上过于简单破碎，但它们的物理表现（建筑物、视觉媒体和电子媒体）就像运载工具那样，使它们能够自由地传播到大众心中。人们可以用艾滋病毒来进行类比。艾滋病毒最初怀疑是由居住在非洲丛林中心地带的一小群猿身上所携带的。随后沿着它的国际旅行路线，艾滋病毒侵入了人体，而后艾滋病便成功地传染到了世界各地。它发现了巨大的新寄主和更为高效的传播途径。

异形建筑体现了物理随机性，这就同自然有组织的复杂度形成了对比。而危险在于这样的建筑在潜意识里可以被人们完全记住，并用它来作为理解和创造复杂有组织的物理秩序的心理模板。一个人存贮在大脑永久记忆中的世界观正在被一种光滑、透明而破碎的建筑结构所摧毁。这些形象会影响到我们对每一样东西的设计——并会破坏我们在理解复杂系统和世界的运作机制过程中所取得的所有建筑成就。

同时，与当代建筑课程核心有关的所有概念：如可靠性、创新和创造等都已经融入了新的内容。我们不能再继续用传统的方式来谈论这些术语了，就像我们真的控制了我们自己的永久记忆一样，因为现在的记忆部分上来自于外部模因。

7. 规避我们的免疫系统

模因就像病毒一样，它们会对包装或表面形态加以利用。通过有吸引力的外壳（显得对有机体有益）可以使病毒附着到寄主上，并注入它的DNA。对于建筑模因来说，类似的包装包括具有美学价值和社会进步意义的外观，以及对传递者有望提高声誉和事业成功的承诺。病毒具有改变自身包装来规避危害的能力。为了不被自然免疫系统杀死，病毒要进行持续的突变，因此病毒往往不会被自动识别为具有破坏性的入侵者。我们免疫系统的进化是为了保护自己。而病毒不可能做到这一点，除非它也找到复杂的方法来迷惑我们的免疫系统。尽管我们的专门知识和自身进化问题的意识形态回避了各种怀疑和警告，但是我们其实没有针对信息病毒的人类免疫系统。

很明显，面对有害模因，我们惟一保有的防御机制是一种基本的保守主义：面对与自然相矛盾的模因时，我们会感到不自在，面对与过去世代沿用的方式，以及和我们一同进化的事物相矛盾的模因时，我们的感受也是这样。然而拒绝改变往往也拒绝了创新，所以我们开始习惯忽视警告的信号。人类为了推进自己的事业所创造出的模因让我们相信有前途的创新，而忽视自己内心中所产生的任何怀疑。人们对于创新和有害模因会产生身体上的反应，我们的身体面对陌生原因造成的潜在威胁会变得焦虑而具有警惕性。

例如，20 世纪 20 年代的现在主义建筑最初吸引人的地方在于它们的主张："从传统建筑的压迫霸权下解放出来"（并且通过暗示，指向所有的传统）。但是当人们真正搬进现代主义风格的公寓后，他们才意识到所谓的解放只不是个谎言，他们的公寓造价低廉，极其压抑，保温性能差，顶棚很低，并且窗的位置非常难看，而且厨房也非常局促。

随后的模因封装改为"现代主义建筑很卫生有利于身体健康"。这种说法只能够支撑一阵子，最终人们也意识到，其实这也并不是真的。再后来的是"现代主义建筑中反应了应用于建筑的最新工程技术"，人们提倡使用工业材料，然而与传统材料相比，工业材料不仅耐久性差，而且造价也更为昂贵。不过人们对于新（20 世纪 20 年代）工业材料有种迷信，而且同时批量的概念在意识形态上也顺应了当时社会的发展需求（第 10 章）。

这些封装极其成功，以至于今天的建筑模因仍然在使用着它们。一些更为近期的建筑模因封装包括这样的一些口号："自由曲线把我们从立方体和直角的限制性建筑中解放出来"；和"当代混沌学和分形学规定我们应该构建破碎的形态"。当然后者是毫无根据的，但是这两种封装还是推动了当代建筑风格的发展。

然而，不能适应人类使用者、忽视当地传统、并拒绝使用当地材料的建筑物往往造价过于昂贵，与当地文化格格不入，而且不能发挥正常的功能（Salingaros, 2004）。它们存在的惟一理由就是为了实现建筑模因。但是那些模因已经深深地嵌入了我们大脑的情感区域之中，要去掉它们是极其困难的。在这里对建筑师们的建议是：这些理想事物实际上是模因封装，是种制造恐慌的聪明的欺诈手段；于是现代性和社会进步的全部概念突然出现危机。这种情感反应是对模因封装有效性的一种检验。

这种局面是人为造成的，但是完全不同于计算机病毒世界，所有人都认同对病毒的进行标记的做法。计算机病毒能够破坏计算机系统，制造病毒的人会受到法律的制裁。大家会一起努力来找出病毒，把它们标记出来，并尽快把计算机中感染的病毒杀死。相反，广告模因、建筑模因和政治模因都受到它们各自形成的产业的积极推崇（尽管这些模因通常由个人创造出来，就像那些编写计算机病毒的人一样）。我们接受了那些模因是因为它们被刻意地（欺诈地）标示为“有益的”。而且人们角色的转换也很奇怪，质疑这种欺骗性的个人恰恰都是那些被这种现实所排斥的个人。

8. 一些建筑模因

20 世纪建筑运动不可否认的巨大成功却给我们提出了难以解释的问题。从早期的现代主义开始，建筑模因一直相当成功，赢得了一群坚定的追随者。到现在，解构主义运动和它们空灵、斑点状的后继者们在建筑界已经非常流行。我在其他地方也谈到过，现代主义以及后现代主义的变体（包括解构主义在内）与人们自然而然就会很喜欢的东西是正好相反的。(Salingaros，2004)。因此那些风格的成功原因也就变得更加不可捉摸了。

不同族的建筑模因最初是由 20 世纪初的建筑师们创造的。所有这些信息病毒具有共同的特征，然而现在它们却决定了大范围的不同视觉风格。我们有必要对已知的建筑模因进行分类，来说明模因如何从一族进化到另一族，并标注出哪种模因是从另一门学科如哲学或政治学跨越到建筑学的（与生物病毒从动物体传染到人体的过程类似）。然而对已知建筑模因进行分类并不是本章的目的。一些比较明显的例子可以描述如下：

表 12.2　一些普通建筑模因

(1) 大尺度的优势。当大尺度占优势的时候，任何较小尺度上都不具有可见分化。这个模因产生光滑“纯粹”的形态，而没有平表面和曲表面。这个模因也叫做“等级逆转”。

(2) 空无模块。当这些空无模块连接在一起的时候，整体不表现次结构。这是平板玻璃幕墙、反射金属板材和平坦光滑的预加工混凝土板材的原始模因。

(3) 无厚边界。墙在陡峭边缘立即结束而不具有合适的边界。没有一种较宽的区分框架来为结构要素确定边界。立柱也是突然结束而不是具有可区分的柱头和基体。

(4) 苛刻的几何构型。这个模因与传统建筑物中通常非常随意的矩形形态以及圆拱形态相抵触，而且传统建筑物中圆拱形态的曲率是通过几何构型产生的。正常情况下，构造需求会通过一种与建筑物其余部分的对称和垂直度相连的曲率，以拱门和拱顶的形式表现出来。在传统建筑当中，我们可以发现能够使人类活动和感官与形态进行叠加的弧形尺度在其他尺度上可能就是矩形的。而很多时候边界都是弧形的。有两种不同方式与这种自然几何构型相反：以一种不必要的精确消除了所有弧度，严格地表现为矩形的边和角的造型；或者完全抛弃矩形的几何构型，使用锐角，使边和角的造型尽可能地尖锐而突出。

（5）扭曲的几何构型。为了避免直线，进一步抛弃线性、圆拱棱边以及圆角的使用，使整体建筑形态不需要任何结构理由而看上去就像一个自然流畅的雕塑。

很明显，反对依附于传统建筑几何构型的这五种方法彼此之间也是相互矛盾的，但是它们具有一个共同目的，那就是让自然几何构型来自于构造需求。有时候，这些方法都会派上用场，可以应用于当代建筑物的不同部分。一些建筑模因在这里进行了说明（见图 12.1）。

图 12.1　一些建筑模因主要来自于现代主义风格。我们不需要尝试去对它们进行分类，也不需要去说明它们的进化过程

只有少数几个非常强大的视觉模因自从20世纪20年代以来一直在进化着。但我要说的是，如果是出于实用甚至是审美原因，绝对没有一个是值得我们采用的，很多理智的建筑师认为它们使生活、实用性和建筑物结构的品质降低。

接下来我们要描述的模因来自于政治意识形态，与满足人们的建筑需求没有任何关系。比如，幕墙模因与自由相连。20世纪20年代关于现代主义的文字探讨了如何利用玻璃作建材来解放人们的思想。“透明=解放”尽管这是一种很明显的错误想法，然而其中含有的标志性和意识形态特性，使它具有强大的吸引力。它几乎成为一种建筑的偶像。我们可以想象一下它形成的时间（革命运动；破碎的传统力量精英），这个模因的传播依赖于非常巨大的社会力量。当社会采用它之后，它就摇身成为当代建筑的核心信条，甚至连它最初（编造它的）的理由都忘记了。

另有一个深深根植于现代主义意识形态之中的模因，导致人们在建筑物中除去了所有装饰。这一模因从1908年开始传播“空无表面=智力进步”这种关联性。由于人们不明白公平社会里工业生产与手工艺生产之间的角色关系，产生了大量令人困惑而混乱的想法，在这种情况下，这种模因便应运而生了。假如说，建筑装饰浪费钱财，而且只有富有的精英们才负担得起，那么为了使所有的建筑物都能降低到普通工人也可以支付得起的水准，我们也应当完全禁止这种模因。“装饰=犯罪”，这种说法虽然消极却极容易记忆，使这种模因获得了极大的优势。尽管今天再也没有人会相信这种说法，但已经太晚了，模因早已融入了集体建筑的潜意识之中。

我们很容易看出来，这些建筑模因是如何在信息世界中找到它们理想的新的生态系统。例如电脑屏幕上的数字化模块只能看出最大尺度。而软件本身则是尽可能流畅地填充在固定边缘内来进行工作，所以可以自然地产生平滑的表面。把立柱和墙进行线性延伸，直到它们与另一个结构相交，在数学上这是最简单的了。因此最简单的绘图算法能够支持以上列举的前三个模因（表12.2）。上表中的模因（4）和（5）在信息世界相互竞争，代表了为尽量不使用传统建筑材料所产生的正常构造形态，模因在相反方向上所产生的极端情况。

只要采用自然材料进行建筑，自然材料最终在小体量模块上都是比较脆弱或便利的，我们就必须要采用特定的几何结构使建筑物不至于倒掉。而结构在部分上，是建筑中反抗重力或物理应力的一种解决方案。这便自然而然地给形态词汇设置了限制。材料的性质决定了形态语言，形态语言产生了可能结构范围：粗糙矩形几何构型的墙；拱顶；拱门等等（见第11章）。由于构造原因，采用传统材料进行建筑时，柱头和柱基都是非常必要的。一些非传统的形式语言采用工业材料而得到了发展，使传统形式语言得到了进一步延伸和丰富。

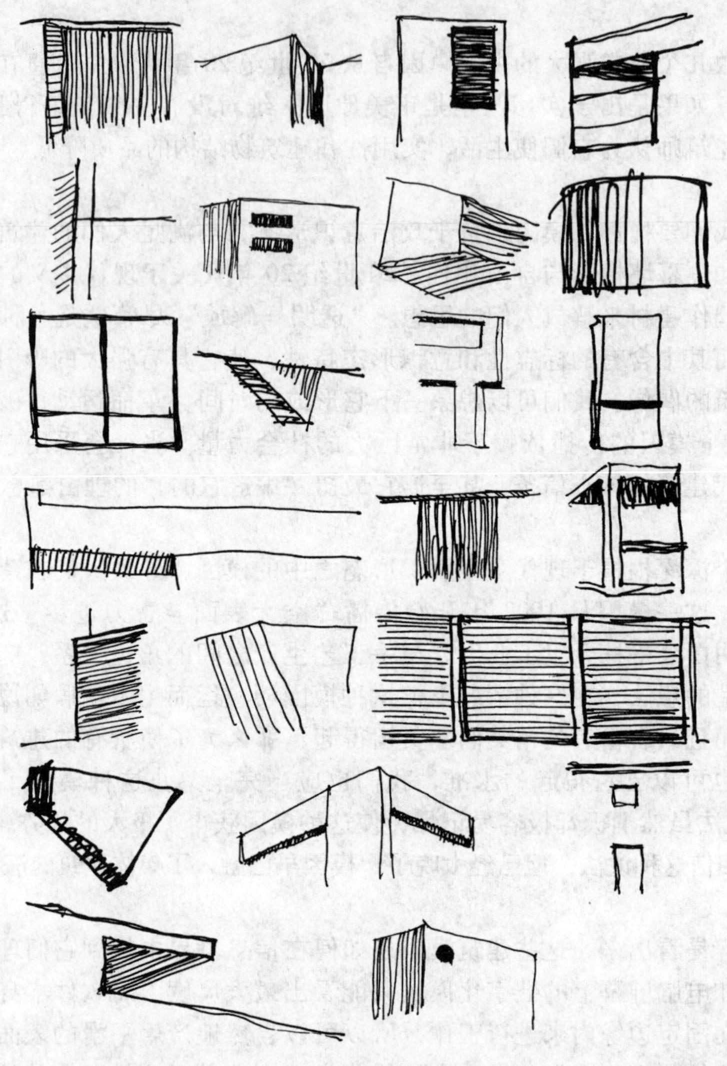

图 12.2 更多的建筑模因

现代主义和后现代主义建筑是对传统建筑几何构型限制的一种反应。同时，很多当代的传统风格建筑实际上都是模因——因为它们采用是通过不能确定传统形式词汇的工业材料表现出来的。它们的形象完全不受构造作用力的支配，于是歪曲了它们表面上所表达出的形态语言。而这一章中让我很感兴趣的地方是，这种形象表达与传统形态相反是别无选择的：因为视觉模因恰恰是由反传统意识形态造就的。

9. 怪兽和机器人

在一些科幻电影中有这样的场景，外星球异形或病毒入侵人类记忆，用它自己的复制品来替代人类记忆，或通过指令来对入侵的异形进行复制。这也正像是某些生物寄生虫侵入宿主脑细胞的过程，它们指使有机体进行自我毁灭，这种毁灭方式也同时完成了寄生虫的生殖周期。当代社会中，我们自己的技术在替代我们大脑中的神经记忆库的过程中所扮演的也是这样一个入侵者的角色。正像迪扬（Dyens）所说的："机器控制了我们的记忆，它们拥有塑造我们的基础材料，它们掌控着生成人类意义和人类观点的结构。"（Dyens，2001；第 38 页）。

而讽刺的是，人类担心没有情感的智能机器人可能会发狂。在人类与信息世界的融合过程，我们在自己的种群中也意识到了这种危险。我们要惧怕的不是机械机器人，而应该是都变得像智能机器人（与我们现在建造的不能说话的移动机器人相反）那样，以一种无情的方式来行事的人类自己。在整个历史上，人类通过心理调节来对自己进行灌输，为的是阻塞大脑的主要感觉回路，只留下较高水平的回路进行工作。那样的人只能在部分上与环境相连。通过有意地阻碍他们智力层级中的较低水平回路，我们得以创造出缺乏感情的"人类机器"，以及它们可以被轻易摧毁的智能。

被模因替代了的个体记忆可以在不愉快或危险的工作任务中找到用武之地。它们是按照工业目的被制造出来的思想上的"现代人"的真正楷模。让感觉敏锐的人在情感或生理上都会感到不适的建筑物，这种人可以按照指令去盖楼或是就住在这样的建筑物里。当然他们也可以按照指令去进行破坏。被编程了的个体对于破坏自然界中的生命结构、摧毁由其他人早在他们之前就辛苦建立起来的生命结构不会怀有一丝的心理不安。

通常来说，物体、创造物以及建筑环境所体现的有组织复杂度对我们的感官是一种滋养，而去除它们对我们也会造成同等的伤害。文化的记忆包括这些人工器物，而且人工器物具有与生物和非生物自然结构相当接近的有组织复杂度。没有遭到视觉模因编码的人都能够和人工器物以及自然界产生一种亲密感。而被编码的人类，受到媒体的影响，已经习惯于不假思索地遵从于工业和后工业时尚，他们很大程度上已经同这种复杂模式脱离了，而且也已经从根本上与他们的所在环境相脱离了。他们是最新建筑风格中扭曲的摩天楼形式的公寓和办公室塔楼最理想的用户。

这些浮躁的"现代人"将继续投入地扮演改变世界的角色。他们部分上可以说是人类和后工业文化模因共同进化的产物。对我们中间可能不喜欢现在的人类进化方向人们来说，我们需要在影响它之前试着去理解这个过程。

10. 知识与信息

人类智商取决于大脑/感官系统的进化发育状况。大脑和感官系统与一种层次层级共同进化。较老（低）的层次能够对与环境刺激做出即时反馈（第4章）。输入和输出与附加层次变得越来越复杂，就会产生更强大的计算能力，进而对刺激进行解析并在输出之前进行更多的处理。最后我们获得了对人类思想——能够将我们同动物区分开——的意识处理和意识分析结果。这种层次性与大脑进化的解剖层次完美地呼应着。较高水平不是在较低等动物中缺失，就是只出现在相当小的数量中，这反映出人类大脑的巨大增长和发育水平。

现代生活的复杂性产生了大量我们必须要在一定程度上去处理的信息。于是实际掌握与建筑有关的材料变得非常困难。而且我们可以通过计算机网络立即获得关于任何课题的任何人所说所做的任何东西，这便使这个问题变得难上加难了。面对过量的信息，我们从生理上不可能费力地读完所有的信息，于是我们更加依赖于“专家”，来帮助我们选择应该接受哪些信息。因此在这种情况下，和年龄问题一样，而且权威机构控制着信息的发布，人们并不能够自由地获得信息。惟一的区别在于，一旦个体锁定了正确的信息类型，情况就可能一夜之间全变了，而“专家”的控制也就全然无效了。

文化通过对复杂信息的组织向积极地方向发展进化，而这些复杂信息能够使我们与真实世界相连接，对我的论文来说是极为重要的就是要能识别这一点。增加信息实体间的连接数量，会产生更大的复杂度，因此将该复杂性组织成为一个可理解（层级性）的体系就十分必要了。而包含丢失复杂性和组织在内的相反的过程，通常会导致倒退，——丢失通过大量努力收集和组织起来的人类知识，或丢失使它能被人理解的连接结构。

大多数模因都是有害的，因为它们以一种错误的不连接的现实，替代了世界的复杂性和我们与世界所建立起来的关系。模因只有极少的连接，即使是它们所具有的连接，也都是毫无意义的，这便进一步阻止了我们理解世界的所需的真实连接的产生。尽管模因确实是与知识共存的，但它们只是形成我们的知识基础的网络中毫无用处的配线而已。

建筑师克里斯托弗·亚历山大已经提出过这个基础性问题。他试图通过识别出这个星球上整个人类历史中重复出现的模式来找出真正的建筑知识（Alexander，et. al. ，1977）。这些模式组织起我们对建筑空间的处理方式以及我们与建筑空间的关系。亚历山大决定把当时一直很含蓄的知识研究得清楚而明确，而实现这一目标在某种意义上可以中止非适应性建筑或特殊概念的增殖。20世纪以来，无根据的理念统帅着房屋和城市建设（这一点我已经在本章关于有害模因侵袭的内容中进行过描述）。为了解释建筑知识的存储问题，亚历山大同样选择描述信息组织的具体的方式：“模式语言”是一种具有层级性的信息结构（Salingaros，2000）由相对自主的模式构成，这些模式间具有以下连接方式：(1) 不同层次水平上的彼此连接；(2) 与物质世界和生物界以及适合不同人类文明的模式相连接；以及 (3) 与人类知识、经验、科学和纯哲学的总体相连接。

提出的每一种模式都是一个解决重复出现的建筑问题的过程，如：某个建筑文脉、该文脉中重复出现的力量以及允许这些力量释放自己的空间结构这三者之间的关系（Alexander，1979）。因此设计者、建筑师和居民都可以来探讨什么可以作为我们的建筑模式和建筑模块。总之，通过这个方法得到的结果构成了真正的建筑学知识。

计算机科学界已经非常感兴趣的以模式语言为工具来处理越来越复杂的软件结构和软件开发问题（Gabriel，1996）。除了模式，这些从业者还确定了"反模式"的概念，而这个错误的解决方案不过是重新利用而已（见第 11 章）。反模式所具有的形式特征能够欺骗那些认为它符合逻辑发展的人。而实际上，反模式和模因之间没有区别。

知识其实很脆弱，不像原始信息那么多产，正如实际的情况那样，它取决于发现和证据。相反，垃圾信息可以在任何背景下以任何数量产生。传统知识的储存代表了人们的习惯智慧。我指的特别是那些实际上对人类社会的正常运作甚至是对保存人类知识都是非常必要的，但是尚未经过科学证明的那些知识和信仰。人类的信仰系统不能够以科学的证明方法来进行证明；它们依赖的是：非形式化的连接、实践和理解。

人类创造的最伟大成果是有价值和意义的，这与它们的原始信息文脉恰好相反。巴赫的圣马太受难曲对文明的价值比两个半小时的插播广告的电视肥皂剧要高得多。我知道反结构哲学家试图论证这个问题相反的那一边，但是我相信他们真是大错特错了。我们最终要区分模因（有益和有害的）和真正的知识，就必须要诉诸信息的价值。

11. 结论

人类可以本能地识别世界中的各种要素以及使它们统一在一起所形成的关系。感官和精神连接几乎立即就能够做到。这种天生的能力让我们得以生存和进化。然而解决更加高等的问题必须要有一个循序渐进的过程，需要建立一种从问题到解决方案的转换序列。另一种智能化设计是将一些给定的视觉或助记原型——模因进行毫无根据的配对。

在那种情况下，问题标准没有转变或得到适应。视觉模因给出了类似基因的解决方案，于是它们植入了问题环境之中。这种方式只不过是一种替换而不是一种解决方案。模因通过视觉图像替代了问题的各种约束。这并不需要费脑筋；只需要接受由别人不管出于什么原因所提供的图像就行了。替代了适应性设计步骤的做法，实际上是在部分上压制了一般性的智力思考机制。这会让人们就像生活在一种通过心理调节实现的错误现实之中一样。

一个人的内在世界观可以被整套的模因所替代。这些模因能够为特定个体确定另一种抽象世界。当我们的社会越来越多地融入信息世界，改变一个人的内在现实的危险随着我们周围模因数量的增加而加倍。而在过去，人们只需要担心具体的恶毒的邪教、广告以及政治运动对人的影响即可，时至今日，我们沉湎于一种模因的虚拟世界之中，而且就像其他宗教一样，它们很容易在我们的大脑中取代物质世界。在最后这一章中，我试着指出这种相互依赖的关系的一些特征，并集中探讨信息世界中自由繁殖的建筑模因所引发的各种危险。

原版书文章出处

第 1 章　物理学家眼中的建筑法则

《*Physics Essays*》，第八卷，第四期（1995），第 638 ~ 643 页。

第 2 章　创造建筑形态的科学基础

《*Journal of Architectural and Planning Search*》，第十五卷，第四期（1998），第 283 ~ 293 页。

第 3 章　建筑学中的层级协作：装饰中的数学必要性

《*Journal of Architectural and Planning Search*》，第十七卷，第三期（2000），第 221 ~ 235 页。

第 4 章　装饰的感官价值

《*Communication & Cognitions*》，第三十六卷，第 3/4 期（2003），第 331 ~ 351 页。

第 5 章　建筑生命和复杂性与热动力学的类比

《*Physics Essays*》，第十卷（1997），第 165 ~ 173 页。

第 6 章　建筑学、模式和数学

《*Nexus Network Journal*》，第一卷（1999），第 75 ~ 85 页。

第 7 章　分形心理意义的体现——路面

（与特里 · M · 米奇顿和余庆声合著）

《*Nexus Network Journal*》，第二卷（2000），第 63 ~ 74 页。

第 8 章　模块化和设计选择的数量

（与德沃拉 · M · 特哈达合著）

《*Nexus Network Journal*》，第三卷，第一期（2001），第 99 ~ 109 页。

第 9 章　几何原教旨主义

（与迈克尔 · W. · 梅哈菲合著）

《*Plan Net Online Architectural Resources*》，（2002 年 1 月）。

第 10 章　建筑学中的达尔文过程和模因：现代主义模因理论

（与特里·M·米奇顿合著）

《*Journal of Memetics——Evolutionary Models of Information Transmission*》，第六卷（2002）。

第 11 章　建筑学的两种语言

《*Plan Net Online Architectural Resources*》（2003 年 2 月）。

第 12 章　信息世界中的建筑模因

《*Mondes Francophones*》（2006 年 2 月）。

术 语 解 释

Abelian Group Z2	阿贝耳群 Z2	最简单的要素集合，包含单一的0和1。一般数学群具有更多的元素，并且元素之间的关系也更为复杂。
achromatopsia	全色盲	色盲
adaptive design method	自适应设计方法	根据反馈来满足人类的物理和感情需求。
agnosia	失认症	在大脑已经对图像进行感知的情况下的一种影响视觉理解的大脑病症。
Alexandrine pattern	亚历山大模式	一种重复出现的把几何学同社会实践相结合的建筑解决方案。例如："一间舒适的房间需要有来自两侧的光线"。
algorithm	算法	进行计算的一种数学法则。
algorithmic continuity	算法的连续性	一种可以对许多不同对象进行计算的数学法则。它与需要许多不同法则来计算同一计算得数的不同部分正好相反。
antipattern	反模式	由于根深蒂固的习惯被重复的错误的建筑解决方案。
architectural complexity	建筑复杂度	在这里该术语指的是一栋建筑物或一个结构中的无组织的复杂程度。高度的建筑复杂度产生于具有随机相互作用但又无法被组织起来的大量不同的构配件。
architectural entropy	建筑学熵	视觉无序程度的亮度，熵测量的是物理系统的无序性。
architectural harmony	建筑和谐度	在这里的含义是较大的整体的构配件之间的合作。通过具有视觉连接和对称来实现。
architectural life	建筑生命	在这里是指一栋建筑物或一个结构的有组织的复杂程度。高度的建筑生命来自于具有大量较小的能够相互作用并且高度组织起来的构配件。
architectural meme	建筑模因	一种非常简单的视觉构配件，比如方块平镶板或闪亮的金属管，停留在人的记忆中并无意识地出现在人们的设计当中。
architectural temperature	建筑温度	在这里这个术语的含义是视觉强度。它随着不断增加的细部、色彩对比和曲率等而升高。

Art Deco	装饰艺术	1925 年开始流行的建筑风格，以结合了表面丰富性的装饰为特征。这个术语实际上是由勒·柯布西耶创造的，他把它用作贬义词。
Art Nouveau	新艺术风格	19 世纪末期和 20 世纪初期的建筑师们采用的弯曲的色彩丰富的建筑风格。其中包括维克托·霍尔塔、路易斯·沙利文、埃克托尔·吉马尔、安东尼奥·高迪等人。
associative memory	联想记忆	一件事引发对另一件事的回忆。
Beaux-Arts	学院派	19 世纪欧洲建筑风格
bilateral symmetry	两侧对称	反射对称或镜面对称。
bulk function	体积函数	表征一个整个容积的量。
Cantor pattern	康托尔模式	一种分形模式，看上去像虚线。
Cartesian grid	笛卡尔坐标网格	矩形直角坐标网格
cerebral cortex	大脑皮层	大脑上部的主要部分。
Classical	古典主义	依靠希腊和罗马风格的建筑风格。
Classical Physics	经典物理学	20 世纪初之前的物理学知识。
co-evolution	协同进化	两个实体共同进化并对各自的发展相互影响。
cognitive binding	认知制约	它出现在我们的感知过程产生共鸣状态的时候。
cognitive rules	认知法则	人类如何感知世界以及理解信息的方法。
coherence	一致性	所有构配件在一起处于平衡并相互支持时的可观察状态。
coincident scales	耦合尺度	恰好具有相同体量的两个不同的设计元素集合。
color constancy	色彩恒常性	完全不同的光照条件下，人眼所具有的调节感知色彩的能力，比如：在不同光线条件下蕃茄可以表现出红色。
combinatorial, combinatoric	组合学的	能够使片段以许多不同的方式合在一起的过程。
complexity overhead	附加复杂度	（见 information overhead 附加信息）。
complexity theory	复杂度理论	我们对具有许多相互作用的要素的系统结构的认识。
compression	压缩	本书中该术语指的是将信息压缩在一起从而使它占据最小容积。
constraint	约束	必须要满足的数学条件

crystal lattice	晶格	晶体的原子按照有序的规则模式排列，使晶体具有可见的对称性。
Darwinian process	达尔文过程	一种产生解决方案，然后从中进行选择的方式。
dendritic	树枝状	像树一样，拓展到越来越小的渠道中去。
derivative	导数	数学术语，指的是量的改变。
differential equations	微分方程	数额学问题分类，描述各种变化的量。
discrete	离散的	具有不同体量，与连续分布相反。
DNA	脱氧核糖核酸	在所有生命中包含遗传信息的有机分子。
doped	术语，指的是包含有意杂质的晶体。	
ecosystem	生态系统	生活在一起，彼此之间相互竞争并且依赖其他个体作为食物的有机体的总体。
electron	电子	围绕原子核转动从而构成原子的基本粒子。
emergence	涌现	许多片段在一起相互作用从而产生一种新的意料之外的特性，甚至是复杂系统的过程。
emergent properties	涌现性	复杂系统由于其复杂性所产生的不能呈现在个别部件上的可观察特性。
encapsulation	封装	包装。这里指的是一个想法包裹在另一个想法当中。
end-stopped neuron	结束停顿神经元	当我们看到特定长度而不是更长的线时能够产生反应的大脑细胞。
entasis	圆柱收分曲线	古希腊建筑中用于纠正视幻觉的微妙曲线，能够使建筑物显得竖直。
enthalpy	焓	测量热能的物理术语。
entropy	熵	表示总体中的无序和随机程度的物理术语。
Expressionism	表现主义	以流动曲线为特征的建筑风格，埃里克·门德尔松等人曾采用过。
factorial	阶乘	从 1 开始到所要求的数字，所有整数的乘积，例如5！＝120。
Fallacy of Misplaced Concreteness	错置具体感的谬误	哲学家弗雷德·诺思·怀特黑德所提出的想像概念替代人们心理中真实世界的作用效果。
fermion	费米子	一类基本亚原子粒子，包含电子和质子，

fermion	费米子	一类基本亚原子粒子，包含电子和质子，费米子只有在具有相反特性的情况下才能够耦合，否则它们就会相互排斥。
Fibonacci sequence	斐波纳契数列	1，1，2，3，5，8，13，21，34，55……，其中下一项是前两项之和。
form language	形式语言	形态、图案、表面以及将它们结合在一起进行建筑的方式的总和。形式语言是设计风格的要素。
fractal	分形	在每一个放大水平上都可以体现出细部设计或物理结构。自相似分形在各个放大水平上都是相似的，而统计自相似不需要这样。由于它们在所有尺度上的次结构，分形不是光滑平整的，所以显得破损和参差不齐。
fractal approximation	分形逼近	通过与相同元件的越来越小的复制品相结合来表现一个复杂物体的方法。
fractal dimension	分形维数	直线是一维的。而一条分形直线的维数要比一维稍多一些，因为它填充了临近区域。
fractal encoding	分形编码	分形依赖于一种简单法则来生成不同要素，利用这种方法可以表现一个复杂模式。
Fractal Image Compression（FIC）	分形图像压缩	计算机信息处理技术中的数据压缩方案，通过利用图片在不同尺度上的简单性来降低电子文件的大小。
fractal simplicity	分形简单性	看上去复杂的分形模式实际上非常简单，因为它们可以由简单法则生成。
fractal structure	分形结构	具有以下一种分形特性的观察结构：结构中任何地方都不是光滑平整的；在不同放大水平上具有递归。
fractal tuning	分形调谐	具有特定分形结构的接收器对复杂信号的接受过程。
genetic.	基因	有机体用来构建自己的信息。
geometrical fundamentalism	几何原教旨主义	对于纯粹的几何体，如：立方体、圆柱体和矩形板等过于狭隘地且过度地依赖。
geometrical meme	几何模因	结构要素的极其简单的形象，比如容易记住的角、边、或表面。
geometric self-similarity	几何自相似性	放大或缩小时看上去都完全一样的东西。

Gestalt Laws	格式塔规律	我们如何感知形态的法则，这个概念是从心理学中衍生出来的。
glide symmetry	滑移对称	指的是设计图案沿着一个方向移动并被重复，然后以正交方向进行（垂直）反射。
Golden Mean	黄金分割	1.618……。
Graphics Interchange Format(GIF)	图形交换格式	计算机编码图像，在互联网上应用很广。
hardwired	固线	预先固定在我们体内不能更改的电路。
hierarchical coherence	层级一致性	所有的大量不同尺度相连从而形成的一致性整体的系统特性。
hierarchical cooperation	层级协作	当一个结构和模式中的不同尺度通过相互连接创造了一个统一整体时所产生的视觉状态。
hierarchical linking	层级衔接	能够使两个或多个不同尺度相连的机制。
hierarchical organization	层级组织	几个不同尺度相连的特性。
hierarchical scaling	层级尺度	不同尺度上的形态的明显的相似性。
hierarchical system	层级系统	具有不同体量的相互作用的要素所构成的整体。
hierarchy	层级	元素根据体量大小进行的排序，从大到小或者从小到大。
hierarchy reversal	等级逆转	指的是在设计中将应该小的物体处理得很大的技巧，使自然层级逆转。
homogeneous	同质化	缺乏内部差别。
homogenization	同质过程	使事物同质化的过程。
ideal number of scales	理想尺度数	用来计算一栋建筑物应该具有多少（要素体量明确）的不同尺度的公式。
informational overhead	附加信息	生物体生存和繁殖所需的最少量的基因信息之外的其他结构信息。
integration	积分	数学术语，指将信息结合起来获得结果的方法。
International Style	国际主义风格	利用混凝土、玻璃和钢铁等材料建造的矩形现代主义风格建筑。
isospin	同位旋	与电荷有关的量，可以区分质子和中子。
iteration，interative	迭代法，迭代	一种操作方式，通过重复使效果越来越好。
Koch pattern	科赫模式	看上去像雪花似的一种分形模式。
living environments	生存环境	这是一种隐喻的说法，表示建筑物或城市空间能够令人感觉“有生命力”，并且让

		使用者感到“生机勃勃”。
macroscopic	宏观的	可见体量，与微观相反。
macula	（视网膜的）黄斑	视网膜中央最敏感的区域。
Mandelbrot set	曼德尔勃特集合	一种特定的分形模式。
meaning structure	意义结构	能够使我们对一个概念进行理解的有关思想和记忆。
meme	模因	视觉、音乐、文字或口语等信息片段。模因可以是一个广告图像、一句广告词或者是重复出现的建筑形象。
meme attachment	模因附件	模因将自己附着到人类记忆里的过程。
meme encapsulation	模因封装	包围模因的一种外壳，可以使模因具有不同的特性。一个具有吸引力的外壳可以封装其有害模因，就像有害外壳可以用来封装一个有益模因，让它不至引人注意一样。
meme propagation	模因传播	模因在人类心理之间的传播。
meme propagation factors	模因传播因素	有助于模因在不同的人类心理之间进行传播的条件。
memetic transmission	模因传输	模因（思想、图像、音乐片段）从一个人的心理到达另一个人的过程。
metabolic，metabolism	代谢	生物体摄取食物，将食物转化为有用的成分，并从中获取能量的过程。
meta-language	元语言	一般的语言学结构，是所有口语语言的鼻祖。
metaphor	隐喻	用一个词来描述完全不同但却具有相似点的事物的手法。
microscopic	微观	太小以至于不可见。
modernism，modernist	现代主义，现代主义者	由包豪斯定义的宽泛的建筑风格，勒·柯布西耶、密斯·凡·德·罗、沃尔特·格罗皮乌斯以及替他一些建筑师曾采用过。
modern physics	现代物理学	20 世纪初开始发展起来的关于物质的知识，比如量子力学以及相对性问题。
modular design	模块设计	使用相同的重复的设计系统。
modulariry	模块化	可以分解为模块，或相反地，可以由模块组装起来的这样一种系统特性。
module	模块	在系统理论中，模块是一个半独立的单

		元，它包含了一定量的复杂度。在建筑学中，模块应该理解为具有标准体量的建筑构配件。
monumentality	纪念性建筑	一种需要利用大型建筑和空间来表现宏伟效果的建筑表达方式。
motor system	运动系统	生物学术语，指控制肌肉和运动的大脑和神经部分。
multiplicity rule	多重规则	自然界和人工复杂系统中所发现的体量分布规律，要求一个系统只需要有非常少的大体量要素、几个中间体量要素，以及一系列的大量的较小体量要素。
natural scaling hierarchy	自然尺度层级	要素体量按照约为 2.7 的因数递增或递减的视觉系统。
neuron	神经元	大脑中负责思考、记忆和形象化等的神经细胞。大脑以外整个身体中的神经元负责将信息传输到大脑。
neutron	中子	基本亚原子粒子，是原子核的一部分。
nucleon	核子	构成原子核的两种基本亚原子粒子的统称。这两种核子：质子和中子,除了具有不同的电荷,看上去几乎是一样的。
organized complexity	组织复杂性	复杂系统内部达到的一种很高程度的连接状态。
ornament	装饰	设计的数学表达方式，其中通常编码了大量的视觉信息。
paradigm	范式	理解一个主题所需的概念和逻辑基础。
parallel architecture, **parallel computer**	并行体系结构，并行计算机	许多小型计算机连接在一起就一个问题同时进行工作。
pattern	模式	模式可以是一种视觉模式，也可以是一种亚历山大模式，是一种融合了几何指导原则和社会实践的重复性的建筑解决方案。
pattern language	模式语言	通过彼此之间的组合有助于人性化环境设计的亚历山大模式的集合。
pattern recognition	模式认知	通过人类大脑识别数学模式来实现的认知过程。
Peano pattern	皮亚诺模式	看上去像个晶格的一种数学分形模式。
perceptual binding	感知制约	(见 congnitive binding 认知制约)。

percolation	渗透	很缓慢地通过过滤器的方式。
pion	介子	一种基本亚原子粒子，对将原子核束缚在一起的力进行协调。
Platonic solids	柏拉图立体	球体、圆柱体、立方体等等。
point function	点函数	从一点到另一点，对应量各不相同。
polynomial	多项式函数	具有曲面图的数学函数。
problem space	问题空间	问题所有可能的不同解决方案，或者从分属于一些抽象空间的角度来提出问题的不同方式。
proton	质子	基本亚原子粒子，是构成原子核的一部分。
quantized，quantum	量子化的，量子	物理学术语，指的是只以离散体量或离散值出现的各种量。
quantum electrodynamics，quantum mechanics	量子电动力学，量子力学	从亚原子尺度研究基本相互作用的物理学分支，它是电学和原子结构的基础。
recursion，recursive	递归	一种一再重复出现的过程，每一次都产生上一次相同的结果。
reductionist，reductive	还原论者，还原主义	失去了对复杂现象的基本特性的把握的过度简化的方法。
reflectional symmetry	反射对称	设计的一半与另一半完全相同：看上去就像是从镜面反射一样。
replication，reproduction	复制，再现	物体或生物体复制自己的过程。
rotational symmetry	旋转对称	一个设计重复出现或旋转一定的角度后可以完全一样的设计手法。
scale	尺度	由所有具有该体量的物质要素决定的度量。
scaling coherence	尺度一致性	所有不同体量在视觉上被连接到一体的设计特性。
scaling hierarchy	尺度层级	一栋建筑物或一个结构中的不同尺度从小到大或从大到小的序列。
scaling ratio	尺度比例	具有不同尺度的两个相似设计的放大因子。
scaling rule	尺度法则	这里所说的法则是指一个设计中的连续尺度应该按照相同的比例相连。
scaling similarity，scaling symmetry	尺度相似性，尺度对称	对于两个设计，其中一个具有对另一个按照比例放大的复制这样一种特性。
selection	选择	按照一套标准对选项进行选择的过程。
self-organization	自组织	一个系统得以实现自发秩序的过程。
self-similar fractal	自相似分形	在每个放大水平上精确地表现出相同设计的分形结构。

self-similarity	自相似性	每个放大水平上看上去都一致的设计特性。
short-range force	短程力	一种当两个要素距离很近时可以将这两个要素约束在一起，而分开距离过大便不具有作用效果的力。
similarity ratio	相似比	将图片放大并使它看上去和原来一样的具体比率。
similarity transformation	相似变换	将一个设计按比例放大。
solution space	解空间	在某些抽象空间内将所有可能的解设想为一个个的点。
spatial coherence	空间相干性	使结构和环境表现出一致性的特性。
Spinor group in n dimensions	n 维旋子群	服从元素间复杂相互关系的数学集合，本书中作为复杂系统的案例出现
statistical	统计学	对不同信息进行平均的方法所测得的量，而不是采用单一的测量方法所得到的量。
structural order	结构秩序	以人类可感知的方式，而不是抽象意义上的一个使结构具有内部一致性的许多不同机制的作用结果。
supercooled	过冷	像普通玻璃那样的坚硬但没有结晶的液体。
surface design	表面设计	表面上的视觉信息。
symbiosis	共生现象	生物学术语，表示两种不同有机体互惠共存。
symmetries	对称	设计局部的任何的重新出现，比如通过反射、旋转、平移等方式。
syntactical rules	句法规则	一种语言中的语法排序规则。
system	系统	相互作用并共同合作的各种要素的组合。
systems theory	系统理论	我们已知的关于复杂系统的结构和运作的知识。
Taylor series	泰勒级数	对越来越小的校正值的和的数学逼近。
tectonic structure	构造结构	使建筑物能够像实体结构那样矗立的构配件。
thermodynamics model	热力学模型	本书引入这个概念是为了通过和热动力学进行类比，来测量建筑物的有组织复杂度。
thermodynamic potential	热力学势	一个表征物理系统的量。
thermodynamics	热力学	研究热、能量、无序以及结晶等问题的一个物理学分支。
transfinite numbers	超限数	研究不同体量的无限问题的数学分支

transitive relation	传递关系	如果A与B相连，B与C相连，那么A与C也是相连的。
translational symmetry	平移对称	一个图案沿一个方向每隔固定距离重复出现。
travertine	石灰华	与大理石接近的有纹理的晶灰岩。
triangle classification	三角形的分类	在这里引入这个概念是为了对历史上的所有建筑风格进行划分。
vacuum	真空	在研究基本粒子的物理学中，真空并不是空白的，而是包含了相互消减的正负电子对。
visual coherence	视觉一致性	能够使设计或结构显得统一的一种特性。
visual cortex	视觉皮质	大脑的一部分，参与视觉处理。

参考资料

Alexander, C. (1959) "perception and Modular CO-ordination", *Journal of the Royal Institute of British Architects*, **66**, pp. 425-429.

Alexander, C. (1964) *Notes on the Synthesis of Form* (Harvard University Press, Cambridge, Massachusetts).

Alexander, C. (1979) *The Timeless Way of Building* (Oxford University Press, New York).

Alexander, C. (1984) "Sketches of a New Architecture", in: *Architecture in an Age of Scepticism*, edited by D. Lasdun (Oxford University Press, New York), PP. 8-27.

Alexander, C. (1993) *A Foreshadowing of 21st Century Art* (Oxford University Press, New York).

Alexander, C. (2004) *The Nature of Order* (Center for Environmental Structure, Berkeley, California).

Alexander, C., Anninor, A., Black, G. & Rheinfrank, J. (1987) "Towards a Personal Workplace", *Architectural Record Interiors*, **Mid-september**, pp. 131-141.

Alexander, C., Fisher, T. & Freiman, Z. (1991) "The Real Meaning of Architecture" *Progressive Architecture*, **7. 91**, (July), pp. 100-112.

Alexander, C., Ishikawa, S., Silverstein, M., Jacobson, M., Fiksdahl-King, I. & Angel, S. (1977) *A Pattern Language* (Oxford University Press, New York).

Alexander, D. M. & Globus, G. G. (1996) "Edge-of-Chaos Dynamics in Recursively Organized Neural Systems", in: *Fractals of Brain, Fractals of Mind*, edited by E. MacCormac & M. I. Stamenov (John Benjamins, Amsterdam), pp. 31-73.

Allen, T. F. H. & Starr, T. B. (1982) *Hierarchy: Perspectives for Ecological Complexity* (University of Chicago Press, Chicago).

Archer, L. B. (1970) "An Overview of the Structure of the Design Process", in: *Emerging Methods in Environmental Design and Planning*, edited by G. T. Moore (MIT Press Cambridge, Massachusetts), pp. 285-305. Earlidr version appeared in: *Design Methods in Architecture*, edited by G. Broadbent & A. Ward (Lund Humphries, London 1969).

Ball, P. (1999) *The Self-Made Tapestry* (Oxford University Press, Oxford).

Barnsley, M. F. & Hurd, L. P. (1993) *Fractal Image Compression.* (A. K. Peters, Boston).

Batty, M. & Longley, P. (1994) *Fractal Cities* (Academic Press, London).

Bauman, Z. (2000) *Modernity and the Holocaust* (Corneu University Press, Ithaca, New York).

Benedikt, M. (1999) "Less for Less Yet", *Harvard Design Magazine*, **Winter/Spring 99**, PP. 10-14.

Blair, S. S. & Bloom, J. M. (1994) *The Art and Architecture of Islam 1250-1800* (Yale University Press, New Haven, Connecticut).

Blake, P. (1974) *Form Follows Fiasco* (Little, Brown and Co., Boston).

Bloomer, K. (2000) *The Nature of Ornament* (W. W. Norton, New York).

Bonta, J. P. (1979) *Architecture and Its Interpretation* (Rizzoli, New York).

Booch, G. (1991) *Object Oriented Design* (Benjamin/Cummings, Redwood City, California).

Bovill, C. (1996) *Fractal Geometry in Architecture and Design* (Birkhäuser, Boston).

Broadbent, G. (1973) *Design in Architecture* (John Wiley, London).

Broadbent, G. (1990) *Emerging Concepts in Urban Space Design* (Van Nostrand Reinhold, London).

Brodie, R. (1996) *Virus of the Mind* (Integral Press, Seattle, Washington).

Calvin, W. H. (1987) "The Brain as a Darwin Machine", *Nature*, **330**, pp. 33-34.

Calvin, W. H. (1990) *The Cerebral Symphony* (Bantam Books New York).

Calvin, W. H. (1997) "The Six Essentials?" Minimal Requirements for the Darwinian Bootstrapping of Quality", *Journal of Memetics: Evolutionary Models of Informaticn Transmission*, 1, approximately 7 pages.

Charles, Prince of Wales (1988) "Speeches on Architecture", in: *The Prince, the Architects, and New Wave Monarchy*, edited by C. Jencks (Rizzoli, New York).

Charles, Prince of Wales (1989) *A Vision of Britain: A Personal View of Architecture* (Doubleday, London).

Colomina, B. (1994) *Privacy and Publicity: Modern Architecture as Mass Media* (MIT Press, Cambridge, Massachusetts).

Conrads, U. (1964) *Programs and Manifestoes on 20th-century Architecture* (MIT Press, Cambridge, Massachusetts).

Crompton, A. (2002) "Fractals and Picturesque Composition", *Environment and Planning B*, **29**, pp. 451-459.

Cross, N. (1989) *Engineering Design Methods* (John Wiley, Chichester).

Darton, E. (2000) *Divided We Stand: A Biography of New York's World Trade Center* (Basic Books, New York).

Dawkins, R. (1989) *The Selfish Gene*, New Edition (Oxford University Press, Oxford), Chapter 11.

Dawkins, R. (1993) "Viruses of the Mind", in: *Dennett and His Critics*, edited by B. Dahlbom (Blackwell, Oxford), pp. 13-27.

Day, C. (1990) *Places of the Soul* (Aquarian press, Wellingborough, England).

de Jong, M. (1999) "Surviual of the Institutionally Fittest Concepts", *Journal of Memetics: Evolutionary Models of Information Transmission*, **3**, approximately 12 pages.

Dennett, D. C. (1995) *Darwin' s Dangerors Idea* (Simon & Schuster, New York).

Dyens, O. (2001) *Metal and Flesh* (MIT Press, Cambridge, Massachusetts).

Dyson, F. (1999) *Origins of Life*, Revised Edition (Cambridge University Press, Cambridge).

Edelman, G. M. & Tononi, G. (2000) *A Universe of Consciousness* (Basic Books, New York).

Eilenberger, G. (1985) "Freedom, Science, and Aesthetics", in: *Frontiers of Chaos*, edited by H. O. Peitgen & P. H. Richter (MAPART, Forschungsgruppe Komplexe Dynamik der Universität Bremen, Germany), pp. 29-36.

Fiksdahl-King, I. (1993) "Christopher Alexander and Contemporary Architecture", *A + U—Architecture and Urbanism*, **Special Issue** (August).

Fischler. M. A. & Firschein, O. (1987) *Intelligence: The Eye, the Brain, and the Computer* (Addison-Wesley, Reading , Massachusetts).

Fisher, Y. (1995) *Fractal Image Compression* (Springer Verlag, New York).

Fletcher, Sir B. (1987) *A History of Architecture*, 19th Edition, edited by John Musgrove (Butterworths, London).

Frazier, N. (1991) *Louis Sullivan and the Chicago School* (Crescent Books, Avenel, New Jersey).

Frei, N. (1992) *Louis Henry Sullivan* (Artemis Verlag, Zurich).

Gabriel, R. (1996) *Patterns of Software* (Oxford University Press, New York).

Gehl, J. (1987) *Life Between Buildings* (Van Nostrand Reinhold, New York).

Gibson, J. J. (1979) *The Ecological Approach to Visual Perception* (Houghton Mifflin, Boston).

Goldberger, A. L. (1996) "Fractals and the Birth of Gothic: Reflections on the Biologic Basis of Creativity", *Molecular Psychiatry*, 1, pp. 99-104.

Greenberg, M. (1995a) "Architecture: Can Laws Rule Beauty?", *San Antonio Express News*, Sunday, October 15, page 1G.

Greenberg, M. (1995b) "Fixed Laws of Beauty Invite Debate", *San Antonio Express News*, Sunday, October 22, page 1G.

Grünbaum, B. & Shephard, G. C. (1987) *Tilings and Patterns* (Freeman, New York).

Halliwell, J. (1995) "Arcadia, Anarchy, and Archetypes", *New Scientist*, **12** (August), pp. 34-38.

Haselberger, L. (1985) "The Construction Plans for the Temple of Apollo at Didyma", *Scientific American*, **253** No. 6, PP. 126-132.

Heylighen, F. (1993) "Selection Criteria for the Evolution of Knowledge", in: *Proceedings of the 13th International Congress on Cybernetics* (Association International de Cybernétique, Namur, Belgium), pp. 524-528.

Heylighen, F (1997) "Objective, Subjective and Intersubjective Selectors of Knowledge", *Evolution and Cognition*, 3, pp. 63-67.

Hillier, B. (1996) *Space is the Machine* (Cambridge University Press, Cambridge).

Hillier, W. R. G. & Hanson, J. (1984) *The Social Logic of Space* (Cambridge University Press, Cambridge).

Hubel, D. H. (1988) *Eye, Brain, and Vision* (Scientific American Library, New York).

Hutchinson, G. E. (1959) "Homage to Santa Rosalia", *The American Naturalist*, **93**, pp. 145-159.

Jefimenko, O. D. (1989) *Electricity and Magnetism*, 2nd. Edition (Electret Scientific Co, Star City, W. Virginia), p. 493.

Johnson, S. (2004) *Mind Wide Open* (Scribner, New York); pp. 56-57.

Jones, J. C. (1970) *Design Methods* (John Wiley, Chichester, England).

Jordy, W. H. (1986) "The Tall Buildings", in: *Louis Sullivan: the Function of Ornament*, edited by W. de Wit (W. W. Norton & Co., New York).

Kauffman, S. (1995) *At Home in the Universe* (Oxford University Press, New York).

Klinger, A. & Salingaros, N. A. (2000) "A Pattern Measure", *Environment and Planning B: Planning and Design*, **27**, pp. 537-547.

Krier, L. (1998) *Architecture: Choice or Fate* (Andreas Papadakis, Windsor, Berkshire, England).

Kroll, L. (1987) *An Architecture of Complexity* (MIT Press, Cambridge, Massachusetts).

Küller, R. (1980) "Architecture and Emotions", in: *Architecture for People*, edited by B. Mikellides (Holt, Rinehart and Winston, New York), pp. 87-100.

Kunstler, J. H. (1993) *The Geography of Nowhere* (Touchstone, New York).

Lakoff, G. & Johnson, M. (1999) *Philosophy in the Flesh* (Basic Books, New York).

Lauwerier, H. (1991) *Fractals* (Princeton University Press, Princeton, New Jersey).

Le Corbusier (1927) *Towards a New Architecture* (Architectural Press, London). Original title: *Vers Une Architecture* (Editions Crès, Paris, 1923).

Le Corbusier (1987) *The City of Tomorrow and its Planning* (Dover, New York). Original title: *Urbanisme* (Editions Crés, Paris, 1924).

Levine, A. J. (1992) *Viruses* (Scientific American Library, New York).

Licklider, H. (1966) *Architectural Scale* (The Architectural press, New York).

Llinás, R. (2002) *I of the Vortex* (MIT Press, Cambridge, Massachusetts).

Loos, A. (1971) "Ornament and Crime", in: *Programs and Manifestoes on Twentieth Century Architecture*, edited by U. Conrads (MIT Press, Cambridge, Massachusetts), pp. 19-24.

Mainstone, R. J. (1988) *Hagia Sophia* (Thames and Hudson, New York).

Mandelbrot, B. B. (1983) *The Fractal Geometry of Nature* (Freeman, New York).

Marr, D. (1982) *Vision* (W. H. Freeman, San Francisco).

May, R. M. (1973) *Stability and Complexity in Model Ecosystems* (Princeton University Press, Princeton, New Jersey).

Maynard-Smith, J. & Szathmáry, E. (1999) *The Origins of Life* (Oxford University Press, Oxford).

McCloud, S. (1993) *Understanding Comics: The Invisible Art* (Harper Perennial, New York).

Mehrabian, A. (1976) *Public Places and Private Spaces* (Basic Books, New York).

Mesarovic, M. D., Macko, D. & Takahara, Y. (1970) Theory of Hierarchical Multilevel Systems (Academic Press, New York).

Michaels, C. F. & Carello, C. (1981) *Direct Perception* (Prentice-Hall, Eng Lewood Cliffs, New Jersey).

Mikiten, T. M. (1995) "Intuition-based Computing: A New Kind of 'Virtual Reality'", *Mathematics and Computers in Simulation*, **40**, pp. 141-147.

Miller, J. G. (1978) *Living Systems* (McGraw-Hill, New York).

Moughtin, C., Oc, T. & Tiesdell, S. (1995) *Urban Design: Ornament and Deoration* (Butterworth, Oxford, England).

Nasar, J. L. (1989) "Perception, Cognition, and Evaluation of Urban Places", in: *Public Places and Spaces*, edited by I. Altman & E. H. Zube (Plenum Press, New York), pp. 31-56.

Nicolis, J. S. (1991) *Chaos and Information Processing* (World Scientific, Singapore).

Noton, D. & Stark, L. (1971) "Eye Movements and Visusl Perception", *Scientific American*, **224**, No. 6 (June), Pages 35-43. Reprinted in: *Image, Object and Illusion*, edited by R. Held (Scientific American, Freeman, San Francisco, 1974), pp. 113-122.

Norwich, J. J., Editor (1978) *Great Architecture of the World* (Bonanza Books, New York).

Padrón V. & Salingaros, N. A. (2000) "Ecology and the Fractal Mind in the New Architecture", *RUDI—Resourec for Urban Design Information <www. rudi. net>*, approximately 12 Pages.

Passioura, J. B. (1979) "Accountability, Philosophy, and Plant Physiology", *Search (Australian Journal of Science)*, **10**, No. 10, pp. 347-350.

Rittel, H. W. J. (1992) *Planen, Entwerfen, Design* (Kohlhammer Verlag, Stuttgart).

Rolls, E. T. & Treves, A (1998) *Neural Networks and Brain Function* (Oxford University Press, Oxford).

Rudofsky, B. (1964) *Architecture Without Architects* (Doubleday, Garden City, New York).

Rudofsky, B. (1977) *The Prodigious Builders* (Harcourt Brace Jovanovich, New York).

Russell, F. (1979) *Art Nouveau Architecture* (Arch Cape Press, New York).

Salingaros, N. A. (1998) "Theory of the Urban Web", *Journal of Urban Design*, **3**, pp. 53-71. Reprinted as Chapter 1 of *Principles of Urban Structure* (Techne Press, Amsterdam, Holland, 2005).

Salingaros, N. A. (1999a) "The 'Life' of a Carpet: an Application of the Alexander Rules", in: *Oriental Carpet and Textile Studies V*, edited by M. Eiland Jr. & R. Pinner (International Conference on Oriental Carpets, Danville, California), pp. 189-196.

Salingaros, N. A. (1999b) "Urban Space and its Information Field", *Journal of Urban Design*, **4**, pp. 29-49. Reprinted as Chapter 2 of *Principles of Urban Structure* (Techne Press, Amsterdam, Holland, 2005).

Salingaros, N. A. (2000) "The Structure of Pattern Languages", *Architectural Research Quarterly*, **4**, pp. 149-161. Reprinted as Chapter 8 of *Principles of Urban Structure* (Techne Press, Amsterdam, Holland, 2005).

Salingaros, N. A. (2004) *Anti-architecture and Deconstruction* (Umbau-Verlag, Solingen, Germany). French edition: *Anti-architecture et Deconstruction* (Umbau

Verlag, Solingen, Germany, 2005).

Salingaros, N. A. (2005) *Principles of Urban Structure* (Techne Press, Amsterdam, Holland).

Salingaros, N. A. & West, B. J. (1999) "A Universal Rule for the Distribution of Sizes", *Environment and Planning B: Planning and Design*, **26**, pp. 909-923. Reprinted as Chapter 3 of *Principles of Urban Structure* (Techne Press, Amsterdam, Holland, 2005).

Salthe, S. N. (1985) *Evolving Hierarchical Systems* (Columbia University Press, New York).

Simon, H. A. (1962) "The Architecture of Complexity", *Proceedings of the American Philosophical Society*, **106**, pp. 467-482. Reprinted in: Herbert A. Simon, *The Sciences of the Artificial* (M. I. T Press, Cambridge, Massachusetts, 1969), pp. 84-118.

Smith, C. S. (1969) "Structural Hierarchy in Inorganic Systems", in: *Hierarchical Structures*, edited by L. L. Whyte, A. G. Wilson & D. Wilson (American Elsevier, New York), pp. 61-85.

Sommer, R. (1974) *Tight Spaces* (Prentice-Hall, Englewood Cliffs, New Jersey).

Steen, L. A. (1988) "The Science of Patterns", *Science*, **240**, pp. 611-616.

Stern, R. A. M. (1988) *Modern Classicism* (Rizzoli, New York).

Thompson, D. A. W. (1952) *On Growth and Form*, 2nd Edition (Cambridge University Press, Cambridge).

VanRullen, R. & Thorpe, S. J. (2004) "Perception, decision, attention visuelles: ce-que les potentiels evoques nous apprennent sur le fonctionnement du systeme visuel", in: *L' Imagerie Fonctionnelle Electrique et Magnetique: Ses Applications en Sciences Cognitives*, edited by B. Renautl (Hermes, Paris), pp. 95-121.

Venturi, R. (1977) *Complexity and Contradiction in Architecture*, Second Edition (Museum of Modern Art, New York).

Venturi, R., Scott-Brown, D. & Izenour, S. (1977) *Learning From Las Vegas* (MIT Press, Cambridge, Massachusetts).

Von Meiss, p. (1991) *Elements of Architecture* (E&FN Spon, London).

Washburn, D. K. & Crowe, D. W. (1988) *Symmetries of Culture* (University of Washington Press, Seattle).

Watkin, D. (2001) *Morality and Architecture Revisited* (University of Chicago Press, Chicago).

Weibel, E. R. (1994) "Design of Biological Organisms and Fractal Geometry", in: *Fractals in Biology and Medicine*, edited by T. F. Nonnenmacher, G. A. Losa & E. R. Weibel (Birkhäuser Verlag, Basel), pp. 68-85.

Weingarden, L. S. (1987) *Louis H. Sullivan: The Banks* (MIT Press, Cambridge, Massachusetts).

West, B. J. (1997) "Chaos and Related Things: A Tutorial", *The Journal of Mind and Behavior*, **18**, pp. 103-126.

West, B. J. & Deering, B. (1995) *The Lure of Modern Science* (World Scientific, Singapore).

West, B. J. & Goldberger, A. L. (1987) "Physiology in Fractal Dimensions", *American Scientist*, **75**, pp. 354-365.

Williams, K. (1998) *Italian Pavements : Patterns in Space* (Anchorage Press, Houston, Texas).

Williams, K. (2000) "Environmental Patterns: Paving Designs by Tess Jaray", *Nexus Network Journal*, **2**, No. 1 (January), approximately 5 pages.

Wolfe, T. (1981) *From Bauhaus to Our House* (Farrar Straus Giroux, New York).

Yarbus, A. L. (1967) *Eye Movements and Vision* (Plenum Press, New York).

Yu, H. -S. (1996) "Effects of environmental factors on the endocrine system", in: *Handbook of Endocrinology*, edited by G. L. Gass & H. M. Kaplan (CRC Press, Boca Raton, Florida), pp. 43-68.

Zeeman, Sir E. C. (1962) "The Topology of the Brain and Visual Perception", in: *Topology of 3-Manifolds*, edited by M. K. Fort (Prentice-Hall, Englewood Cliffs, New Jersey), pp. 240-256.

Zeki, S. (1993) *A Vision of the Brain* (Blackwell Scientific Publications, Oxford).

Zerbst, R. (1993) *Antoni Gaudi* (Benedikt Taschen Verlag, Köln).

Zigmond, M. J., Bloom, F. E., Landis, S. C., Roberts, J. L. & Squire, L. R. (1999) *Fundamental Neuroscience* (Academic Press, San Diego, California), Chapter 52: "Object and Face Recognition", by M. Farah, G. W. Humphreys & H. R. Rodman.

尼科斯·A·萨林格罗斯

尼科斯·A·萨林格罗斯是一位执业城市设计师和建筑理论家，同时又有科学家和数学家的背景，在建筑理论界有着很大的影响，在最近世界范围内举办的一次“有史以来最杰出的城市思想家”的网络投票中名列第11位。在对建筑科学规律的研究中，他成为首位在建筑学领域获得由AHred P. Sloan基金会颁发研究补助金的学者。他目前是美国得克萨斯大学圣安东尼奥分校数学系教授，并任教于荷兰代尔夫特理工大学和罗马第三大学建筑学院。他还是传统建筑与城市地区国际组织成员、众多美国新城市主义工程项目和多个国家政府规划部门的顾问。他是建筑理论界著名学者亚历山大的合作伙伴，研究领域集中在城市与建筑理论、复杂性理论和设计哲学方面。他在世界各地与知名业者合作开展业务，并把其来源于数学、科学和建筑学相互关系的独到理论见解应用到建筑和城市设计中。他的作品包括《建筑论语》*1（A Theory of Architecture）、《反建筑与解构主义新论》(Anti-Architecture and Deconstruction）和《城市结构原理》*2（Principles of Urban Structure）等，曾被译成世界多种语言，在学校、建筑同行和政府机构中流传广泛，被认为是锻造了新人文主义和传统建筑永恒真理相结合的创新思想的科学基础。

注：*1 《建筑论语》 2010年1月出版
ISBN 978-7-112-11548-8（18818）
16开 49元

*2 《城市结构原理》 即将出版